기능구조분석에 기반한

선박의 부양성능

기능구조분석에 기반한

선박의 부양성능

문상원 저

PNUPRESS

추천사

“대단하네!”, 우리 부 직원이 선박에 관한 책을 출간한다는 소식을 듣고 제가 처음 한 말입니다. 저자는 해양수산부에서 어선안전정책을 담당하고 있는 공무원입니다. 중앙부처에 근무하며 격무(激務) 속에서도 대학생 때부터 꿈꿔온 전문 서적 출간이라는 결실을 이룬 저자의 노고에 존경과 격려의 박수를 보냅니다.

저자는 조선·선박 분야의 민간기업 근무경력을 겸비한 해양수산부 공무원으로서, 어선 특성을 반영한 어선 검사 기준을 마련하고, 안전과 복지를 강화한 표준어선형 기준 고시를 제정하는 등 맡은 업무에서도 눈에 띄는 성과를 보여주고 있습니다.

이러한 저자가 선박 관련 업무에 참고할 수 있는 기능구조분석을 기반으로 한 전문 서적을 출간했습니다. 이 책은 기능구조라는 분석 틀로 총론 격인 ‘선박의 이해’를 제시하고, 세부 각론은 선박의 핵심기능을 중심으로 ‘부양(浮揚)성능’, ‘적재(積載)성능’, ‘이동성능’으로 나눠 별도 책으로 설명하고 있습니다. 이는 다양한 독자들이 선박을 좀 더 쉽게 알아가는 데 도움이 될 것입니다.

잘 아시다시피, 우리나라는 삼면이 바다로 둘러싸여 수출입 화물의 99.7%를 해상을 통해 운송합니다. 이런 측면에서 선박은 우리에게 필수불가결한 운송 수단이며 국부(國富)의 원천입니다. 이러한 선박을 이해하고 관련 업무에 활용할 수 있는 서적이 발간되어 해양수산부 장관으로서 더욱 반갑습니다.

‘기능구조분석에 기반한 선박의 이해’ 시리즈는 저자의 열정과 끈기로 드디어 세상의 빛을 보게 되었습니다. 다시 한번 서적 발간을 축하하며, 이 책이 해양수산정책을 담당하는 공무원들을 비롯한 선박에 관심이 있는 모든 분에게 알토란같이 쓰이기를 바랍니다.

2022년 4월

해양수산부 장관 문성혁

기능구조분석에 기반한

선박의 부양성능

목차

들어가는 말

이 책의 목적 및 활용에 관하여

들어가는 말

이 책의 목적 및 활용에 관하여

이 책의 목적은 선박과 관련하여 처음으로 공부를 시작하거나, 관련 업무를 수행하는 실무자 등을 위해 선박에 대한 거시적인 관점과 미시적인 내용을 손쉽게 이해할 수 있도록 하는 것이다.

이 책에서 다루고 있는 개별적인 내용에 대해 보다 전문적이고 잘 설명된 책들이 많이 있다. 다만, 이 책은 선박의 기본성능을 토대로 선박을 기능 중심으로 구조화하여 나타내고, 각 기능이 발현되기 위해 필요한 요소를 구체화함으로써 선박에 관한 거시적 관점과 미시적 관점을 함께 살펴볼 수 있게 하고 있다.

이러한 차별성이 선박을 처음 접하는 입문자 또는 선박에 관한 이해를 넓히고자 하는 실무자에게 전체적인 숲을 보여주고, 필요에 따라 세부적인 내용을 찾아서 심도 있는 학습을 할 수 있는 지도(Map) 역할이 되기를 희망한다. 그런 면에서, 조선기술사, 조선기사 등 자격증을 준비하거나, 선박을 처음 접하는 공학도들에게 도움을 줄 수 있으리라 믿는다.

이 책은 선박의 기본성능(부양성능-적재성능-이동성능)을 토대로 하여, 선박을 기능 중심으로 구조화하고 있다. 모든 선박이 갖는 세 가지 기본성능에 따라 정리된 이 책은 전체적으로는 한 권이면서, 동시에 독립적인 네 권으로 나누어져 있다. 선박의 전체

체계를 기능구조로 설명하는 첫 권과 부양성능을 설명한 두 번째, 적재성능에 관한 세 번째, 그리고 이동성능을 다루는 네 번째 권이 그것이다.

첫 권인 '기능구조분석에 기반한 선박의 이해'는 누구나 편하고 가볍게 읽을 수 있지만 선박을 종합적 관점에서 기능 중심으로 파악할 수 있도록 하였다. 첫 권은 기능구조분석의 개념과 선박에 대한 기능구조분석의 전달에 집중하여 최대한 간략하게 적고자 했다. 얇고 그 어떤 수식도 없지만, 핵심적인 개념을 담고 있고, 네 권의 중심에서 다른 세 권의 책을 잇는 가교 역할을 한다. 책 첫 권을 바탕으로 이후 세 권의 책에서 보다 상세한 내용을 참조하여 읽으면 효율적일 것이다.

선박의 부양성능, 적재성능 및 이동성능에 관한 각 권은 본문과 부록으로 구성되어 있고, 본문은 내용의 묶음에 따라 편-장-절 순으로 분류하고 있다. 본문의 제1편은 선박의 기능구조분석을 통해 전체기능을 설명하고, 제2편은 선박의 기능구조분석에 기반하여 분해된 각 기능에 대해 세부적인 내용을 다루고 있다. 제1편이 숲이라면 제2편은 나무에 해당한다. 제3편은 선박을 둘러싸고 있는 제도적 환경에 관해서 설명하고 있고, 부록은 본문에 따른 관련 수학, 과학, 공학 등의 내용을 담고 있다.

선박의 부양성능, 적재성능 및 이동성능에 관한 각 권의 본문 중 제2편은 장, 절 및 각 주제를 서술하기에 앞서 해당 부분이 어느 기능구조에 속하는지와 왜 학습해야 하는지 그리고 어떻게 활용되는지에 대한 내용을 설명한 후 본론을 서술한다. 또한 본문의 각 주제당 서술은 일반적인 용어를 기반으로 최대한 쉽게 풀어쓰며, 정보전달이 용이한 개조식으로 핵심적 기능을 설명했다.

선박에 대한 체계와 실무적 지식을 익히고자 하는 경우는 제1편에서 제3편까지의 내용을 중심으로 학습하고, 이론적 기초를 파악하고자 하는 경우에는 제1편을 참조하여 부록의 수학, 과학 및 공학으로 이어지는 흐름을 익히도록 한다. 그리고 필요한 경우, 인용된 서적을 중심으로 해당 영역에 보다 전문적인 서적을 찾아보면 깊이를 더할 수 있을 것이다.

끝으로 이론과 실무의 연관성에 관해 설명하고자 한다. 조선공학은 선박의 건조 산업을 위한 학문이라 할 수 있다. 선박 건조는 산업이기 때문에 이윤을 창출하여야 하며, 시장의 여건 등에 따라 그에 맞는 산업의 흐름에 적응해야 한다. 제조업 특성상 산업의 흐름을 주도하기 위해서는 기술개발을 이끌어야(흐름의 변화를 주도해야) 하고, 기술을 개발하기 위해서는 원천 기술인 공학의 이해가 요구된다.

또한, 공학은 자연현상의 원리를 설명하고 그 안에서 규칙을 발견하는 과학을 기반으로 한다고 할 수 있다. 예를 들어 공학을 학습하기에 앞서 뉴턴의 물리법칙을 알지 못하면 이해하기 어려운 것과 같은 이치이다.

그리고 과학은 수학과 분리될 수 없는 학문이라 할 수 있다. 과학은 앞서 언급한 바와 같이 자연현상의 원리를 설명하고 규칙을 발견하는 것에 초점이 맞춰져 있는데 그 원리를 합리적으로 설명하고 정량화할 수 있는 수단이 수학이기 때문이다.

이러한 개념에서 본문에서는 선박의 기능구조와 실무지식을 설명하고, 부록에서는 이론적 배경인 수학, 과학 및 공학을 중심으로 서술하고 있다.

곰곰이 잘 따져보면 부록의 기초수학에서 공학 이론까지는 대학에서 학습하는 내용이며, 본문은 실무에서 익힐 수 있는 내용이다. 지도와 같은 역할을 하고자 한다는 의미는 이론과 실무의 연관성을 Mapping 한다고도 할 수 있을 것이다.

제1편
기능구조분석에 기반한 선박의 이해

1. 기능구조분석의 개념
2. 선박의 기능구조분석

기능구조분석에 기반한 선박의 이해

1. 기능구조분석의 개념

: 선박을 기능 중심으로 분석하기 위한 수단인 기능구조분석의 개념을 소개한다.

2. 선박의 기능구조분석

: 선박의 정의에 기반하여, 선박이 지녀야 하는 목적을 이루기 위한 기본성능 그리고 기본성능을 분해한 세부성능으로 나눈다. 분해된 각 세부성능을 구현하기 위한 주요 제원을 살펴보고, 주요 제원은 다시 세부 제원으로 기능구조분석을 시행한다. 최종 하위에는 해당 기능의 바탕이 되는 공학과의 연관성을 나타낸다. 선박의 기능구조분석은 어떠한 관점에서 얼마나 세밀하게 쪼개는가에 따라 달라질 수 있다.

1. 기능구조분석의 개념

기능구조분석은 선박뿐만 아니라 모든 대상과 모든 분야에서 동일한 방식으로 대상의 기능을 체계화하여 분석할 수 있는 강력한 수단이다.

기능구조분석은 공학에서도 매우 유용한 수단이다. 공학의 관점에서 기능구조분석의 유용성을 살펴봄으로써 선박을 이해하기 위해 기능구조분석을 활용할 필요성을 살펴본다.

공학 문제를 **일반화**해보면, 공학은 과학을 토대로 인간의 삶에서 만나지는 문제들을 해결하는 학문으로 그 효율성을 돈과 시간으로 나타낸다.

예를 들어보자. 오랜 옛날 무역을 위해 대륙 간에 대량의 화물을 저렴하게 이동해야 하는 문제가 발생했다고 하면, 해결 방법으로 해상운송 수단이라는 기능이 요구된다. 해상운송 수단의 기능을 달성하기 위해서는 물에 떠서 화물을 싣고 이동할 수 있어야 한다는 기능이 도출되고, 물에 뜨기 위해서는 어떤 재질로 어떻게 만들어야 할지, 그리고 어떤 방법으로 이동시킬지 당시의 기술과 과학적 지식을 통해 방법을 찾게 될 것이다. 그리고 가능하다면 수학을 통해 가능성과 효율성을 검증하고, 이것이 어렵다면 실험 등을 통해 확인할 것이다. 이러한 흐름이 공학이라 할 수 있다.

기능구조분석이란, 대상의 목적을 발현하기 위한 핵심기능과 그 핵심기능들을 구성하는 하위기능들을 계층적으로 찾아 주는 것이다. 이러한 작업은 계층구조를 따라서 Top-down 방식으로 진행된다.

기능구조분석은 정의에서 출발한다. 정의란 대상의 일반화*를 통해 개념의 외연(어떠한 개념이 적용되는 범위)을 규정하고, 추상화**를 통해 개념의 내포(어떠한 개념이 적용되는 범위에서 대상이 공통적으로 지니는 성질)를 명확하게 하는 핵심적인 설명이다. 즉, 정의를 통해 적용범위와 공통요소(공통요소란 기능 전반에 영향을 미치는 핵심요소라고 할 수 있다)를 알 수 있다. 따라서 정의를 기반으로 이질적인 핵심기능을 분류하여 절점으로 설정하고, 이 절점(Node)을 분기점으로 기능구조분석을 반복하여 구조화하는 것이다.

* 일반화: 연관성 있는 2개 이상의 개념을 묶어 상위 개념을 형성하는 것

** 추상화: 개별적 사물 또는 구체적 개념으로부터 공통요소를 뽑아 일반적 개념으로 파악하는 것

2. 선박의 기능구조분석

선박의 정의로부터 기능구조분석을 시작한다. 선박은 사람 또는 화물을 계획된 일정에 따라 안전하게 운송할 수 있는 수상 구조물이다(선박을 통상 사람 또는 화물을 운송하는 수상 구조물로 정의하기도 하지만 효율 및 안전의 가치를 고려하여 '계획된 일정에 안전하게'라는 내용을 추가한다. 이는 실제로 효율을 향상하기 위한 선형개발, 안전을 확보하기 위한 안전설비 적용 등 다양한 형태로 기본기능의 하위 기능으로 발현된다).

정의를 통해 기능구조분석 대상인 선박의 적용범위(외연)와 공통요소(내포)를 확인한다. 정의 중 대상이 수상 구조물로 규정됨에 따라 육상 또는 항공과 구별되어 해상이라는 공간적 영역이 정해진다. 또한 공간의 영역에 시간의 영역을 더하여 대상의 범주를 확장한다. 해상이라는 공간과 운항이라는 시간의 변화를 함께 고려해본다. 그 예로 잠수함 또는 위그선은 수중과 수면 위에서 운항하지만, 출항과 입항 시 수상에서 시작 된다는 점을 고려하여 선박의 범주에 포함되는 것이다.

다음으로 정의된 대상의 목적을 고려하여 기능전반에 걸쳐 공통으로 적용되는 핵심기능을 도출한다. 수상의 의미에서 물 위에서 뜰 수 있어야 하고, 사람과 화물 운송의 의미에서 사람과 화물을 적재할 수 있어야 한다는 것과 이동할 수 있어야 한다는 것이 핵심기능임을 알 수 있다.

다시 정리해 보면, 선박은 목적을 달성하기 위해 필요한 기본기능으로 물 위에 떠서 사람 또는 화물을 적재할 수 있어야 하고, 목표한 시간 안에 원하는 곳으로 이동할 수 있어야 한다는 것이다. 이를 압축하여 표현하면, 선박은 부양성, 적재성 및 이동성을 갖추어야 한다는 것으로 핵심기능이 도출된다.

< 관점에 따른 기능구조분석 >

▸ 기능구조분석은 관점에 따라 달리 분석될 수 있으며, 선박의 대상을 두고 조선공학, 선박건조, 해상안전 등 다양한 관점의 기능구조분석이 가능

❶ 선박건조 측면의 기능구조분석의 가장 좋은 예는 건조사양서(Building Spec)임. 건조를 위해 만족해야 하는 계약관련사항, 주요치수, 요구 Rule & Regulation 도면 종류 등의 일반사항을 시작으로 선체, 기장철의, 기장배관, 선장철의, 선장배관, 선실 및 전장의 기능요건을 명시함

❷ 해상안전 측면의 기능구조분석의 가장 좋은 예는 법규에 따른 안전기준임. 구조기준, 복원성 및 만재흘수선기준, 구명설비기준, 소방설비기준, 기관기준 등을 요구함

※ 설계는 건조사양서 및 법규에서 문장으로 정의된 기능 또는 요구사항을 엔지니어링을 통해 검증하고 도면이라는 형태로 표현하는 것이고, 건조는 이것을 개발된 기술을 활용하여 현실화하는 것임

다시 부양성, 적재성 및 이동성을 세분화하면 부양성 아래에는 안전한 상태로 부양하기 위한 복원성을, 이동성 아래에는 원하는 방향으로 이동하기 위한 조종성이 추가된다(흔히들 선박의 주요기능에 대해 부양성, 적재성, 이동성, 복원성 및 조종성 등을 꼽는다). 기능구조분석을 통해 선박을 체계적으로 이해하기 위해 보다 세밀하게 기능구조분석을 실시해 보면 다음과 같다(선박의 기능구조분석을 수행하면 여러 기능에 관여하는 항목이 존재하고, 이것을 어느 기능의 하위로 분류할지에 따라 기능구조분석의 차이가 발생하며, 이때 주관이 개입된다. 이 책에서는 여러 기능에 관여하는 부분은 가장 크게 관여하는 기능에 하위로 편입하여 분류했다. 그리고 선박의 기능구조분석도는 하나의 계통도로 표기하기에는 비대하여, 기본기능 중심으로 몇 개의 세부 계통도로 분할하여 나타냈다).

위의 기능구조분석에 따라 선박의 기능을 체계적으로 이해하고 손쉽게 관련 내용을 찾아볼 수 있도록 선박의 기능구조분석도 중 각 절점(Node)에 기호를 부여했다. 그리고 이 기호를 조합하여 선박 기능구조분석도에서 해당 기능의 위치를 나타내는 코딩 체계를 다음과 같이 정의한다(손쉽게 내용을 파악할 수 있도록 하는 것 이외의 의미는 없고,

이 책에서 기능구조분석도를 보고 원하는 내용을 손쉽게 찾을 수 있으면 된다). 코딩은 기본성능, 세부성능 및 세부요소에 기호를 부여하고 3자리로 조합하는 방식으로 정의한다(기능구조분석도의 기본요소는 코딩의 간편성을 위해 별도의 표기를 부여하지 않는다). 기본성능은 앞자리를 기준으로 부양성-(부), 적재성-(적) 및 이동성-(이)으로 표현하고, 세부성능은 좌측에서 우측으로 Ⅰ,Ⅱ,Ⅲ,Ⅳ를 부여하며, 세부요소는 동일한 요령으로 ①,②,③…순으로 나타낸다. Code는 기본성능, 세부성능 및 세부요소 순으로 조합한다. 다만, 세부요소가 여러 항목에 영향을 미치는 경우 ⓪으로 표현한다. 첫 권인 '선박의 이해'에서는 기본성능과 세부성능에 관한 Code까지만 활용되고, 그 외 선박의 부양성능, 적재성능 및 이동성능에 관한 책에서는 세부요소에 관한 기호까지 함께 Code에 표기해서 해당 내용이 기능구조상 어느 위치에 해당하는지 알 수 있도록 하였다.

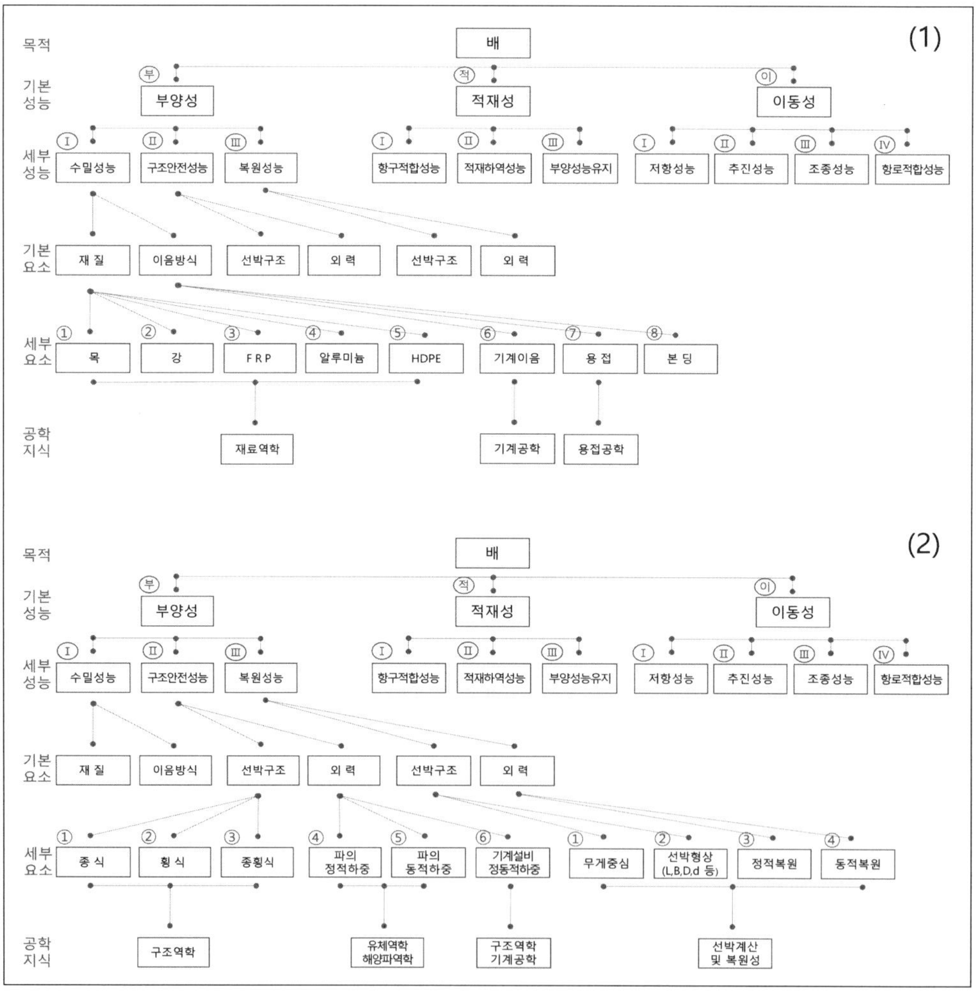

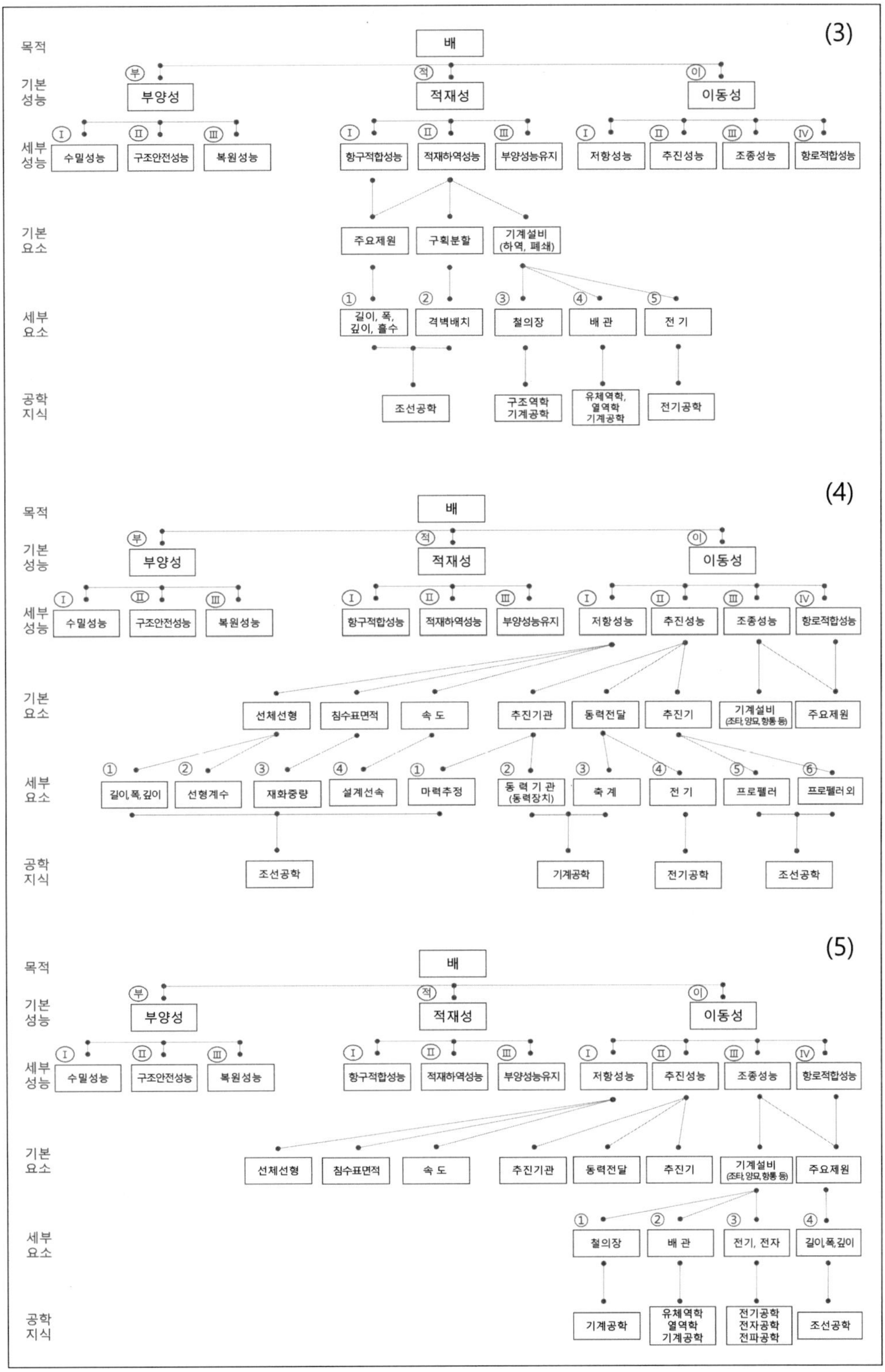
(3)
목적
기본 성능
세부 성능
기본 요소
세부 요소
공학 지식
배
부 부양성
적 적재성
이 이동성
Ⅰ 수밀성능
Ⅱ 구조안전성능
Ⅲ 복원성능
Ⅰ 항구적합성능
Ⅱ 적재하역성능
Ⅲ 부양성능유지
Ⅰ 저항성능
Ⅱ 추진성능
Ⅲ 조종성능
Ⅳ 항로적합성능
주요제원
구획분할
기계설비 (하역, 폐쇄)
① 길이, 폭, 깊이, 흘수
② 격벽배치
③ 철의장
④ 배 관
⑤ 전 기
조선공학
구조역학 기계공학
유체역학, 열역학 기계공학
전기공학
(4)
목적
기본 성능
세부 성능
기본 요소
세부 요소
공학 지식
배
부 부양성
적 적재성
이 이동성
Ⅰ 수밀성능
Ⅱ 구조안전성능
Ⅲ 복원성능
Ⅰ 항구적합성능
Ⅱ 적재하역성능
Ⅲ 부양성능유지
Ⅰ 저항성능
Ⅱ 추진성능
Ⅲ 조종성능
Ⅳ 항로적합성능
선체선형
침수표면적
속 도
추진기관
동력전달
추진기
기계설비 (조타, 양묘, 항통 등)
주요제원
① 길이, 폭, 깊이
② 선형계수
③ 재화중량
④ 설계선속
① 마력추정
② 동 력 기 관 (동력장치)
③ 축 계
④ 전 기
⑤ 프로펠러
⑥ 프로펠러 외
조선공학
기계공학
전기공학
조선공학
(5)
목적
기본 성능
세부 성능
기본 요소
세부 요소
공학 지식
배
부 부양성
적 적재성
이 이동성
Ⅰ 수밀성능
Ⅱ 구조안전성능
Ⅲ 복원성능
Ⅰ 항구적합성능
Ⅱ 적재하역성능
Ⅲ 부양성능유지
Ⅰ 저항성능
Ⅱ 추진성능
Ⅲ 조종성능
Ⅳ 항로적합성능
선체선형
침수표면적
속 도
추진기관
동력전달
추진기
기계설비 (조타, 양묘, 항통 등)
주요제원
① 철의장
② 배 관
③ 전기, 전자
④ 길이, 폭, 깊이
기계공학
유체역학 열역학 기계공학
전기공학 전자공학 전파공학
조선공학

앞서, 선박의 정의를 토대로 목적을 달성하기 위한 기본기능을 간략히 살펴보았다. 지금부터는 각 기본성능을 중심으로 세부성능, 기본요소, 세부요소 및 관련 공학을 기준으로 하여 기능구조분석을 실시한다.

㊟**부양성에 대한 세부성능**을 분석한다. 부양성이 구현되기 위해서는 물이 들어오지 않고, 부서지거나 넘어지지 않고 유지될 수 있어야 한다. 이를 간단한 용어로 정리하면 수밀성능, 구조안전성능 및 복원성능이라 할 수 있다.

(부)-Ⅰ**수밀성능에 관한 기본요소**를 분석한다. 수밀성능이 유지되기 위해서는 어떠한 재질을 어떻게 연결하여 수밀이 되게 할 것인가가 핵심이 된다. 이를 재질과 이음 방식으로 규정하기로 한다.

수밀성능의 기본요소별 세부요소 및 관련공학을 정리한다. 재질은 크게 목, 강, 알루미늄, FRP 및 HDPE가 있고, 이음방식은 기계이음(목제의 끼움, 강선의 리벳), 용접(강, 알루미늄 및 HDPE는 용접을 통해 부재를 연결) 및 본딩(FRP적층)이 있다. 이를 이해하기 위해서는 재료역학, 기계공학 및 용접공학에 대한 이해가 필요하다.

(부)-Ⅱ**구조안전성능에 관한 기본요소**를 분석한다. 구조적 안전성능이 유지되기 위해서는 해당 선박에 작용하는 외력을 알고, 선박의 구조가 외력을 견딜 수 있도록 해야 한다. 이를 선박구조와 외력이라 규정하기로 한다.

구조안전성능의 기본요소별 세부요소 및 관련공학을 정리한다. 선박의 구조는 크게 종식, 횡식 및 종횡식 구조로 분류할 수 있다. 그리고 외력은 파에 의한 하중과 선박 내부의 기계설비 운용에 의한 하중으로 나눌 수 있다. 파의 하중은 다시 정하중과 동하중으로 구분된다. 정하중은 파(波)중에 선박이 위치함으로써 굽힘을 받는 하중과 정수압 등이 있고, 동하중은 슬래밍과 같이 운항 시 충격에 의한 하중 등이 있다. 기계에 의한 정하중은 기계의 자중이 대표적인 예이며, 동하중은 크레인과 같은 장비를 운용할 경우 발생한다. 액체화물 운송 시 슬로싱에 의한 동하중이 발생한다. 이는 별도의 세부요소로 분류해도 좋고, 화물의 특이성을 감안하여 다른 세부요소의 하위요소로 분류해도 좋다. 관련 공학은 구조역학, 유체역학, 해양파역학 및 기계공학 등이 있다.

[(부)-Ⅲ]**복원성능에 관한 기본요소**를 분석한다. 복원성능이 유지되기 위해서는 선박의 형상 및 무게중심 등과 연관된 복원력이 횡 동요, 풍압 및 여객이동 등에 의한 외력보다 커야 한다. 편의상 선박구조와 외력으로 규정한다.

복원성능의 기본요소별 세부요소 및 관련공학을 정리한다. 선박구조는 선박의 길이, 폭, 깊이 및 흘수(복원력은 배수량과 복원정의 곱으로 나타나고, 복원정 계산에 포함된 변수는 최종적으로 목표하는 재화중량을 고려하여 길이, 폭, 깊이의 비율과 흘수에 따라 달라짐)에 따른 형상적인 요소와 질량의 분포 즉 무게중심에 의해 제어된다. 외력은 큰 의미에서 보면 선박의 안정상태를 변화시키는 외부 교란을 의미하고, 앞서 설명한 횡 동요 등의 외력 외에도 자유수효과, 물의 밀도 변화 등 다양한 요인이 있다. 따라서 단순히 기울었을 때 복원할 수 있는가에 대한 정적복원과 각종 요인에 따라 횡 동요(선박은 길이가 긴 세장체로써 종방향으로 전복되지는 않는다. 관심대상은 횡 복원력이며, 따라서 동적상태는 횡 동요 상태를 말함) 상태에서도 복원할 수 있는가에 대한 동적복원으로 관점을 정리한다. 관련공학은 선박계산 및 복원성이 있다.

[(적)]**적재성에 대한 세부성능**을 분석한다. 적재성이 구현되기 위해서는 항구에 접안해서 화물을 선적하고, 그 상태를 안전하게 유지하며 또 다른 항에 접안하여 하역할 수 있어야 한다. 함축적 의미로 다시 정리하면 항구적합성능, 적재·하역성능 및 부양성능이라 할 수 있다. 부양성능은 적재상태에 대한 부양성 유지임으로 자세한 설명은 생략한다.

[(적)-①]**항구적합성능에 관한 기본요소**를 분석한다. 선박은 정의와 같이 사람 또는 화물을 운송할 수 있어야 하고, 시작과 끝은 육상으로 통한다. 즉 계획된 항구에 입항하여 접안할 수 있을 때 비로소 목적을 달성할 수 있다. 항구 호환성능의 의미는 선박의 주요 제원이 계획된 항구에 적합해야 한다는 것이다.

항구적합성능에 관한 기본요소의 세부요소 및 관련공학을 정리한다. 선박의 주요 제원 중 항구 입출항 및 접안에 영향을 주는 요소는 길이, 폭, 깊이 및 흘수에 해당한다. 예를 들면 선폭은 항 내 출입 시 방파제가 있다면 출입이 가능한 폭이어야 하고, 깊이 및 흘수는 항 내 수심에서 운항할 수 있어야 하며, 길이는 항내 운항 및 접안시설에 맞는 규모여야 한다. 관련공학 지식은 조선공학에 해당한다.

엄밀히 말하면 항구와 적합성을 고려한 주요 치수는 공학적 지식이 필요하지는 않으나, 항구와의 적합성은 설계 제약조건으로 작용하여 선박설계 시 고려되는 요소임에 따라 조선공학이 연관된다.

[적-Ⅱ]**적재하역성능에 관한 기본요소**를 분석한다. 선박이 운송을 위해 계획된 항구에 입항이 가능하다고 하면, 화물을 선박에 싣거나 내릴 수 있어야 한다. 그리고 선박은 계획된 일정에 따라 운송할 수 있어야 한다. 운송과정에서 일정을 확보하기 위해서는 적재 및 하역 시 시간을 줄이는 것은 중요한 요소이다. 따라서 적재 및 하역 시에는 가능한 한 기계설비를 통해 자동화하고 능률화하고자 한다. 그리고 이러한 설비는 대상화물에 따라 달라진다. 적재 및 하역 시에 액체화물선은 배관설비를 통해 이루어지고, 컨테이너선은 크레인을 통해서 이루어지며, Ro-Ro선은 Ramp 시설이 요구된다. 조금 더 넓게 적재 및 하역에 관한 기계설비를 살펴보면, 화물창을 관리하거나 안전성을 확보하기 위한 설비부터 운용을 위해 접근을 위한 설비까지 포함될 수 있다. 간단히 예를 들어보면, 유조선의 경우 화물창을 선저에 원유의 원활한 적재 및 하역을 위해 점도를 맞추기 위한 Heating system이 설치되며, 운용의 효율을 높이기 위한 화물창 세정설비인 COW(Crude oil washing) system이 적용된다. 안전에 관한 설비로 화물창 내 화재를 고려한 소화설비가 추가된다. 그리고 이러한 장비의 운용 및 유지관리를 위해서는 접근을 위한 교통장치(Door, Ladder 및 Handrail 등)가 필요하다. 여기서 System, 설비 혹은 장치라고 설명된 것들이 움직임을 동반 하는 경우, 전력 또는 유공압 등을 활용하기 때문에 기계, 전기 및 유공압으로 내용은 더욱 확장된다. 조선 산업이 종합산업인 이유가 여기에서 확인된다. 기계설비와 더불어 적재 및 하역 성능과 관련된 다른 기본 요소는 선박 내 구획분할이다. 선박이 항구에 입항하고, 효율적으로 선적할 수 있는 장비가 갖춰졌다면, 계획된 한 항차당 화물을 선박에 실을 수 있는 공간이 확보되어 있어야 한다는 의미다. 정리하면 적재 및 하역 성능과 관련된 기본요소는 기계설비와 선박 내 구획분할이다.

적재하역성능에 관한 기본요소별 세부요소 및 관련공학을 정리한다. 주요 제원과 구획분할은 선박의 길이, 폭, 깊이, 흘수, 재화중량을 고려한 구획분할 등이 해당한다. 사실상의 조선공학에서 기본설계에 해당하는 부분이다. 주의할 사항은 뒷부분에서 설명하겠지만 이러한 주요 제원 등은 이동성을 달성하기 위한 세부요소와 중복되며, 각 기능의 목적을 달성하기 위한 조건이 상충한다. 각각의 기능을 달성하기 위해 설계변수를 결정하는 과정에서 충돌문제가 발생하는 것이다. 선박설계는 이러한 충돌문제를 해결해가는 과정이라 할 수 있다. 충돌문제에 대해서는 이동성에서 다시 다루기로 한다. 또 다른 기본요소인 기계설비는 기계공학의 영역에 해당한다. 조선공학은 집을 짓는 것이고, 기계설비는 집 안의 각종 설비에서 소품에 이르는 것을 설치하는 것이라 할 수 있다. 각각의 기계설비는 System으로 불릴 만큼 독립적인 기능을 갖는다. 일반적으로 동력원으로써의 전기, 동력 전달을 위한 전기 또는 배관(유공압) 및 실제 운동을 만들어내는 기계부분으로 구성된다. 기계설비로 한정하여 표현하기도 했으나, 고정되어 있는 의장품 역시 넓은 의미해서는 포함될 수 있다. 예를 들면 교통장치는 Traffic system으로 선원이 해당구역을 안전하고 편하게 접근할 수 있어야 한다. 그래서 사고를 고려하여 2개의 수단을 준비하고 최대한 멀리 떨어져 배치하며, 가급적 편리를 위해 경사사다리를 사용한다. 적재 및 하역을 위해 선원의 접근이 필요한 경우, 안전하고 편안한 접근을 위해 의장품을 효율적으로 배치하는 것 역시 넓은 의미에서 기계설비의 요소에 포함된다. 세부적인 관련학문은 조선공학, 구조역학, 기계공학, 유체역학, 열역학 및 전기공학이 있다.

㉮**이동성에 대한 세부성능**을 분석한다. 이동성은 선박이 화물을 선적하고 예정된 출항지에서 목적지까지 이동할 수 있어야 한다. 조금 더 정확하게 말하면 예정된 기간 내에 이동할 수 있어야 한다. 이러한 목적을 달성하기 위해서는 계획된 선속으로 선박을 운항할 때, 수상에서 발생하는 저항을 알아야 하고 추정된 저항보다 큰 추진성능을 갖출 수 있어야 한다. 그리고 원하는 항로에 따라 선박을 조종할 수 있어야 한다. 만약, 계획된 항로가 운하를 지나게 된다면 운하를 통과할 수 있는 규모여야 한다. 이동성에 관한 세부성능을 요약하여, 저항성능, 추진성능, 조종성능 및 항로적합성능으로 규정한다.

㉮-①**저항성능에 관한 기본요소**를 분석한다. 선박의 저항은 크게 공기에 의한 저항과 물에 의한 저항으로 나뉜다. 물의 밀도가 공기의 밀도보다 1,000배 크기 때문에 물에 의한 저항에 집중한다(고속선에서는 공기저항이 중요한 요소가 된다). 물에 의한 저항은 크게 물의 점성에 따라 발생하는 마찰저항과 선체 표면에 붙어있던 유체 입자가 박리되면서 선수와 선미의 압력차에 의해 발생하는 형상저항 그리고 자유수면에서 파의 발생(에너지 손실)에 따른 조파저항으로 합으로 구성되며 이는 선속에

따라 비율이 달라진다. 선박의 저항에 영향을 주는 요소를 살펴보자. 첫째는 선체가 어떤 외형을 갖추었는지(흔히들 말하는 물을 잘 가르게 생겼는지) 선체선형에 영향을 받는다(형상저항과 조파저항에 영향을 미침). 다음은 침수표면적이 있다. 물은 점성을 가지고 있기 때문에 수중에서 이동하는 경우 마찰저항이 발생하며, 이를 줄이기 위해서는 물과의 접촉 상태를 바꾸지 않는 한 침수표면적을 줄여야 한다(선체 표면에 공기를 분사하여 접촉상태를 개선하기도 하며 관련된 설비로 개념을 확장할 수 있으나 기본적인 체계에 집중한다). 그리고 동일한 선형에 동일한 침수표면적이라 할지라도 움직이는 속도에 따라 달라지기 때문에 선속이 마지막 요소가 된다.

저항성능에 관한 기본요소별 세부요소 및 관련공학을 정리한다. 선체선형을 가장 손쉽게 표현할 수 있는 방법은 주요 제원(길이, 폭 및 깊이)과 선형계수(방형계수, 주형계수, 연직주형계수, 중앙횡단면계수 및 수선면계수)이다. 즉, 선박을 직육면체의 공간에 놓았을 때, 해당공간 대비 선박의 용적이 얼마나 차지하는지, 각 단면에서 얼마의 면적을 차지하는지를 표현하여 선형을 나타내는 것이다. 이렇게 외형인 선체선형이 결정되면 침수표면적을 결정하는 것은 재화중량이 된다. 화물을 많이 실을수록 선박은 많이 가라앉게 되고 침수표면적은 커지게 된다. 그리고 속도는 계획된 화물을 목표 일정 안에 운송하기 위한 선속을 만족해야 한다. 관련학문은 조선공학에 해당한다.

절점(Node)에서 발생하는 충돌문제를 설명한다. 저항성능의 세부요소에는 주요 제원이 포함된다. 그리고 앞서 설명한 바와 같이 부양성과 적재성의 세부요소에서도 주요 제원이 포함되어 있어 충돌문제를 일으킨다. 기본기능을 중심으로 가장 손쉬운 예를 들어보면 선폭이 증가하면 부양성(복원성능) 측면에서 유리하지만, 일반적으로 이동성(저항성능) 측면에서 저하되는 경향을 보인다(자세한 내용은 '선박의 부양성능', '선박의 적재성능' 및 '선박의 이동성능'편에 수록된 선박기본설계 중 주요목에 따른 성능변화를 참고한다). 이러한 상황을 해결하기 위해 최적의 절충안을 찾기 위한 방법으로 여러 가지 최적설계 기법을 도입하여 활용한다(이 부분에서 기능구조분석의 강점을 찾을 수 있다. 대상의 체계적인 이해뿐만 아니라 변수가 전체 목적기능에 미치는 영향을 손쉽게 파악하여 변형하거나 외부 변수가 발생하였을 때 그 영향을 예측할 수 있다).

(이)-(Ⅱ) **추진성능에 관한 기본요소**를 분석한다. 추진성능을 구현하기 위해서는 에너지원의 동력전환에서 추진력 발생까지 흐름을 이해해야 한다. 개념화된 흐름은 에너지원을 일로 전환하고 전환된 일을 추진기까지 전달하며, 추진기를 통해 최종 추력을 발생시킨다. 예를 들어보면 에너지원의 동력으로 전환은 증기기관(보일러를 통해 증기를 생산하고 터빈을 회전), 디젤기관, 가솔린기관(연료의 폭발력을 실린더의 왕복운동으로 다시 커넥팅 로드를 통한 회전운동으로 전환) 등으로 이루어지고, 발생한 동력(회전력)은 축(Shaft)을 통해 추진기로 전달된다. 추진기는 전달받은 동력을 이용하여 실제 추력을 발생시키며, 대표적인 예로 프로펠러, 보이슈나이더 및 워터젯 등이 있다. 수중에서 프로펠러가 고속으로 회전할 경우 케비테이션에 의한 문제가 발생하기 때문에 가급적 대직경 저회전으로 프로펠러가 작동될 수 있도록 하기 위해 감속기를 두기도 한다. 큰 개념에서 중요한 기본요소는 추진기관, 동력전달 및 추진기로 구성된다.

추진성능에 관한 기본요소별 세부요소 및 관련공학을 정리한다. 추진기관의 세부요소는 여러 가지로 구성될 수 있으나, 선박에 있어 핵심요소는 마력의 추정이다. 풀어서 말하면 추진기관(동력장치)은 기존에 개발된 제품을 적용하면 되기 때문에 어떤 용량의 추진기관을 사용할 것인지가 핵심이 되는 것이다. 그리고 몇 마력에 해당하는 추진기관을 사용할 것인가는 앞서 저항성능에서 저항을 추정함으로써 구했다. 동력전달은 통상 축(Shaft)의 회전을 통해 전달한다. 축은 기관실의 조건에 따라 다양하게 구성되나, 핵심요소는 추진축, 선미관축 및 추력축에 해당한다. 추진축은 프로펠러에 연결된 축이며, 선미관축은 축이 선체를 관통하면서도 수밀이 유지되도록 한다. 그리고 추력축은 프로펠러, 추진축 및 선미관축을 통해 전달된 추력을 선체에 전달하는 역할을 한다. 만약 추력축이 없이 추진기관의 커넥팅 로드와 연결된 축과 바로 연결된다면, 추력에 의해서 축이 추진기관으로부터 이탈된다. 실제 추력을 발생시키는 추진기는 다양한 것이 개발되어 있으나 가장 효율이 좋은 것은 프로펠러이다(자세한 내용은 '선박의 이동성능' 편에 수록된 추진기의 기본 개념을 참고한다). 관련공학은 조선공학, 기계공학 및 전기공학 등이 있다.

(이)-(Ⅲ) **조종성능에 관한 기본요소**를 분석한다. 선박을 안전하고 원하는 상태로 조종하기 위해서는 일정 수준 이상의 조종성능을 만족해야 한다. 풀어서 말하면 긴급으로 정지하고자 할 때, 최소한 얼마의 제동거리가 발생하는지(긴급정지)와 선회를 할 때

어느 만큼의 회전반경이 필요한지(선회성)를 알고 있어야 하고, 원하는 방향으로 침로를 유지(보침성)하고 원활한 변침(변침성)이 가능해야 한다. 그리고 필요시 해상의 한 곳에 머물 수 있어야 하며, 항구에 입항했을 때 안전하게 접안도 할 수 있어야 한다. 지금까지 선박의 외형을 갖추고 이동하기 위한 추진기가 설치된 상태라면, 선박을 원하는 상태로 조종하기 위한 여러 기계설비가 추가되는 개념이다.

조종성능에 관한 기본요소별 세부요소 및 관련공학을 정리한다. 조종성능을 구현하기 위해 필요한 세부요소는 매우 많다. 넓은 의미에서 예를 들면, 목표한 항로에 따라 안전하게 운항하기 위해 다른 선박 혹은 육상과 교신을 위한 항해통신설비와 원활한 조종을 위해 선원을 위한 편의설비 등 다양한 경우를 생각할 수 있다. 하지만 선박의 움직임과 직접적인 연관을 갖는 기계설비에 집중한다. 주요 설비로는 선박의 방향을 바꿀 수 있는 조타설비, 해상에서 정박하거나 긴급정지 및 선회 등을 위한 계선설비, 그리고 항 내에서 필요한 계류설비 및 조향설비(Thruster 등)를 들 수 있다. 해당 장비는 앞서 적재 및 하역을 위한 기계설비에서 설명된 바와 같이 독립된 기능을 갖는 System으로, 해당 기능을 실현하기 위해 기계(철의장), 배관 및 전기 Part를 조합한다. 관련학문은 기계공학, 유체역학, 열역학 및 전기공학 등이 있다.

ⓘ-Ⅳ**항로적합성능에 관한 기본요소**를 분석한다. 항로적합성능의 개념은 항구적합성능과 같은 개념이다. 항로상에 선박의 제원에 영향을 주는 요소가 있는지 파악하는 것이다. 그것은 대부분이 항로상에 운하가 존재하는지 여부가 된다. 특별한 경우로는 북극항로를 지나는 경우 쇄빙능력(쇄빙선은 쇄빙을 고려하여 설계하지만 가급적 쇄빙이 발생하는 경로를 피하여 운항하고, 유빙에 대비한다)을 고려한 주요 제원의 선정이 필요하다.

항로적합성능에 관한 기본요소의 세부요소 및 관련공학을 정리한다. 앞서 설명한 바와 같이 대부분의 항로적합성능에 관한 검토는 운하 통과 여부이다. 따라서 세부요소는 운하를 통과한다면, 해당 운하를 이용할 수 있는 길이, 폭, 깊이 및 흘수를 갖추었는가에 해당한다. 역시 이 부분은 선박설계 측면에서 제약조건으로 작용된다. 항구 적합성능에서와 같이 항로적합성능에 따른 주요 제원의 도출은 제약조건일 뿐이나 주요 제원이 다른 성능과 연관되어 있기 때문에 관련학문으로 조선공학에 대한 이해가 필요하다.

제2편
기능구조분석에 기반한 선박의 기능과 체계

제1장 선박기본 및 구조

제2장 선박복원성 및 운동

제3장 용접

제4장 건조

제5장 시운전

제1장 선박기본 및 구조

1. 선박의 주요성능 및 분류(공통)

: 선박은 주요 기본성능인 부양성, 적재성 및 이동성을 갖추어야 하고, 목적(수송, 해양작업 및 군함 등 특수목적), 크기(Handy size, Hand max, Panamax, Aframax, Capesize, Suezmax, VLCC 및 ULCC 등) 및 지지방식(배수량형, 수중익형, 공기부양형 및 반수형 등)에 따라 분류되고, 계열화할 수 있다.

2. 주요정의 및 선박규모의 단위(공통)

: 선박의 기본제원을 나타내는 길이(전장, 등록장, 수선간장, 수선장), 폭(형폭, 전폭, 등록폭) 및 깊이(형깊이, 등록깊이 및 건현깊이)는 사용 목적에 따라 다양하게 표현된다. 또한 선박의 규모를 나타내는 단위 역시 선박의 목적 및 특징에 따라 무게를 기준으로 한 중량톤수(배수톤수, 기준배수톤)와 부피를 기준으로 한 용적톤수(총톤수, 순톤수 및 보정총톤수)로 세분화되어 있다(컨테이너선은 선적가능한 컨테이너 수량으로 TEU, FEU로 선박규모를 나타냄). 선박에 관한 다양한 단위가 있다.

3. 설계프로세스(공통)

: 선박설계는 대부분 변형설계에 해당된다. 기하학적 변이를 주고 이들의 효율을 비교해서 최적의 값을 찾아가는 방식이다. 정해진 Flow를 따라 설계를 진행하고 충돌되는 값이 발견되는 경우 이전 Step으로 다시 회귀하여 설계하는 반복법을 주로 채택하고 있다.

4. 주요목에 따른 선박의 성능변화(공통)

: 앞서 기능 간 충돌문제를 살펴본 바 있다. 그리고 선박설계는 정해진 Flow에 따라 진행하고 기능구조의 결합부(Node)에서 충돌문제가 발생한다. 이를 위해 기하하적 변형을 체계적으로 시도하고, 충돌문제가 해결되지 않으면 이전 Step으로 회귀하는 방식을 취한다고 했다. 주요목(L, B, D, d, DWT)의 변화에 따른 영향을 이해한다면, 반복작업을 줄일 수 있을 것이다.

5. 주요목의 추정(공통)

: 선박의 주요제원은 모든 기능에 영향을 미친다. 그리고 앞서 선박설계는 대부분 변형설계임을 설명한 바 있다. 실제 선박설계는 가장 기본이 되는 주요제원에 대해 변형설계 관점에서 기존의 정보를 활용하여 계약사항을 어떻게 효율적으로 만족시킬 것인가에 대해 집중한다. 실적선을 바탕으로 도출한 경험식 또는 회귀분석을 통해 합리적인 초기값을 찾는 방법이 활용된다.

6. 선박구조 양식(부-II-0)

: 선박구조와 그 양식은 부양성을 결정하는 핵심요소이며, 구획분할과 연관되어 적재성과도 밀접한 관계를 갖고 있다. 선박의 기본적인 구조양식은 종식, 횡식 및 종횡식으로 구분된다.

7. 종강도(부-II-0)

: 선박이 부양성을 갖추기 위해서는 구조안전성능이 확보되어야 한다. 구조안전성능은 종방향 강도에서 국부강도까지 확보되어 운항 중 부서지지 않도록 하는 것이다. 선박은 기본적으로 길이가 긴 세장체로서 굽힘에 취약한 구조를 가지게 된다. 그러므로 길이가 긴 선박은 종방향 강도를 우선시 검토하고, 각 구역별 강도의 안전성을 검토하여 설계하게 된다.

< 선박의 필수기능에 관한 기능구조분석도 >

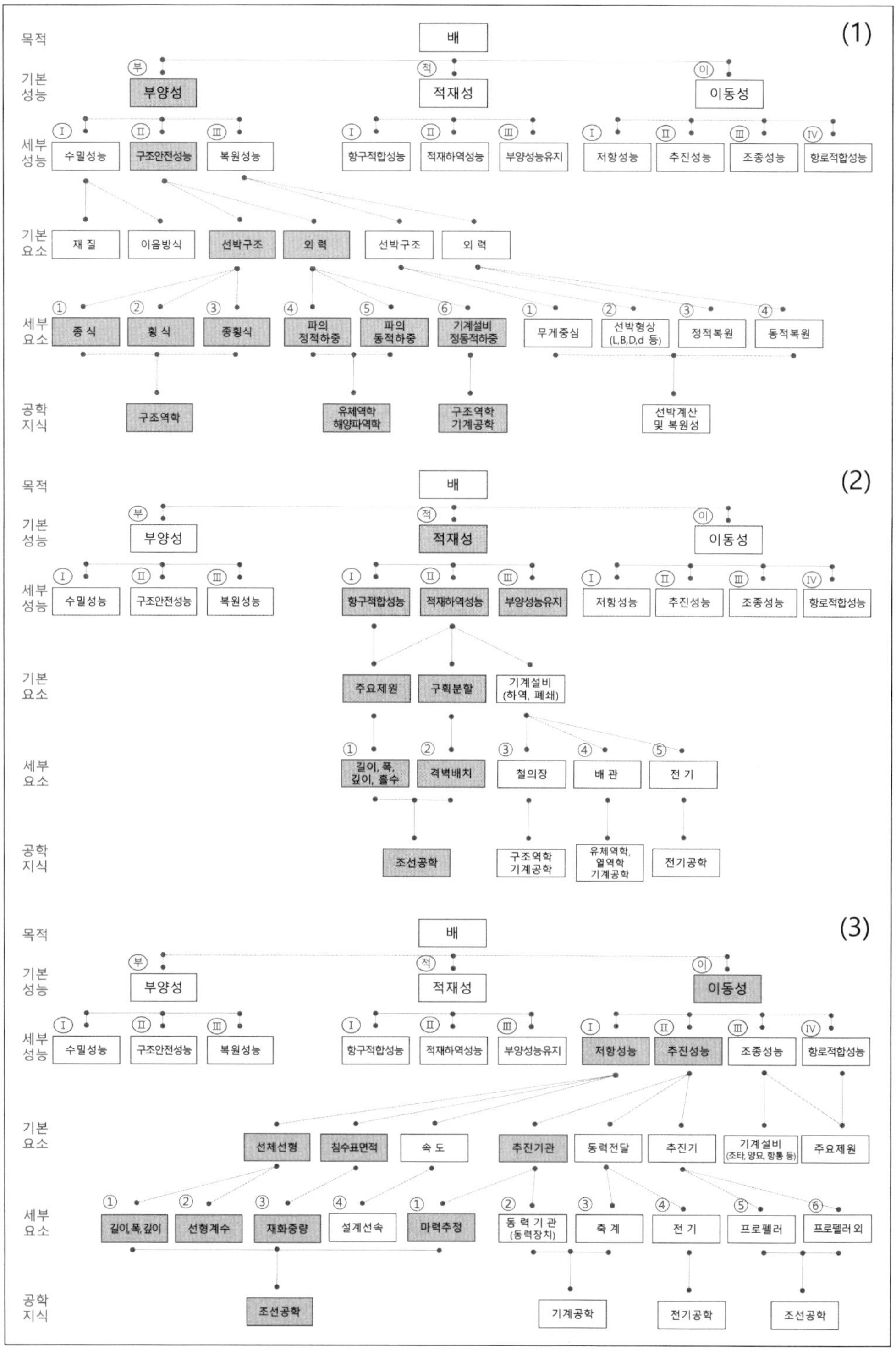

2-1-1 선박의 주요성능 및 분류 [공통]

□ 주요성능

○ 선박의 주요성능은 통상 작게는 3가지 크게는 5가지로 구분하며, 각각은 부양성, 적재성, 이동성, 복원성 및 조종성이다.

① **(부양성)** 선박은 물 위에 뜰 수 있어야 함

② **(적재성)** 선박은 사람 또는 화물 등을 적재할 수 있어야 함

③ **(이동성)** 선박은 이동할 수 있어야 함

④ **(복원성)** 선박은 경사시 전복되지 않고 복원할 수 있어야 함

⑤ **(조종성)** 원하는 상태로 직진, 선회 및 정지 등을 할 수 있어야 함

□ 분류

○ 선박분류는 관점에 따라 달라지며 여러가지 방식이 있을 수 있으나, 통상 사용되는 기능, 크기 및 부양방식에 따라 다음과 같이 분류된다.

① **(기능에 따른 분류)** 수송, 해양작업 및 특수목적선으로 분류

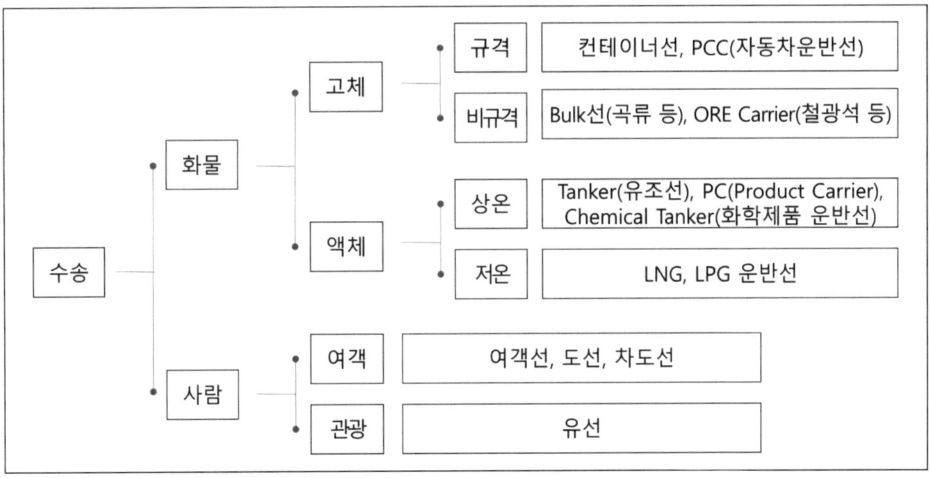

* 여객 vs 관광: 여객은 사람을 운송하기 위하여 항구에서 항구로 이동하는 것이나, 관광은 해상의 유락을 위한 것으로 출발한 항구로 다시 귀항하는 차이가 있음

작업선	생산	FPSO, FSO, FPU
	시추	Drill ship, Semi-Rig, Jack –up Rig
	지원	OSV, PSV, OCV, PLV, HCU, AHTS, DSV
	어선	트롤, 저인망, 권현망, 자망, 통발, 연승, 채낚기, 선망, 봉수망, 안강망

특수선	군/경	군함, 경비정, 잠수함, 병원선
	교육	시험 및 교습선
	조사	조사선
	관리	지도선, 단속선

- ► FPSO: Floating Production Storage and Off-loading
- ► FSO: Floating Storage and Off-loading
- ► FPU: Floating Production Unit

- ► OSV: Offshore Support Vessel
- ► PSV: Platform Supply Vessel
- ► OCV: Offshore Construction Vessel
- ► PLV: Pipe Laying Vessel
- ► HCU: Heavy Crane Vessel
- ► AHTS: Anchor Handling Tug & Supply
- ► DSV: Diving Support Vessel

② **(크기에 따른 분류)** 산적화물선과 유조선은 수치(숫자)를 포함하지 않고, 선박의 규모를 나타내는 별도의 용어가 존재

* 상선 중 산적화물선과 유조선은 중요한 위치를 차지하고, 항로에 의해 주요치수가 결정됨에 따라 항구 또는 운하의 운용 가능성을 기점으로 크기를 명명

산적화물선
- Handy Size: 2~4만톤(일정한 항로 없이 운항, 크기가 작아 접안시설 영향↓)

산적화물선
- Handy Max: 5만 톤급

산적화물선
- Panamax: 6~7만톤(파나마 운하를 통과할 수 있는 최대크기)

유조선
- Aframax: 8~11만톤(운임, 선가 고려시 최대 이윤창출이 가능한 규모 의미)

산적화물선
- Capesize: 10~15만톤(남아공 석탄 적출항 리차드 항에 입항 가능한 최대 규모)

유조선
- Suezmax: 13~15만톤(수에즈 운하를 통과할 수 있는 최대크기)

유조선
- VLCC: 20~30만톤

유조선
- ULCC: 30만톤 이상

③ **(지지방식에 따른 분류)** 부력형성 원리에 따라 분류

- 배수량형: 가장 흔한 형태로 아르키메데스의 원리에 의해 배가 물속에 잠김에 따라 발생한 부력에 의해 지지되는 방식
- 수중익형: 기본적으로 배수량형태이나 선저에 추가로 수중익*을 부착하고, 운항 시 수중익의 양력에 의해 지지되는 방식

* 수중익(Hydrofoil): 수중에 잠긴 비행기 날개와 같음

- 공기부양형: 중력반대 방향으로 Fan 등을 통해 공기의 흐름을 발생시켜 지지하는 방식
- 반잠수형/잠수형: 자유표면*에서 운항하는 것이 아니라, 수중에 운항하는 형태

* 자유표면: 밀도가 다른 2가지 유체(선박에서는 공기와 물)의 경계면

- 지면효과형: 지면효과*를 이용해 수면 가까이에서 운항하는 형태

* 지면효과: 날개가 지면 가까이 가면 항력이 50%가량 감소하여, 날개효율(양항비)이 급격히 좋아지는 현상으로 이동속도(추력)가 낮더라도 충분한 양력이 발생됨

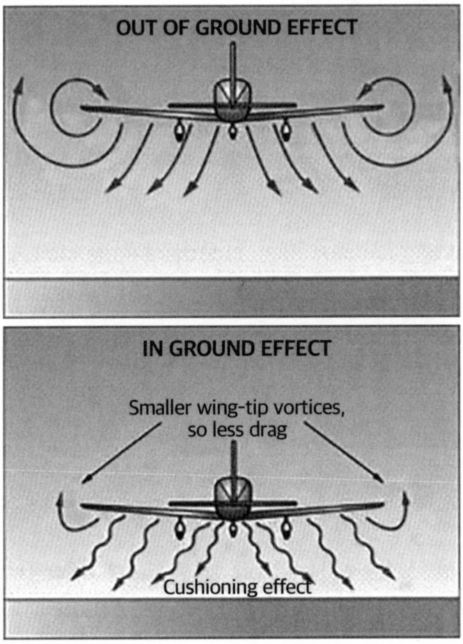

► 항력이 급격히 감소하는 이유는 날개 끝에 발생하는 Tip Vortex가 지면에 방해를 받아 사라짐으로써 항력의 감소를 유발

► 날개 아랫부분의 압력이 날개 윗부분의 압력보다 크고, 날개 끝부분에서 Tip Vortex가 발생하나 지면의 영향으로 사라짐

[그림출처] https://airtravelinfo.kr/wiki/index.php?title=%EC%A7%80%EB%A9%B4%ED%9A%A8%EA%B3%BC

** WIG(Wing In Ground): 수면 위 5m 이내에서 시속 550km까지 운항할 수 있는 초고속선으로 접안 시설이 없는 경우 활용할 수 있고, 이동속도가 매우 빠르다는 장점이 있으나, 파도가 높은 경우 사용이 곤란하며, 해수포말에 의한 엔진의 부식으로 교체비용이 높은 것이 핵심적인 한계

2-1-2 주요정의 및 선박규모의 단위 [공통]

□ 주요정의

○ **(길이)** 선박등록, 운하통과, 접안여부 및 운동성능 등 여러 목적에 따라 선박의 길이를 아래와 같이 다양하게 정의하고 있다.

- (전장 L_{OA}, Length Over All) 선수의 최전단과 선미의 최후단 사이에서 계획수선과 평행한 직선상의 거리 → 선박의 최대길이를 의미하며 항포구 내 접안 및 운하통과 검토 시 활용

- (등록장 L_R, Registered Length) '최소 형깊이의 85% 위치에서 계획만재흘수선에 평행한 흘수선 전장의 96퍼센트' 또는 '그 흘수선상의 선수재 전면에서 타두재 중심까지 거리' 중 큰 것 → 주관청에 선박 등록 시 사용

  * 단, 「어선법」에 따른 상갑판 보의 상면의 선수재 전면에서 선미외판 후면까지의 수평거리가 24m 미만인 어선은 상갑판 보의 상면의 선수재 전면에서 타주의 후면까지 거리(타주가 없는 경우에는 타두재의 중심까지의 수평거리)를 등록장으로 함

- (수선간장 L_{BP}, Length Between Perpendicular) 선수부 수선*와 선미부 수선** 사이의 길이 → 설계시 횡부재(Frame 등) 배치기준이 되는 기준점간 길이며, L_{BP}의 중간을 선체 중앙부라하고 ⓧ로 표기

  * 선수부 수선(F.P Fore Perpendicular): 계획만재흘수선과 선수재의 전면이 만나는 점에 세운 가상의 수직선

  ** 선미부 수선(A.P After Perpendicular): 계획만재흘수선과 선미에 있는 타주 (Rudder post)의 후면[타두(Rudder stock)가 있을 시 중심선]이 만나는 점에 세운 가상의 수직선

- (수선장 L_{WL}, Water Line Length) 계획수선 상에서 선수부와 선미부 사이의 길이 → 선박이 실제 물에 잠긴 길이로 운동성능 평가 시 활용

< 선박의 길이 >

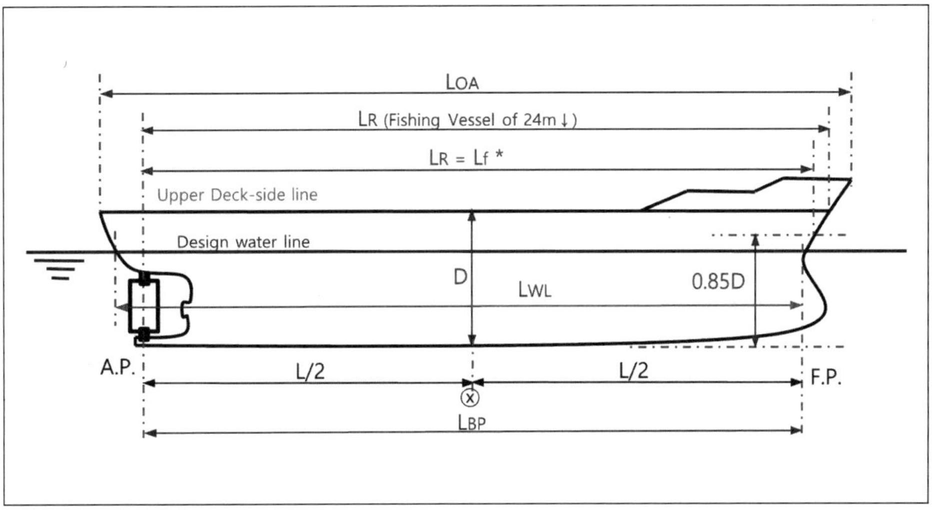

* 건현길이(L_f): '최소 형깊이 85%에서 LWL의 96%' 또는 '최소 형깊이 85%의 선수재 전면에서 타두재 중심선 사이 거리' 중 큰 값

○ **(폭)** 길이에 비해 목적이 명확하게 명시되는 것은 아니나 현측외판 두께*의 고려 여부에 따라 구분된다. → 선질과 건조공법에 따라 현측외판의 두께를 일치시키는 기준점이 달라지고, 선질에 따라 톤수 계산시 폭의 측정방식이 달라진다.

* 몰드라인(Mould line): 강선은 건조효율을 고려하여 현측외판의 내측을 일치시키고, FRP선 등은 형틀 위에 적층되기 때문에 현측외판의 외측이 일치 → 폭의 기준점 상이

- **(Moulded Breadth [형폭])** 가장 넓은 횡단면(통상 중앙횡단면을 의미)의 현측외판 '내면' 사이의 최대 선폭 → 주로 강선에 적용

- **(B_{Max}, Extreme Breadth [전폭])** 가장 넓은 횡단면의 현측외판 '외면' 사이의 최대 선폭 → 주로 FRP선에 적용, 도킹, 운하 통과 시 활용

- **(B_R, Registered Breadth [등록폭])** 최대폭 횡단면에서 현측외판 '외면' 사이의 최대 선폭 → 주관청에 선박 등록 시 사용

○ **(깊이)** 폭의 경우와 같이, 선저외판 두께의 고려 여부에 따라 구분한다.

형깊이
- **(Moulded Depth)** 중앙횡단면에서 현측형선(Mould line)과 상갑판 하면과의 교점에서 기선(Base line) 사이의 깊이 → 설계시 주로 활용

등록깊이
- **(D_R, Registered Depth)** 중앙횡단면에서 현측형선(Mould line)과 상갑판 하면의 교점으로부터 용골상면선(Top of Keel) 사이 깊이 → 선박등록 시 활용

건현깊이
- **(Freeboard Depth)** 건현갑판 '상면'선에서 수면까지 거리 → 예비부력 평가시 활용, 타 깊이기준과 달리 갑판의 두께 상면까지 예비부력으로 작용할 수 있어 상면까지 포함

* 건현(乾舷): 말라있는 현측이라는 의미로 물에 잠기지 않은 현측의 높이를 의미

○ **(흘수)** 선박이 물속에 잠긴 높이를 의미하며, 적재상태에 따라 변화하고 종강도 및 저항·추진능력 등에 연관되어 달리 정의된다.

형흘수
- **(Moulded draft)** 기선으로부터 임의 흘수선까지 높이를 의미

* 예시: 경하흘수(light draft), 만재흘수(Full load draft)

구조흘수
- **(Scantling draft)** 구조강도 계산*에 사용하는 최대 흘수로 강도상 여유를 갖기 위해 만재흘수선보다 높게 적용

* 선박은 세장체(가늘고 길이가 긴 형태)로 파고 및 파저의 상대적 위치에 따라 굽힘을 받을 수 있어 종방향 강도(종강도)를 중요하게 평가

설계흘수
- **(Design draft)** 선박의 최대 운항효율을 고려하여 설정한 설계기준 깊이

* 구조흘수 > 만재흘수 > 설계흘수 순으로 깊이가 깊음

□ 선박규모의 단위

○ **(중량톤수)** 선박의 운송능력을 중량으로 평가하는 것이 효과적인 경우에 선박의 규모를 중량톤수로 나타낸다.

- **(배수톤수, △)** 선박의 중량을 의미하며, 적재상태에 따라 만재배수톤수*, 경하배수톤수**, 재화중량톤수***로 구분됨

* 만재배수톤수(Full load displacement): 화물을 최대로 선적했을 때 배의 중량
** 경하배수톤수(Light load displacement): 화물을 선적하지 않았을 때 배의 중량
*** 재화중량톤수(DeadWeight, DWT, DW): 배의 적재가능 중량(만재배수톤수와 경하배수톤수의 차)

① 배수용적(▽, Volume of displacement): 배가 물 위에 떠 있을 때, 물속에 잠긴 배의 부피 (Tip. ▽기호는 자주 사용되어 숙지가 필요하고 헷갈리는 경우 Volume의 V를 떠올리자) ② 배수량, 배수톤수(△, Displacement): 배의 중량을 의미(배수용적 × 유체의 비중량) (예시: 배수용적 1,000m^3의 배수톤수 → △ = ▽ × ρ → 1.025톤 = 1,000m^3 × 1.025톤/m^3)

- **(기준배수톤, Standrad displacement)** '군함의 배수톤수'로써 병기, 탄약, 승무원 및 식량 일체를 적재하고, 연료·급수만 제외한 톤수

○ **(용적톤수)** 선박의 운송능력을 부피로 평가하는 것이 효과적인 경우에 선박의 규모를 용적톤수로 나타낸다.

* 참조: 「선박톤수의 측정에 관한 규칙」, 「국제톤수측정협약」(TONNAGE, 69)
** 재화계수(m^3/ton): 선적화물 1톤당 부피, 밀도와 반대되는 개념으로 선적화물이 차지하는 부피가 중량보다 중요한 요소인 경우 활용

- **(총톤수, Gross Tonnage)** 선박의 폐위된 용적을 구한 뒤 일정한 계수를 곱한 값 (등록, 세금부과 등의 기준)

* $GT = (0.2 + 0.02\log_{10} V) \times V$ (V는 폐위된 모든 용적을 의미)
** 비폐위의 개념은 3면이 개방되거나 상부가 개방된 경우이며, 톤수제외 공간은 미소용적(1m^3↓) 또는 Hose pipe, Crane pedestal 등 선적이 불가능한 폐위공간 등이 해당

- **(순톤수, Net Tonnage)** 여객이나 화물의 운송용으로 제공되는 장소의 크기를 규정하기 위해 사용되는 지표

* $NT = K_2 \times V_c (4d/3D)^2 + K_3 (N_1 + N_2/10)$
V_c: 화물창 합계용적, K_2: 0.2 + 0.02 ln Vc, D: 형깊이, d: 하계만재흘수선의 상당흘수,
N_1: 8개 이하 침대를 갖춘 선실의 여객수, N_2: 기타 여객수, K_3: 1.25 × (GT+10,000) / 10,000

- **(재화용적, Cargo capacity tonnage)** 화물창 내 화물적재 가능 총용적

  * 그레인용적, 낱알화물용적: 비포장 화물을 적재할 수 있는 용적
  ** 포장화물용적: 포장화물을 적재할 수 있는 용적

- **(보정총톤수, Compensated Gross Tonnage)** 건조 난이도를 감안한 총톤수. 여객선, LNG, LPG, 컨테이너선, 유조선 및 벌크선 순으로 건조 난이도가 낮기 때문에 같은 GT여도 난이도를 고려하여 보정

  * CGT = 총톤수(GT) × 선종에 따른 계수
  (동일 GT여도 벌크선 등에 비해서 가스선 등을 건조했을 경우 CGT가 높아짐)

○ **(TEU, FEU)** 컨테이너 적재가능 개수를 의미하며, 컨테이너선의 규모를 나타내는 척도이다(컨테이너는 비규격 화물을 규격화 할 수 있는 수단임).

  * TEU(Twenty foot Equivalent Unit): 20ft 컨테이너를 의미
  ** FEU(Forty foot Equivalent Unit): 40ft 컨테이너를 의미

□ 중량톤수와 용적톤수의 상관관계

○ 중량톤수와 용적톤수는 각각 다른 단위이나 둘 간의 상관관계를 참고로 살펴보면 "용적톤수 × 2~3 = 중량톤수"와 같다.

- **(정의적 접근)** 구톤수 계산식은 $100ft^3$의 용적을 1 tonnage으로 한 것에서 중량톤수와 용적톤수를 비교 분석

  * $100ft^3$ 용적의 바지선이 모두 물에 잠겼다고 하면, 용적톤수는 1 tonnage,
  중량톤수 = ρgv = 1.025ton/m^3 × f × 100 × $(0.3m)^3$ = 2.76tonf [1ft=0.3m → $100ft^3$ = 100 × $(0.3m)^3$]

  ※ 용적톤은 역사적으로 럼주통을 몇 개를 옮기는지 확인하여 통행세를 받기 위해 생긴 개념으로 초기 $100ft^3$을 1tonnage로 했으나(구톤수), 1982년부터 개정(신톤수)됨

- **(수식적 접근)** 신톤수 계산식과 배수톤수 계산식을 통한 중량톤수와 용적톤수의 관계분석

  * $GT = (0.2 + 0.02\log_{10}4,000) \times 4,000$ = 1,088 tonnage, 약 1,000 GT(V는 편의상 4,000m^3 가정),
  배수톤수 = ρgv = 1.025ton/m^3 × f × 4,000m × 0.5(수선하 용적을 50% 가정) = 약 2,000tonf

2-1-3 설계프로세스 [공통]

□ 선박설계의 대구분

○ 선박 수주에서 생산 전 단계까지의 대구분은 대략 기술영업, 기본계획, 기본설계, 상세설계 및 생산설계로 구분*할 수 있다.

* 조선소별 상세 업무분장은 상이할 수 있으며 전박적인 업무흐름의 이해가 중요

- **(기술영업)** 사양, 가격, 납기조건 등 계약조건 및 건조사양서(Building Spec.)에 대한 계약 전 대선주 업무를 의미
- **(기본계획)** 기본설계와 비슷한 시기에 경제성 분석 중심의 업무
- **(기본설계)** 건조사양서에 글(Text)로 표현된 사항을 기본도면*을 중심으로 도면화하고 관련 계산을 통해 검증하는 과정

* 일반배치도, 중앙횡단면도, 외판전개도, 강재배치도 등

- **(상세설계)** 기본설계를 바탕으로 각 구역 및 공종별로 배치를 확정하고, 상세사양을 확정하는 단계(강제 및 기기장비 발주 실시)

> ▸ 종합설계(일반배치, 복원성능 검토, 시운전 절차서 등 관련 설계)
> ▸ 구조설계(FWD, AFT, MID, Hold 등 각 구역별 구조의 형상, 배치 및 두께를 설계)
> ▸ 기장배관(기관실 구역 배관설계) / 기장철의(기관실 구역 기계 및 의장품 설계)
> ▸ 선장배관(기관실 및 선실을 제외한 모든 구역의 배관설계) / 선장철의(기관실 및 선실을 제외한 모든 구역의 기계 및 의장품 설계)
> ▸ 선실설계(선실구역의 기계, 배관, 의장품 및 목의장 관련 설계)
> ▸ 전장설계(모든 구역의 동력계통, 제어계통, 항해통신 및 등화 관련 설계)

- **(생산설계)** 상세설계에 따라 일반 의장품의 제작도와 설치를 위한 상세한 설치치수가 있는 설치도를 작성하는 단계

□ 선박기본설계의 주요 프로세스

○ 선박설계의 대구분을 기준으로 기본설계까지의 과정 중 주요프로세스를 정리하면 다음과 같다.

① **(설계조건 검토)** 선주 요구사항 및 주요항로 등 설계상의 제약사항(혹은 요구사양)을 검토하는 단계(DWT, V, d 등 결정)

* 어떤 화물을 얼마만큼, 어느 기간 동안, 어디에서 어디로 운송할지가 기본사항으로 화물의 총 운송량을 기간으로 나누면 1항차 당 운송량(DWT)이 결정되고, 1항차 당 운송량을 만족시키기 위한 필요속력(V)과 설정항로 및 입출항 Port에 따라 흘수(d) 결정

② **(주요목 추정)** 설계조건을 바탕으로 길이(L), 폭(B), 깊이(D), 방형계수(C_b) 및 경하중량을 추정

* 주요목의 추정은 반복법에 의해 목표값과의 차이를 줄여가는 방식으로 진행되나, 실적선 데이터가 있는 경우, 회귀분석, 경험식 등을 통해 신뢰도 높은 초기 추정값 추정

Lines

③ **(초기 선도 작성)** 추정된 주요목(L,B,D,C_b)을 기준으로 선박의 외형정보인 선도에 대한 초기정보를 생성하는 단계

* 선형작성은 Lackenby 선형변환, 1-Cp방법 등 다양한 방법이 존재하며, 전체선박의 용적을 유지하면서 선박의 길이방향으로 각 단면의 어떻게 배치하는지가 핵심이고, 통상 정면도(Body plan), 측면도(Buttock line), 평면도(Water line)에 대해 Offset으로 표현

④ **(저항 및 마력 추정)** 초기선도에 따른 선박형상과 설계속도를 통하여 저항을 추정하고, 선속 만족을 위한 마력을 추정하는 단계

* 마력추정은 간편한 방법 중 하나로 '에드미럴티 계수'를 이용한 방법 등이 있음

General Arrangement(G.A)

⑤ **(초기 일반배치도 작성)** 추정된 주요목을 바탕으로 화물창, 격벽, 각종 탱크, 기계류 배치 및 거주구역 등이 나타난 도면을 작성

* 법규 등에서 요구하는 안전기준(격벽 등) 및 건조사양서(Building Spec.)의 주요사항 등을 우선 반영하고 나머지 작은 내용들을 그에 맞추어 설계하는 방식

⑥ **(화물 및 Tank용적 계산)** 초기 G.A를 바탕으로 운송능력(DWT)을 계산하고, 추정된 마력을 근거로 Fuel oil tank를 검증하며, B-spec.에 따라 승선원 등을 고려하여 Fresh-water(청수) tank 적정성 검토

⑦ **(배수량 계산)** 화물 및 각종 tank 용적 계산 후 배수량 추정

Mid-Ship Section
⑧ **(초기 중앙횡단면도 작성)** 초기 G.A를 통해 대략적인 종강도를 만족할 수 있는 중앙횡단면도 작성(실적선 정보가 많은 경우, 실적선 정보를 초기정보로 활용)

Pre-Trim & Stability
⑨ **(초기 복원성 등 계산)** ⑧까지 확정된 정보를 바탕으로 Trim(선수미 흘수차) 및 초기 복원성을 계산(불만족시, 이전 단계로 회귀하여 반복)

* 중량 정보가 미확정 된 상태의 초기 복원성 계산이기 때문에 통상 실적선 정보를 바탕으로 한 경험식 또는 회귀분석에 의존하는 경우가 많음

⑩ **(G.A 수정)** ⑨번 계산에 따라 수정된 사항을 G.A에 반영

⑪ **(톤수추정)** 작성된 G.A를 바탕으로 톤수(중량 또는 용적톤수)를 추정

⑫ **(강재배치도 작성)** 이전단계까지 작성된 G.A 및 Mid-Ship Section을 활용하여 강재배치도 작성

⑬ **(중량추정)** G.A* 및 강재배치도를 활용하여 중량(의장품 포함) 추정

* G.A를 통해서 화물창 및 각종 Tank류에 따른 중량의 추정이 가능하나, 기기장비 및 의장품은 실적선에 의존하거나, 기기장비는 계약 진행 중인 Maker(기기장비 제작 업체)를 통해 예상 중량을 추정함

Trim & Stability
⑭ **(복원성 등 계산)** 이전까지 확정된 정보를 바탕으로 다시 Trim & Stability을 계산하여 만족 여부를 검증

⑮ **(종강도 계산)** 이전까지의 확정된 정보를 활용하여 종강도를 계산하고 불만족시 이전단계로 복귀하여 만족할 때까지 반복 수행

⑯ **(도면작성)** 종강도까지 만족할 경우, 실제 도면작성에 착수

☞ 지금까지의 전 과정을 잘 살펴보면, 선박의 기본성능인, 부양성, 적재성, 이동성, 복원성 및 조종성*에 대한 검증과정이었음을 알 수 있음. 즉 기본적인 성능의 검토를 마치고 도면을 작성함

* 필요시 초기에 조종성 검증을 위한 타력 등을 계산할 수 있겠으나, 타력을 고려해 다른 조건을 변경하기 힘들고, 타력의 변경은 조타기(Steering Gear) 사양정도의 변경을 발생시키기 때문에 후행에서 검증 및 수정 가능

2-1-4 주요목에 따른 선박의 성능변화 [공통]

□ 길이에 따른 성능변화

○ 길이는 선박의 기본배치, 종강도, 추진마력, 복원성, 내항성 및 건현 등에 영향을 준다.

- **(종강도)** 길이가 증가할수록 선체에 가해지는 작용응력은 증가

  * $\sigma = \frac{My}{I}$ (M: 굽힘모멘트, y: 중립축에서 끝단까지 거리, I: 단면2차모멘트) ≫

  $M = \frac{WL^2}{4}$ (선체를 분포하중(W)을 받는 단순지지 된 보로 가정) ≫ L↑ ≫ $\sigma_{working}$↑

  ** Tip. 구조설계를 할 경우, 선체에 가해지는 작용응력(Working stress, Demand)과 강도(Strength, Capacity)를 구분하여 인지할 필요

- **(저항·추진)** 길이가 증가할수록 저항은 감소하는 경향을 가지며, 이에 따라 요구되는 추진마력도 감소

  * 배수량이 일정한 경우 길이의 증가는 폭 또는 깊이의 감소를 의미하고, 폭의 감소는 날렵한 선형으로 선미의 박리점을 후퇴시켜 형상저항 등의 감소 가능

- **(복원성)** 길이가 증가할수록 복원성은 좋아지나, 폭의 증가 대비 미미

  * GM = KB + BM - KG (BM=$\frac{I_{xx}}{V}$), L↑ ≫ I_{xx}↑ ≫ GM↑(바지선 가정, BM=$I_{xx} = \frac{LB^3}{12}$)

- **(운동성능 등)** 일반적으로 길이 증가 시 일반배치가 쉬워지고, 내해성↑(Pitching 운동↓), 보침성↑ 및 선회성↓의 경향을 보임

- **(건현)** 길이가 증가 할수록 요구되는 건현의 깊이는 증가

  * 건현계산은 길이에 따른 표정건현을 시작으로 선박의 형상에 따라 수정하여 결정, 길이가 길수록 예비부력을 확보하여 안전성을 높이기 위한 취지

※ (참조) 일반적으로 L↑ → 경하중량*↑ → 선가↑&재화중량↓ → 경제성↓의 관계임으로 안전측면의 최소수밀격벽수, 운용측면의 수로제한 길이 등 설계제약 사항 검토 후 건조·운항시 가장 경제적인 길이로 결정한다.

* 길이증가는 선체에 가해지는 Working stress(작용응력)를 키워, 종방향 부재치수의 증가로 이어져 경하중량이 상승함

□ 폭에 따른 성능변화

○ 폭은 상갑판 배치, 복원성, 종강도, 저항 및 운동성능에 영향을 준다.

- **(복원성)** 폭의 증가는 복원성능 향상에 기여(특히 초기복원성을 향상 시킴)

  * GM = KB + BM - KG (BM = $\frac{I_{xx}}{V}$), B↑ ≫ I_{xx}↑ ≫ GM↑(바지선 가정, BM = $I_{xx} = \frac{LB^3}{12}$)

- **(종강도)** 폭의 증가는 약간의 작용응력 감소 효과가 있고, 따라서 선체부재의 치수 경량화로 중량절감에 기여 가능

  * $\sigma = \frac{My}{I}$ ≫ B↑ ≫ I↑ ≫ $\sigma_{working}$↓ (중앙횡단면을 직사각형으로 가정, $I = \frac{BD^3}{12}$)

- **(저항)** 일반적으로 폭이 증가하면 길이가 감소하는 효과가 있어 선체저항이 증가 (수면 상부의 풍압면적 증가로 저항 증가 가중)

  * 저항추정은 "총저항 = 마찰저항 + 형상저항 + 조파저항"으로 세분화(선체주부 기준**) 할 수 있고, 선폭의 증가는 형상저항 증가로 이어질 수 있으나, 선형을 잘 설계하면 박리점 후퇴로 형상저항의 증가를 피할 수 있음

  ** 수면상부의 폭이 증가하는 것은 풍압면적 증가로 저항증가 요인(상부구주물은 통상 유선형으로 만들지 않고, 공기는 점도가 무시할 만한 수준으로 박리점 후퇴는 곤란)이나, 공기의 밀도는 물의 1/1000임에 따라 저항증가에 미치는 영향도는 비교적 낮음

- **(운동성능)** 폭의 증가 시 GM의 증가로 횡요주기가 급격히 짧아 짐

  * $T(\text{횡요주기}) = 2\pi\sqrt{\frac{K_{xx}^2}{W \cdot GM}}$, $K_{xx} = \sqrt{\frac{I}{A}}$ (W: 배수량, K_{xx}: 관성반경, I: 단면2차모멘트, A: 단면적)

    ≫ B↑ ≫ GM↑ ≫ T↓(횡요주기 감소효과)

※ (참조) 통상 선폭의 결정 시에 중요한 사항은 운항경로 및 입출항 항구의 선폭 제한 여부를 확인하는 것이다. 배수량의 조정이 필요한 경우에는 성능에의 영향을 최소화 하도록 선폭을 조정한다.

□ 흘수(d) 및 깊이(D)에 따른 성능변화

○ 흘수의 변화는 복원성, 종강도, 저항 및 운동성능에 영향을 준다.

- **(복원성)** 흘수 및 깊이의 증가는 약간의 복원성능 향상에 기여

  * 흘수 증가시 G, B가 동시에 상승하나, ΔKG < ΔKB이 경향이 있어, GM이 일부 상승하며, 배수량 증가로 복원력 향상 유발(복원력 = 배수량 × GM)

- **(종강도)** 부력과 자중의 차이가 상승함에 따라 배의 길이방향 전단력과 굽힘모멘트의 증가로 작용응력이 커지고 종강도 측면에서 불리
- **(추진)** 흘수증가는 추진기(프로펠러 등)가 수중에 충분히 잠겨 추진성능을 원활히 발휘하는데 기여
- **(운동성능)** 흘수의 증가는 직진성 및 보침성의 향상에 기여

※ (참조) 흘수 결정시 운하 및 항구의 수심에 접합한지 여부를 고려해야 한다.

○ 깊이의 변화는 건현과 흘수를 합성한 효과가 있으며, 깊이 증가시 작용응력을 감소*시켜 종강도 측면에서 긍정적 효과를 유발한다.

* $\sigma = \frac{My}{I}$ ≫ D↑ ≫ I↑ ≫ $\sigma_{working}$↓ (중앙횡단면을 직사각형으로 가정, $I = \frac{BD^3}{12}$)

※ (참조) 깊이의 증가는 길이증가 대비 선박의 용적을 효율적으로 증가(종강도 측면에서 유리) 시켜 선가를 감소시킬 수 있고, 건현과 흘수의 비율은 복원성능에 영향을 준다.

□ 건현(F)에 따른 성능변화

○ 건현의 변화는 복원성, 종강도 및 내해성 등에 영향을 준다.

- **(복원성)** 건현의 증가는 복원성능 향상에 기여

* 현단몰입각 θ는 $\tan\theta = \frac{2F}{B}$임에 따라, 통상 동복원성 향상, 초기복원성 저하(KG 증가)

- **(종강도)** 건현의 증가는 깊이 증가를 의미하여 종강도 측면에 유리
- **(내해성)** 건현의 증가는 Green Water 감소 효과 및 대경사 시 복원성능 향상으로 내해성 측면에서 긍정적 효과 발생

※ (참조) 건현은 예비부력을 의미하며, ICLL에서 선박 길이별 최소 건현을 요구하고 통상 화물 적재능력을 높이기 위해 Rule에서 요구하는 건현을 최소한으로 만족시킨다.

□ 주요 치수비에 따른 성능변화

- L/B: 저항·추진성능, 보침성, 일반배치 및 종강도(선가)에 영향
- B/D: 저항·추진성능, 조종성 및 복원성에 영향
- F/B: 복원성에 영향
- L/d: 저항·추진성능, 보침성 및 종강도(선가)에 영향
- d/D: 내파성능에 영향
- B/D: 복원성에 영향
- L/D: 종강도(선가)에 영향

2-1-5 주요목의 추정 [공통]

□ 주요목 추정의 흐름

○ 주요목의 추정은 주어진 정보*를 기반으로 구하고자 하는 정보를 순차적으로 추정해 가는 과정이다.

* 주어진 정보는 선주요구사항과 설계제약 조건임

- 통상적인 확정정보는 DWT(재화중량)과 V(선속)임

□ 주요목 추정 방법 [참조: 박명규 & 권영중. 「선박기본설계학(제4판)」. 2009, 한국이공학사, 41~59쪽]

○ **(배수량 추정)** DWT을 활용하여 Δ(배수량)을 추정(DWT→Δ)

선종	추정식	K값(Bulk, Tanker 제외)
General ship	$\frac{DWT}{\Delta}=k\frac{[(DWT/1000)^{0.045}]}{Fn^{0.54}}$	0.26~0.29
Container		0.25~0.27
Ro-Ro		0.22~0.25
Multi-Purpose		0.27~0.28
Bulk	$\frac{DWT}{\Delta}=(0.69\sim0.71)\times(\frac{DWT}{100})^{0.046}$	-
Tanker	$\frac{DWT}{\Delta}=0.97\sim0.98$	-

* 추정식에 대한 논리적 접근방식을 살펴보면, 배수량은 화물을 포함한 배의 중량이고, DWT은 그 중 일부인 화물인 만큼 확정정보인 DWT를 이용하여 Δ를 추정하는 방식임

○ **(길이 추정)** Δ(배수량)을 활용하여 길이를 추정(Δ→L)

선종	추정식	C값 (선속 V는 Knot 단위임)
Cargo ship	$C=\frac{L}{\Delta^{\frac{1}{3}}}$	$(2.9\sim3.1)\times(V/\Delta^{\frac{1}{6}})^{0.5}$
Container		B < 32.2m, 5.8~6.1 B = 32.2m, 4.7+0.03 × (Δ/1000)
Bulk		4.7~5.2
Tanker		4.7~5.0 or (3.9~4.1) × ($(V/\Delta^{\frac{1}{6}})^{0.27}$)

* 추정식에 대한 논리적 접근방식을 살펴보면, 바지선을 가정할 경우 Δ=L×B×D임에 따라 Δ를 길이 차원으로 변환하고 일정 계수를 곱하여 길이를 추정하는 방식임

○ **(깊이 추정)** 길이를 활용하고, 흘수를 가정하여 깊이를 추정(L,d가정→D)

선종	추정식
Cargo ship	D = d / (0.925 - 0.00135 × L)
Bulk / Ore carrier	D = d / 0.73
Tanker	D = d / (0.685 + 0.0028 × L)

* 추정식에 대한 논리적 접근방식을 살펴보면, 길이가 정해지고, 흘수를 가정한다면, 길이별 표정건현이 규정되어 있기 때문에 흘수와 건현의 합인 깊이를 추정 가능

○ **(폭의 추정)** 길이, 깊이 및 흘수(가정)를 통해 폭을 추정(L,D,d→B)

구분	L/B	B/d	L/D	B/D
Container	5.2~9.0	2.6~3.0	9.0~13.0	1.4~1.9
Bulk	5.6~6.8	2.6~2.9	10.1~12.8	1.5~2.2
Tanker	5.3~6.0	3.0~3.5	9.8~12.4	1.6~2.2

* 폭의 추정방식은 L,D,d의 정보를 바탕으로 기존에 검증된 실적선의 주요치수비의 범주를 이용하여 B값을 추정, (단, 운하통과 시 선폭에 대한 제약조건 고려 필요)

○ **(만재흘수의 추정)** 재화중량를 통해 만재흘수를 추정(DWT→$d_{full\ load}$)

구분	추정식
Cargo Ship	$d = 3.72 \times (DWT/1000)^{0.32} \sim 3.95 \times (DWT/1000)^{0.33}$
Bulk / Tanker	$d = 3.05 \times (DWT/1000)^{0.35}$

* 만재흘수는 사실상 재화중량에 지배적인 영향을 받기 때문에 실적선 정보를 바탕으로 DWT와의 상관관계를 분석하여 추정

○ **(방형계수의 추정)** 프루드 수(Fn)을 통해 방형계수를 추정(Fn→C_b)

구분	추정식	비고
Yamagata 식	$C_b = 1.036 - 1.46 \times Fn$	Fn < 0.24
	$C_b = 3.116 - 10.15 \times Fn$	Fn > 0.24
	$C_b = 0.4$	Fn > 0.267
Ayre 식	$C_b = 1.0 - 1.41 \times Fn$	Fn > 0.18
Telfer 식	$C_b = 1.0 - 1.26 \times (B/L+1) \times Fn$	-

* 설계속도 및 조파저항의 특성을 갖는 Fn부터 C_b값을 구함

2-1-6 선박구조 양식 [부-II-0]

□ 개념

○ 선박은 운송량을 최대화하기 위해 강도를 유지하면서 가능한 한 경량화 할 필요가 있으며, 이에 얇은 판재에 보강재(주로 형강재)를 설치(평행 또는 격자 등)하는 방식을 채택하고 보강재를 붙이는 방식에 따라 선박의 구조양식을 분류한다.

□ 정의

○ 선박의 구조양식은 보강방식에 따라 결정되기 때문에 각 부재*에 대한 이해가 필요하고, 부재는 형상과 설치방향에 따라 구분된다.

* 부재는 판재와 형강재로 구분할 수 있으며, 판재는 일정한 두께를 가지고 면적이 변화하는 것이고, 형강재는 일정한 단면 형상을 가지고 길이가 변화하는 것임

** 부재를 유형화하면 1~3차원 부재로 구분할 수 있으며, 직교좌표계를 기준으로 1개 차원이 상대적으로 큰 경우 1차원 부재(형강류), 2개 차원이 큰 경우 2차원 부재(판재), 3개 차원이 모두 큰 경우 3차원 부재(주물 등)라 함

- **(판재, 종방향)** 갑판, 선측외판, 선저외판, 종격벽 및 내저판
- **(판재, 횡방향)** 횡격벽, 늑판
- **(형강재, 종방향)** 종늑골, 종방향 거더(늑골보다 큰 부재)
- **(형강재, 횡방향)** 빔(갑판 下), 늑골(선측외판 下), 늑골(선저외판 上), 특설늑골(늑골 중 대형)

* 종늑골-종방향 거더, 늑골-특설늑골 등 부재의 크기에 따라 구분하는 이유는 Stress Flow와 연관이 있음. 구조물이 외력을 받으면 내부에 응력이 발생하고 응력의 전달은 Primary Member에서 Secondary member로 전파되어 가며, Primary member는 큰 하중을 견디기 위해 Size가 커져야 하며, 이에 따라 달라지는 부재의 크기 의해 명칭을 달리함

□ 구조양식

○ **횡식구조(횡늑골 구조)**: 보강재를 주로 선폭방향으로 배치한 구조로 건조가 쉽고, 구조가 간단하며 일반화물의 적재·하역이 간편하다. 또한 목선에서 강선으로 바뀌는 시점부터 널리 사용되어 현재는 중소형 선박에도 적용된다.

○ **종식구조(종늑골 구조)**: 보강재를 주로 배의 길이 방향으로 배치한 구조로 작은 중량으로 종강도를 유지하는 데 효과적이나, 건조가 어렵고 화물창 내에 종방향 돌출물이 많아 일반화물 적재에는 부적합하다. 선박이 급격히 대형화 된 1960년 무렵 이후 개발되어 현재는 유조선 등 액체화물 운반선에 적용되고 있다.

○ **종·횡식구조**: 종강도를 크게 필요로 하는 선저나 상갑판에 종식구조를 채택하고, 선측은 횡식으로 하여 두 양식의 장점을 살린 구조로, 현재 대형선박은 종횡혼합식 또는 종식구조로 건조된다.

2-1-7 종강도 (부-II-0)

□ 개념

○ 선박이 정수 중에 정적평형을 유지한다는 것은 '중량=부력', '무게중심=부심'을 의미한다. 하지만 선박을 길이방향의 가상의 단면으로 분할해 보면 각 단면에서는 중량과 부력이 평형을 이루고 있지 않아 각 단면을 상하로 자르려는 전단력이 발생된다.

○ 이 전단력을 길이방향으로 적분하게 되면 굽힘모멘트가 되고, 굽힘모멘트(외력)에 대해 길이방향 부재(종부재)는 저항하게 되며, 그 외력에 저항하는 정도를 종강도라 한다.

□ 하중의 종류

○ 선박이 운항 중에 받은 외력은 정적하중과 동적하중으로 구분할 수 있으며, 종강도 측면에서는 중량과 부력 차이에서 발생하는 정적하중 상태를 기반으로 평가한다.

○ 다시 중량을 세분화하면, 분포하중과 집중하중으로 구분할 수 있으며, 분포하중은 선각중량(Hull weight)이라 할 수 있고,

○ 집중하중은 적재상태에 따른 영향유무로 다시 구분할 수 있으며, 적재상태에 영향이 없는 것은 거주구, 주기관 등 각종 장비 및 관련 배관·전기 설비 등이고, 영향을 받는 것은 재화중량이다.

□ 표준하중상태

○ 선박의 중량 및 부력 분포는 화물의 종류, 적재방법 및 해상상태 등에 따라서 달라짐으로 통상 선박의 생애주기를 고려하여, 가혹한 상태의 하중을 적용하며, 이 기준으로 종강도를 평가하게 되는데 이와 같은 상태를 표준상태(Standard Condition)라 한다.

○ 표준상태의 하중조건은 화물의 적재 및 출입항을 고려하면 8개의 경우가 존재할 수 있으나, 편의상 극단적인 2개 상태만 고려한다.

- **(표준호깅상태)** 파정이 배의 중앙부에 오고 화물창에는 균질한 화물을 적재, 밸러스트·연료·음료수 등은 선수미 에만 적재한 상태
- **(표준새깅상태)** 파저가 배의 중앙부에 오고 화물창에는 균질한 화물을 적재, 밸러스트·연료·음료수 등은 중앙부에만 적재한 상태

□ 하중곡선

○ 선박의 파(波)중 항해를 고려하여 최대종굽힘모멘트는 '최대정수중 종굽힘모멘트'와 '최대파중 종굽힘모멘트'의 합을 적용한다.

* 최대종굽힘모멘트 = 최대정수중 종굽힘모멘트(지배적) + 최대파중 종굽힘모멘트

○ 종굽힘모멘트는 선박의 중량분포와 부력분포의 차이에서 발생하며, 예시는 다음과 같다.

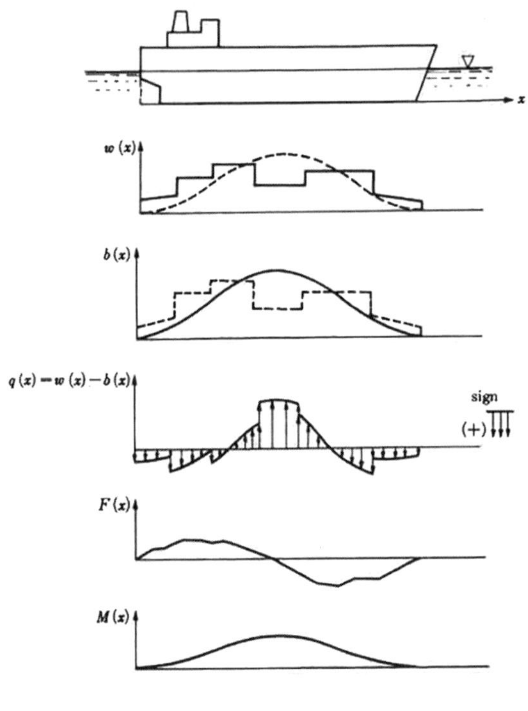

► 중량곡선 $w = \int_0^L w(x)dx$

► 부력곡선 $b = \int_0^L b(x)dx$

► 하중곡선 $q(x) = w(x) - b(x)$

► 전단력곡선 $F(x) = \int_0^x q(x)dx$

► 모멘트곡선 $M(x) = \int_0^x F(x)dx$

[참조: 대한조선학회, 「조선해양공학개론」, 동명사, 2009, 138쪽]

□ 중량분포

○ 선박의 중량분포는 일반적으로 선각중량에 적재화물, 밸러스트수, 연료 및 식료품 등의 중량을 합하여 구한다.

○ 통상, 선루(Super structure), 연돌(Engine casing) 등 부분적으로 위치하고 있는 구조를 제외하고, 길이방향으로 중량을 평균적으로 분포시켜 계산한 뒤, 선루 등의 부분구조를 중량에 중첩하여 중량분포를 가정한다.

- **(Biles 방법)** 길이방향의 평균 중량분포를 추정하는 대표적인 방법은 다음과 같다. (L: 길이, W: 선박중량)

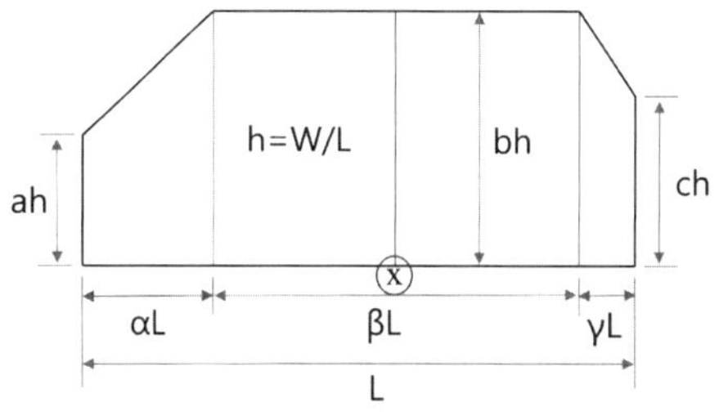

$$a = c = \frac{2-(1+2\alpha)b}{1-2\alpha} \pm \frac{\eta}{(1-2\alpha)(1+\alpha)}$$

$$b = C_b + 1.68$$

$$\alpha = \gamma = (1-\beta)/2$$

$$\beta = 0.726\,C_b - 0.092$$

$$\eta = 0.5 - x_g/L$$

□ 전단력과 종굽힘모멘트

○ 전단력과 굽힘모멘트에 의한 선체 길이방향 단면에 발생하는 응력을 계산 할 수 있어야 한다.

전단력		굽힘모멘트	
$\tau = \dfrac{F(x)\,Q}{Ib}$	$F(x)$: 전단력 Q: 1차모멘트 (중립축 상부) I: 2차모멘트 b: 전단응력 계산지점의 부재폭	$\sigma = \dfrac{M(x)}{Z} = \dfrac{M(x)y}{I}$	$M(x)$: 굽힘모멘트 I: 2차모멘트 y: 중립축에서 단면의 끝단까지 거리 Z: 단면계수 (Section Modulus)

* 전단력은 일반적으로 약 $\frac{1}{4}L$에서 최대

** 종강도 부재는 배의 중앙부 $\frac{L}{4}$ 이상에 걸쳐 종통하는 부재 또는 동등한 수준의 부재를 말함 (즉, 이 조건 이하의 부재는 단면계수 산정시 포함할 수 없음을 의미)

□ 국부강도(Local Scantling)

○ 선박은 얇고 긴 세장체로 이상화 할 수 있으며, 이는 굽힘력을 지배적으로 받는 구조물을 의미하여 종강도를 가장 중요하게 다룬다.

○ 하지만, 선박에서 발생하는 하중은 슬래밍, 정수압, 하물창 내의 슬로싱, 각종 장비에서 발생하는 국부하중 등 다양한 형태로 존재한다.

○ 따라서, 종강도 외에 구조설계 측면에서 국부강도의 안전성을 확보해야 하며, 통상적인 설계 프로세스는 다음과 같다.

- **(상갑판)** 상갑판 및 하부구조에 대해 구조적 안전성 검토
- **(선측외판)** 정수압 및 파랑 등을 고려하여 선측외판 강도 검토
- **(선저외판)** 정수압 및 선체운동에 따른 동적하중 등을 고려하여 선저외판 강도 검토
- **(선수구조)** 슬래밍 등을 고려하여 선수구조 강도 검토
- **(기타구조)** 주기관, 양묘기, 각종 크레인 및 대형철의장품 등 큰 하중이 발생하는 구조의 구조강도 검토

○ 통상 설계시, 국부강도에 대해 각 선급규칙에서 요구하는 요구치(Rule Scantling)를 검토하고, 설계자의 판단에 따라 필요개소에 보강하는 방식으로 진행된다.

제2장 선박복원성 및 운동

1. 선형계수 등 기본개념(부-Ⅲ-2)

: 지금까지 부양성을 확보하기 위해 선박의 주요치수 및 외형을 결정하는 일련의 과정을 살펴보았다. 이와 함께 선박이 전복되지 않도록 충분한 복원성을 갖추었는지 검토해야 한다. 이때, 선형의 특성을 나타내는 선형계수(방형계수, 주형계수, 연직주형 계수, 수선면계수 및 중앙횡단면계수)와 TPC, MTC와 같은 개념들이 사용된다. 그리고 선형은 3차원 곡면을 형성하기 때문에 수학적인 표현이 어려움에 따라 Off-set 형태로 정보가 표현된다. 따라서 면적 및 용적 계산시 수치적분 기법이 활용된다.

2. 정복원력(부-Ⅲ-3)

: 선박의 복원력이란 선박의 경사가 발생했을 때, 원래의 정규상태로 돌아가려는 힘을 의미하는데 먼저 횡동요 없이 정적인 상태에서 경사 시 복원이 가능한가에 대한 정복원력 평가가 필요하다.

3. 동복원력(부-Ⅲ-4)

: 실제 선박이 운항하는 조건은 바람과 파도가 존재하며, 이로 인해 지속적인 횡동요 운동이 발생하게 된다. 이와 같은 동적인 상태에서도 복원력은 유지되어야 하며, 이를 위해 동복원력 평가를 수행한다.

4. 복원력 변경요인(부-Ⅲ-0)

: 복원성능은 고정된 것이 아니라 선박의 적재상태 변경 등 내적인 요인과 운항환경 등

외적인 요인에 따라 계속적으로 변화하게 된다. 따라서 선박을 둘러싼 내적 외적 상태가 변경될 때 복원성이 변화됨을 인지해야 하고, 앞서 살펴본 정복원력 및 동복원력 평가시 변경요인은 함께 고려되어야 한다.

5. 복원력교차곡선 및 배수량등곡선도(부-Ⅲ-0)

: 운항 중에 선박의 컨디션에 따라 복원력을 계산해 주는 프로그램이 없다면 매 순간 복원력 계산을 하는 것은 어려운 일이다. 하지만 복원력교차곡선과 배수량등곡선도 등이 있다면 비교적 간단한 계산으로 선박의 복원력을 비롯하여 유체역학적인 특징을 알 수 있다.

6. 손상복원성(부-Ⅲ-0)

: 선박은 충돌, 좌초 등 다양한 사고의 가능성이 상존하며, 가능한 한 사고 시에도 전복 또는 침몰 등 최악의 상황은 발생하지 않도록 할 필요가 있다. 따라서 특정선박은 선체의 일부가 파손되어 일정 구획에 침수가 있다고 하더라도 전복 또는 침몰되지 않도록 손상시 복원력을 갖추도록 요구된다.

7. 선종별 복원성(부-Ⅲ-0)

: 선종별 특성에 따라 세부적인 복원력 평가방법은 다르다. 여객선과 상선이 다르고 같은 상선이라 할지라도 산적화물선 또는 액체화물선과 같이 화물의 특성에 따라 달라진다. 그 중에서도 공학적 관점에서 특이점을 갖는 대표적인 예로는 풍력을 통해 추진하는 범선과 자유수면이 아닌 수중에서 운항하는 잠수함 등이 있다.

8. 건현 및 만재흘수선(부-Ⅲ-0)

: 앞서 복원성 변경요인에서 살펴본 바와 같이 적재상태는 복원성의 변화를 발생시킨다. 그리고 복원력이 저하되는 최대 적재상태(만재흘수선)에서의 복원력은 반드시 평가되어야 한다. 또한 흘수선으로부터 상갑판까지 수면 상부에 보이는 건현은 예비부력이자, 경사시 상갑판이 얼마나 빨리 물에 잠기게 되는가를 결정하는 요인으로 복원력 소실(또는 급격히 감소하는)로 연계될 수 있어 중요한 설계변수이다.

9. 선박의 6자유도 운동(부-Ⅲ-0)

: 선박 복원성은 크게 보면 자유표면상의 부유체에서 발생할 수 있는 다양한 운동 중 하나라라고 할 수 있다. 충분한 동복원력이 확보되었다면 해당 선박은 Rolling운동을 하게 되는 것과 같은 이치이다. 선박의 운동에는 Surge, Sway, Heave, Rolling, Pitching 및 Yaw 운동이 있다.

10. 선박의 조종에 따른 복원성(부-Ⅲ-0)

: 선박이 충분한 복원성을 갖추더라도 선박의 복원성과 무관하게 특정한 해상상태에 놓이면 전복되는 사고가 발생 할 수 있다. 이는 선박의 조종을 통해 해당 해상상태에 놓이지 않도록 해야 한다. 특히 소형선박에서는 브로우칭 현상이 발생하지 않도록 운항해야 한다.

< 선박의 필수기능에 관한 기능구조분석도 >

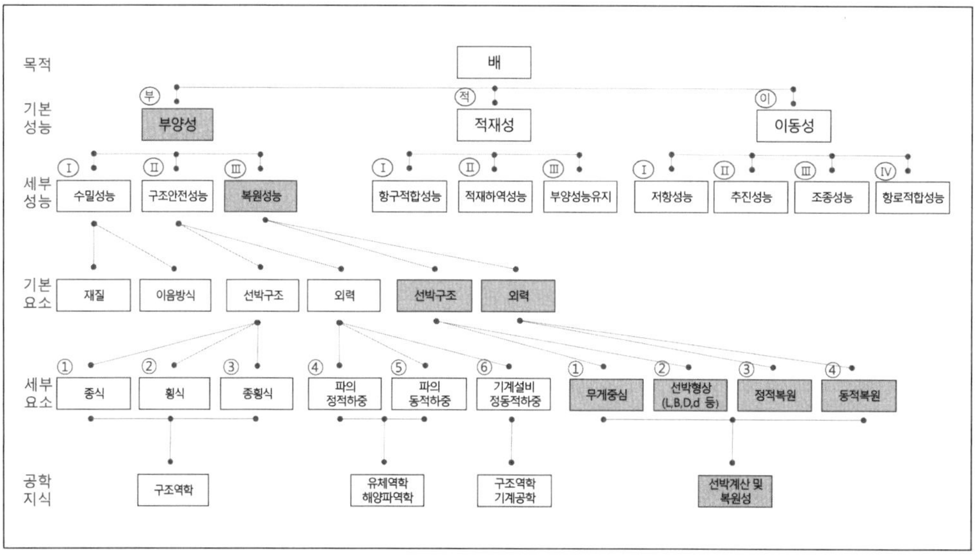

2-2-1 선형계수 등 기본개념

□ 선형계수(Form Coefficient)

○ 선박은 3차원 곡면으로 이루어져 있어, 선형정보를 직교좌표계의 각 평면에서 스테이션별 오프셋(Off-set) 정보 형태로 나타낸다.

○ 또한, 해당 선형의 특징을 손쉽게 파악하기 위해 무차원 수인 선형계수를 활용하며 각각의 선형계수는 다음과 같다.

- (Block Coefficient(방형계수), C_b) 선박이 얼마나 뚱뚱한지 혹은 홀쭉한지 정도를 나타내는 척도임(V: 배수용적, 선박의 실제부피를 의미)

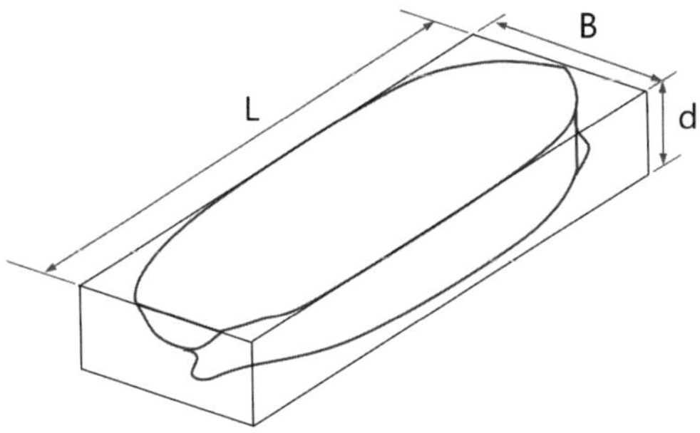

$$C_b = \frac{V}{L \times B \times d}$$

- (Midship Coefficient(중앙횡단면계수), $C_⊗$) 선박의 중앙횡단면이 얼마나 뚱뚱한지 혹은 홀쭉한지 정도를 나타내는 척도임

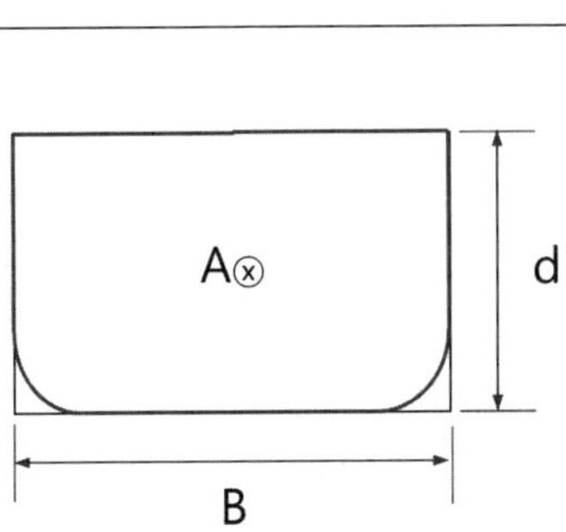

$$C_{\otimes} = \frac{A_{\otimes}}{B \times d}$$

- 주형계수 (Prismatic Coefficient, C_P) 선박이 길이방향으로 얼마나 뚱뚱한지 혹은 홀쭉한지 정도를 나타내는 척도임

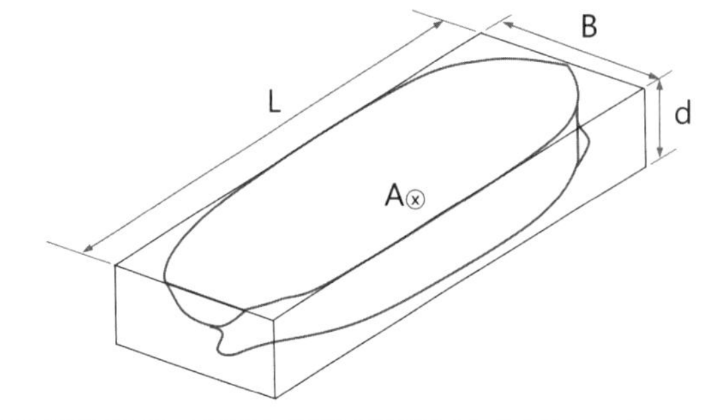

$$C_P = \frac{V}{A_{\otimes} \times L}$$

- 수선면적계수 (Waterplane Area Coefficient, C_W) 선박의 수선면이 얼마나 뚱뚱한지 혹은 홀쭉한지 정도를 나타내는 척도임

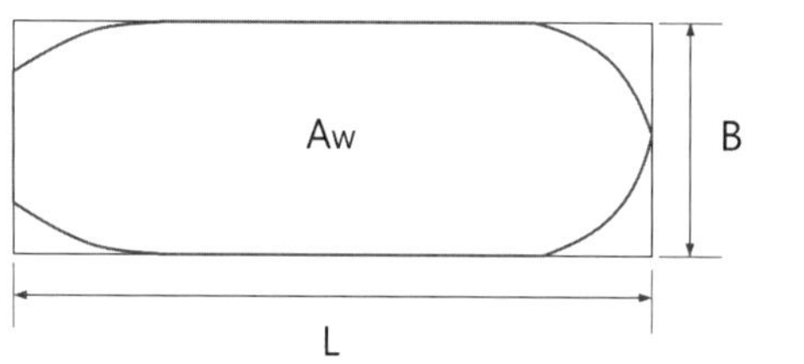

$$C_W = \frac{A_W}{L \times B}$$

- 연직주형계수 (Vertical Prismatic Coefficient, C_{VP}) 선박이 깊이방향으로 얼마나 뚱뚱한지 혹은 홀쭉한지 정도를 나타내는 척도임

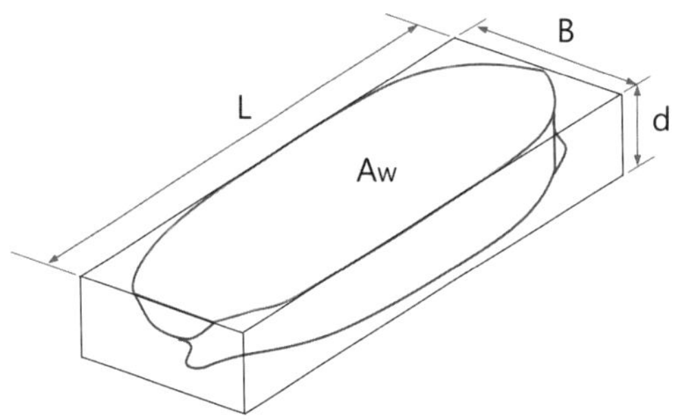

$$C_{VP} = \frac{V}{A_W \times d}$$

○ 각 계수 간의 관계는 $C_b = C_P \times C_{\otimes} = C_{VP} \times C_W$와 같다.

□ 수치적분

○ 선형정보는 각 평면*에 대해 Station을 나누고 오프셋**으로 나타내기 때문에, 오프셋을 통한 각 Station의 면적계산과 각 Station의 면적을 활용한 부피계산에 수치적분은 매우 유용한 방법이다.

* Body plan(길이방향 단면), Buttocks lines(폭방향 단면), Water lines(깊이방향 단면)

** 선형을 각 방향 Station별 평면에서, 직교좌표계 로 나타낸 것

○ 수치적분은 다양한 방법이 있으나, 대표적인 Simpson 1 & 2법칙 및 5·8·-1 법칙에 대해 다음과 같이 정리한다.

○ 형상이 복잡하여 면적 또는 용적 등을 구하기 힘든 경우, 대상을 일정 간격으로 분할하고, 각 분할 된 지점의 정보에 가중치를 곱하고 적절히 수정하여 면적 또는 용적을 구하는 것이 핵심원리이다.

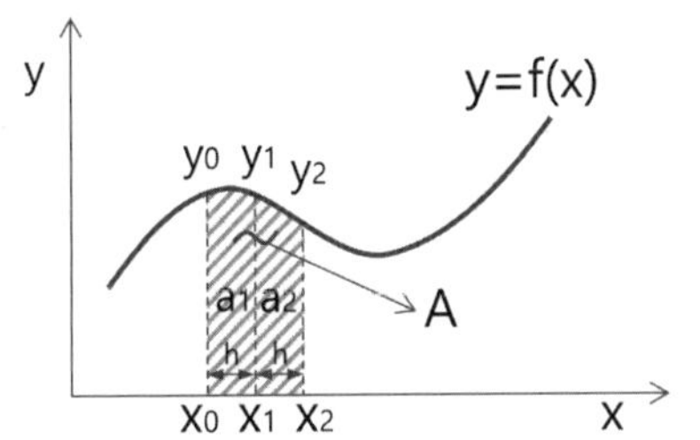

(Simpson 제1법칙)

$$A = \frac{h}{3}(y_0 + 4y_1 + y_2)$$

(5·8·-1법칙)

$$A = \frac{h}{12}(5y_2 + 8y_1 - y_0)$$

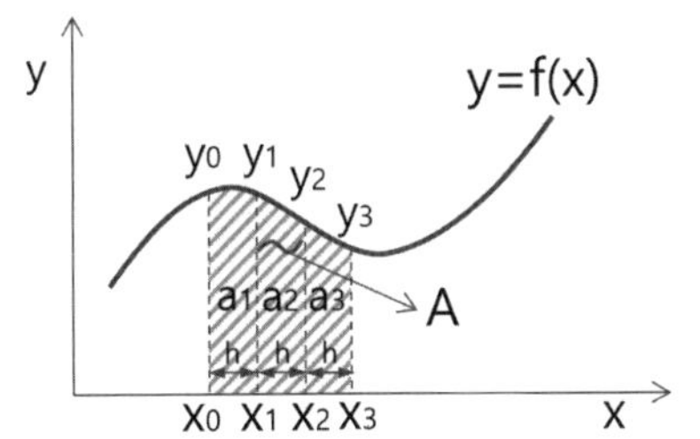

(Simpson 제2법칙)

$$A = \frac{3h}{8}(y_0 + 3y_1 + 3y_2 + y_3)$$

<적용예>

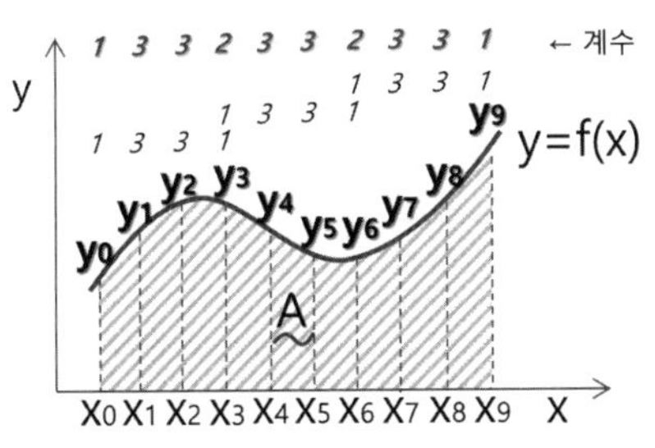

► (적용) X방향으로 일정간격(h)로 분할하고, 각각의 y_i값에 계수(1,3,3,1)을 곱하여 전체를 합한 값에, $\frac{3h}{8}$ 를 곱함

► (참고) h는 일정해야 하나, 세밀한 계산을 위해서 그래프가 급격히 변화하는 구역을 분할하고, h값을 작게 하여 계산 후 그래프의 변화가 작은 구역의 면적과 합하여 구함

□ 주요변수

○ 선박의 복원성과 관련하여 많이 사용되는 변수들은 다음과 같다.

- (TPC, Ton per 1cm Immersion) $TPC = \frac{\rho g \times A_w}{100}$, 1cm당 배수톤을 의미하며, 적재량에 따른 흘수의 변화에 관한 관계를 알 수 있음
- (MTC, Moment to change trim 1cm) $MTC = \frac{W \times GM_L}{100L}$, 트림 1cm가 변화하는데 소요되는 모멘트

□ 본전곡선(Bonjean Curve)

○ **(목적)** 임의의 트림 및 흘수 조건에서 수치적분을 통해 배수량을 구할 때 사용된다. → 트림과 흘수만 알면 그 상태의 배수량을 알 수 있다.

○ **(작성)** 몇 개의 흘수 조건에 대해 정면선도의 각 Station에서의 횡단면을 계산하고, 이를 측면도 상의 동일 Station, 동일 흘수선 상에 적당한 축적의 수평길이로 표시한다.

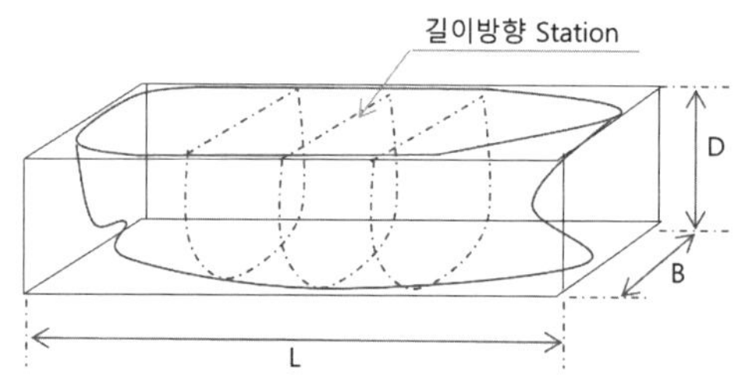

▶ 길이방향으로 분할된 각 Station의 흘수별 횡단면적을 구해 동일 위치의 측면도에 표기하는 것이 핵심

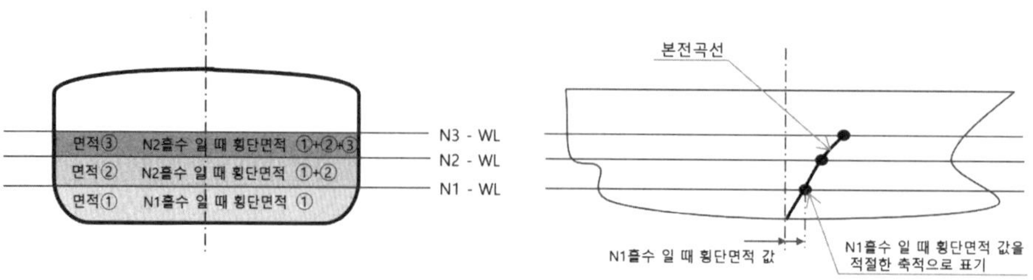

○ **(활용)** 필요한 트림 및 흘수조건에 해당하는 수선을 본전곡선이 나타난 측면도에 나타내고, 교점의 정보를 수치적분 공식에 대입*하여 배수량을 구한다.

* 각 Station의 횡단면적을 수치적분을 통해 길이방향으로 합하여 용적을 구하는 개념

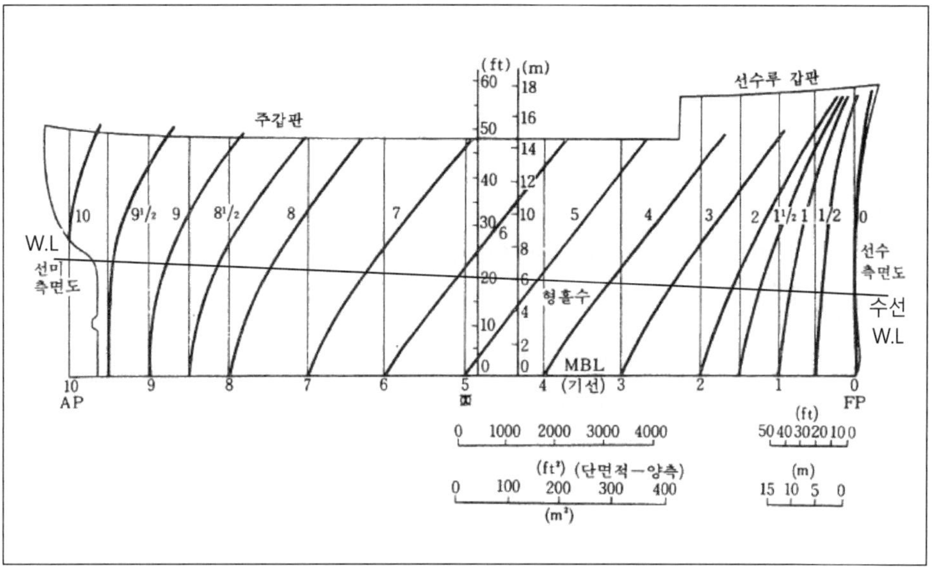

[그림출처: 대한조선학회, 「선박계산」(제4판), 동명사, 2007, 67쪽]

2-2-2 정복원력

□ 정복원력(Static stability)

○ **(개념)** 수면에 평형상태로 떠 있는 선박이 파도·바람 등 외력에 의하여 기울어졌을 때 원래의 평형상태로 되돌아오려는 성질을 말한다.

○ **(원리)** 선체가 횡경사*를 하는 경우, 부심의 위치는 변경되나, 무게중심의 위치는 변화가 없기 때문에 부력과 중력의 작용점 차이로 인해 짝힘이 발생하여 선체는 복원하게 된다.

* 선박은 종경사도 발생하지만 폭에 비해 길이가 긴 세장체임에 따라 종방향의 복원력은 매우 커서 전복은 일어나지 않아 통상의 복원성은 횡복원력을 의미

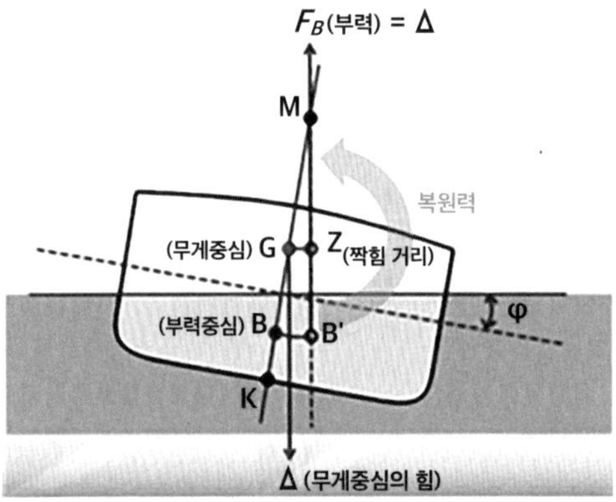

M(복원력) $= W \times GZ = W \times GM \sin\phi$

- M: 경심(Metacenter)
- GM: 메타센터 높이(Metacentric height)
- W: 배수량

○ **(복원정)** 무게중심(G)에 작용하는 힘(배의 자중) 및 부력중심(B)에 작용하는 부력의 두 힘 간 거리인 복원정(GZ)에 의해서 복원력이 결정된다.

- 복원정(GZ)은 선박이 보유한 복원성능의 크기를 대변하며, 통상 복원정(GZ)의 크기로 복원력을 평가

○ **(경사우력정)** '풍압에 의한 힘', '여객의 이동에 의한 힘' 등과 같은 외력에 의해서 배를 경사시키려는 우력(짝힘)을 배 무게(배수톤)으로 나눈 값이다.

- 배를 경사시키려는 우력(M = F × d)을 배 무게(F)로 나눈 값(d)이 경사우력정임

○ **(복원성 평가)** 선박이 보유한 복원성능의 지표인 복원정(GZ)의 크기가 외부의 힘에 따른 경사우력정보다 크면 안전함. 따라서 각종 법규 등에서는 경사우력정의 크기를 안전기준으로 규정한다.

○ **(GM의 계산)** 해당선박의 복원성능은 GZ로 평가되고, 대경사가 아닌 경우, GM을 통해 GZ를 구할 수 있기*에 GM 계산법의 이해가 필요하다.

* 선박의 소각도 경사 시에는 새로운 수선이 선체중심선을 지나기 때문에 기하학적으로 $GZ = GM\sin\theta$로 구할 수 있음

$$GM = KB + BM - KG$$

K: 용골, B: 부심, G: 무게중심, M: 경심
KB: 수선하 용적의 도심(Centroid)을 구하고, 용골로부터 거리를 계산
KG: 무게중심, 질량분포의 도심(Centroid)을 구하고, 용골로부터 거리를 계산

$$BM = \frac{I_{xx}}{V}$$

V: 배수용적, I_{xx}: 중립축으로부터 2차모멘트

< GM 계산 예시 >

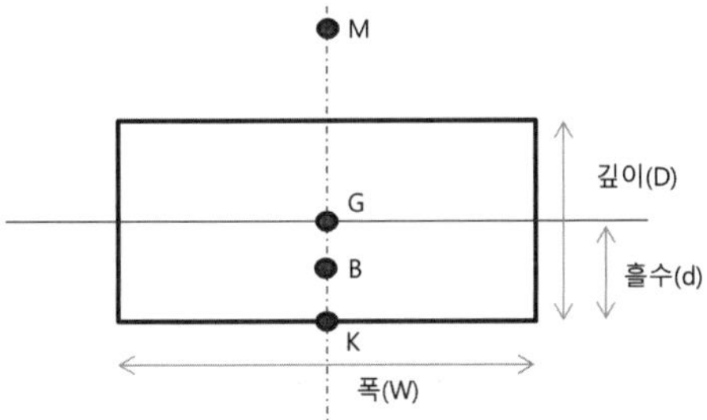

길이: 100m, 폭: 16m, 깊이: 8m,
흘수: 4m인 바지선의 GM은?
단, 질량분포는 일정하다고 가정

KB: 흘수의 1/2임으로 2m
KG: 질량분포가 일정함으로 깊이의 1/2인 4m

$$BM = \frac{I_{xx}}{V} = \frac{34,133}{3,200} = 10.67m$$

$$V = L \times W \times d = 100 \times 16 \times 2 = 3,200m^3$$

$$I_{xx} = \frac{L \times W^3}{12} = \frac{100 \times 16^3}{12} = 34,133m^4$$

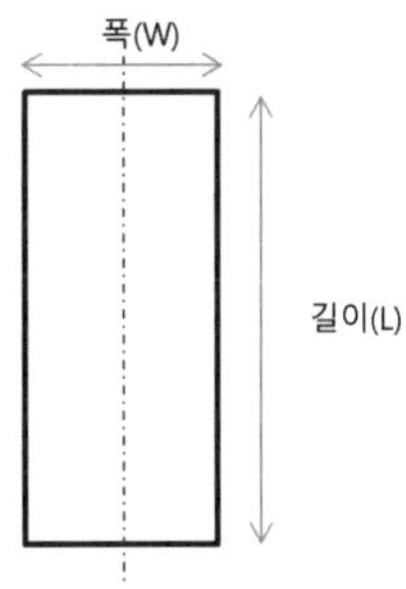

$$GM = KB + BM - KG$$

$$GM = 2 + 10.67 - 4 = 8.67m$$

□ 경사시험

○ **(목적)** G는 질량분포의 중심점을 찾는 것으로, 사실상 밀도가 다른 다양한 질량이 복잡하게 분포된 상황에서 계산만으로 무게중심을 찾는 것은 사실상 불가능하여 경사시험을 통해 G를 구한다.

○ **(방법)** 추 또는 U-tube를 이용한 방법 등이 있으며, 대표적인 추를 이용한 방법은 추를 실에 묶어 고정하고 경사 시 기울어진 각도를 측정하여 GM을 구한다.

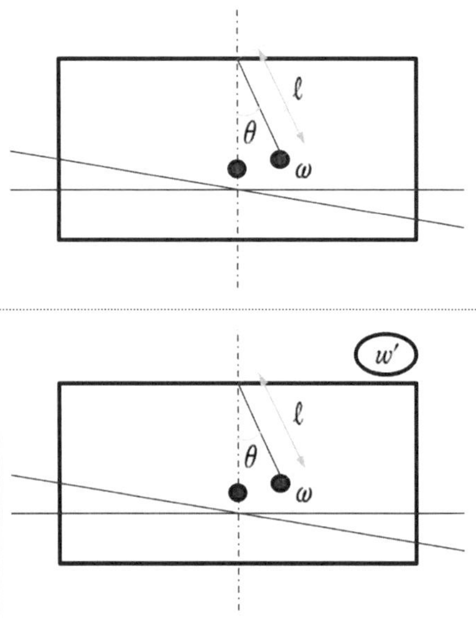

$$GM = \frac{w \times \ell}{W \times \tan\theta}$$

- ω : 추의 무게
- ℓ : 고정점에서 추까지 길이
- W: 배수량

단, Weight(ω)를 실어서 경사한 경우는 무게 중심(G)의 이동을 고려해야 함

$$GG' = \frac{w' \times h}{W + w'}$$

- w' : 경사를 위해 적하된 물체의 무게
- h: 기존 G에서 w'가 적하된 위치까지의 높이

□ 중사시험(경하중량산정시험)

○ 선박을 횡경사 시키지 않고, 부양상태에서 선수미 흘수를 계측하여 선박의 중량 및 길이방향 중량중심위치*(L.C.G)를 구하는 시험이다.

* LCG: Longitudinal Center of Gravity

□ 동요시험

○ 선박을 횡요시켜 선박의 고유 횡요주기를 측정함으로써 관성반경을 산정하기 위한 시험이다(단, GM을 알고 있어야 함).

<선박의 Roll 주기>	<선박의 Heave 운동 주기>
$T = 2\pi\sqrt{\dfrac{(K_{xx})^2}{g \times GM}}$ T: 선박의 Roll 주기 $K_{xx} = \sqrt{\dfrac{(I_{xx}+I_{yy})}{A}}$ K_{xx} : 선박의 관성반경 I_{xx} : 단면의 x방향 중립축에 대한 단면 2차 모멘트 I_{yy} : 단면의 x방향 중립축에 대한 단면 2차 모멘트	$T = \dfrac{2\pi}{\omega} = 2\pi\sqrt{\dfrac{\frac{2W}{g}}{\rho g A_w}}$ $= 2\pi\sqrt{\dfrac{2C_b}{g\,C_w} \times T}$

□ 대경사시 복원력

ㅇ 선박이 소각도로 경사할 경우, 경사 시 수선이 선체중심선을 지나지만, 대경사시에는 새로운 수선이 선체중심선을 지나지 않아 초기 복원성(GM을 통한 GZ계산)을 활용할 수 없고 새로운 방법이 필요하다.

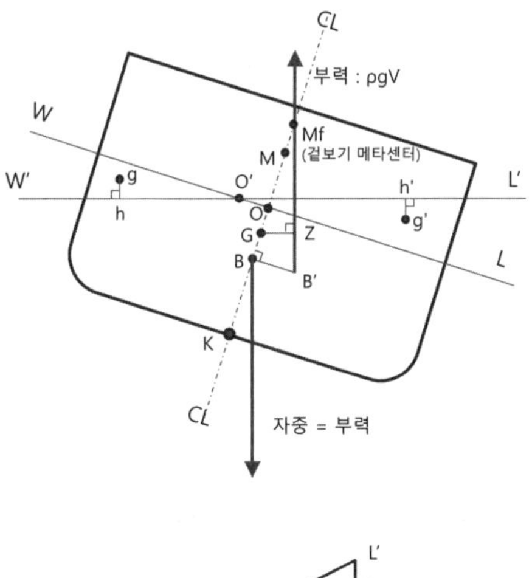

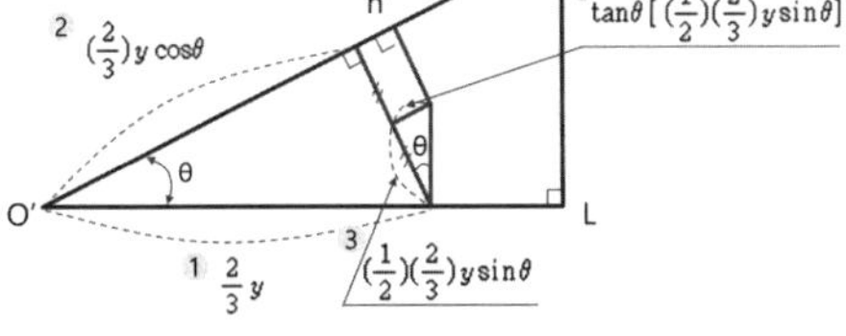

<Attwood 공식>

$$GZ = \frac{v \cdot hh'}{V} - BG\sin\theta$$

- v: 경사시 침수된 용적 WOW', LOL'의 체적임 (서로 같음)
- h, h': 경사시 침수된 용적의 체적중심에서 경사시 흘수($W'L'$)에 내린 수선의 발
- V: 배수용적

❶ 형상복원력(Form Stability): $\dfrac{v \cdot hh'}{V}$
선체형상(Hull Form)에 의해 결정

❷ 중량복원력(Weight Stability): $BG\sin\theta$

※ hh'를 구하는 법

$$o'h' = \frac{2}{3}y\cos\theta + \frac{1}{3}y\sin\theta\tan\theta$$

2-2-3 동복원력 [부-Ⅲ-4]

□ 동복원력(Dynamic stability)

○ **(개념)** 복원력은 정복원력과 동복원력으로 구분되며, 정복원력은 정수 중에 복원하려는 힘이고, 동복원력은 바람과 파도로 인해 선박이 횡동요 중인 상황에서 경사될 때 복원하려는 힘을 의미한다.

○ **(원리)** 물리적으로 정복원력은 경사 시 원위치로 돌아가려는 모멘트를 의미하고, 동복원력은 임의 각도까지 경사시키는데 필요한 일의 양이다.

* Tip. 정복원력은 단순히 선박이 경사된 상태에서 원래 상태로 복귀하려는 것으로 모멘트의 크기로 평가할 수 있으나, 동복원력은 선박이 횡요 중인 상태(상태가 계속 변화)에서 복원력을 평가해야 하기 때문에 일의 양(에너지의 크기)으로 평가 한다고 할 수 있음

- $D(\text{동복원력}) = \int_0^{\theta} W \bullet GZ(\theta)d\theta,\ h_d(\text{동복원정}) = \int_0^{\theta} GZ(\theta)d\theta$

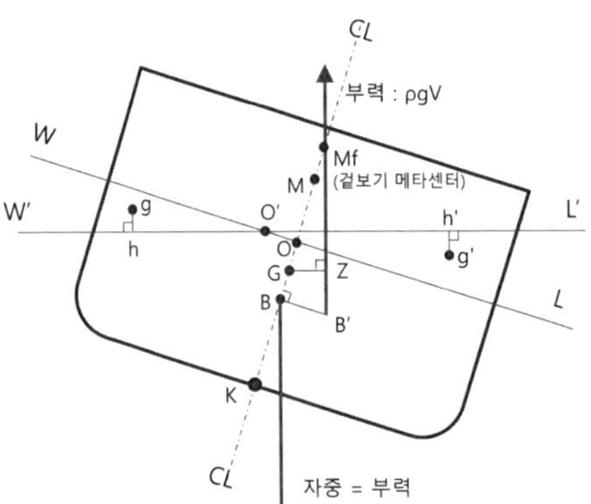

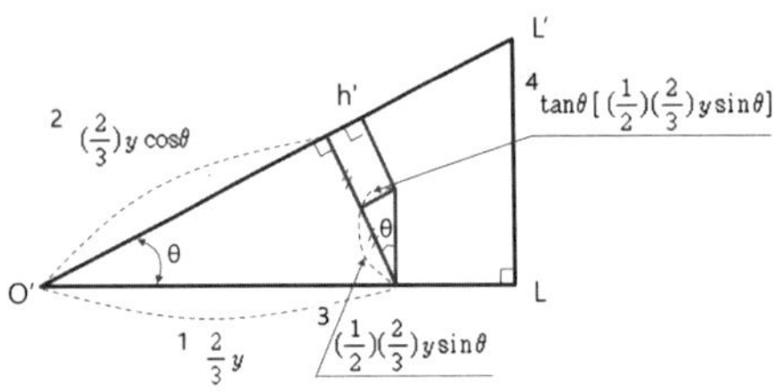

<Moseley 공식>

$$D = W[\frac{v(gh+g'h')}{V} - BG(1-\cos\theta)]$$

$$h_d = \frac{v(gh+g'h')}{V} - BG(1-\cos\theta)$$

- v: 경사시 침수된 용적 WOW', LOL'의 체적임(서로 같음)
- h, h': 경사시 침수된 용적의 체적중심에서 경사시 흘수($W'L'$)에 내린 수선의 발
- V: 배수용적

❶ 선체중량 × 중심상승량 의미: $\frac{v(gh+g'h')}{V}$

❷ 부력 × 부력하강량 의미: $BG(1-\cos\theta)$

※ gh를 구하는 법

$$gh = \frac{1}{2} \times (\frac{2}{3} y\sin\theta) = \frac{1}{3} y\sin\theta$$

○ **(복원력곡선)** 횡경사 각도에 따른 GZ값을 그래프로 나타낸 것이 복원력 곡선이며, 목적에 따라 정복원력 곡선과 동복원력 곡선으로 구분된다.

- **(정복원력 곡선)** 정복원력은 경사각도에 따라 변하기 때문에 정복원력 곡선에서 '1-rad' 값을 해당 선박의 GM(능력치)으로 하고, 복원능력과 적정 Roll주기를 고려한 안전기준 GM(요구치) 이상이 되도록 함

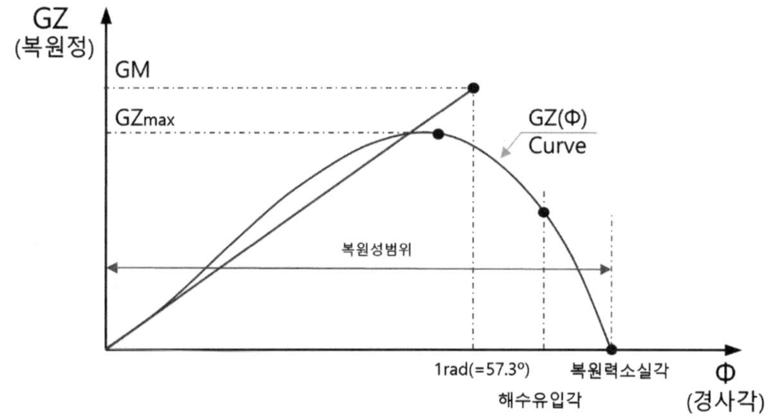

- **(동복원력 곡선)** 횡경사 각도에 따른 GZ 곡선을 그리고 해당곡선의 면적 및 곡선의 특성을 규정(동적인 일의 양)하여, 해당선박에 대한 동복원력 곡선의 규정 만족여부 확인을 통한 안전성 평가시 사용됨

* Tip. 동복원력(사실상 Full stability)의 안전기준은 선종의 특성에 따라 상이하나, 동복원력 곡선을 통한 **평가방식은 유사함**으로 기본개념 위주로 설명 → 선박복원성기준, 또는 어선복원성 및 만재흘수선 기준 등 참조(국가법령정보센터, www.law.go.kr 검색)

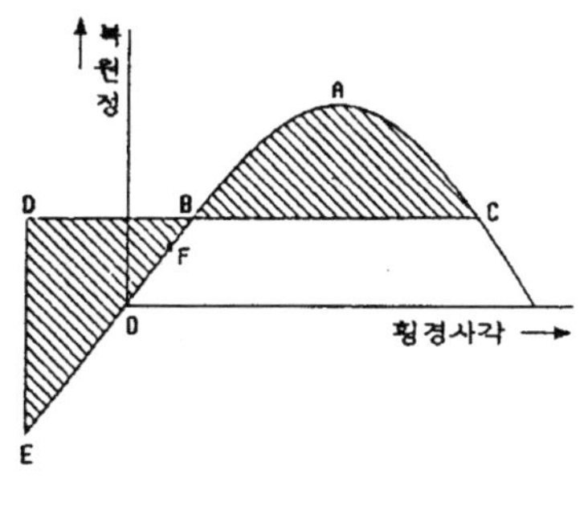

<예시, 40미터 이상 어선의 복원성 기준 부분 발췌>

※ 비교적 간단한 예시를 통해 핵심원리 이해 필요

① G_0M이 0.35 미터 이상일 것

(G_0M의 아랫첨자 0은 자유수효과를 고려 했음을 의미)

→ <u>*(의미) 일정 이상의 정복원력을 요구, 운항 특성에 따라 추가 기준요구*</u>
<u>*(어선은 어로설비로 인한 횡경사 고려)*</u>

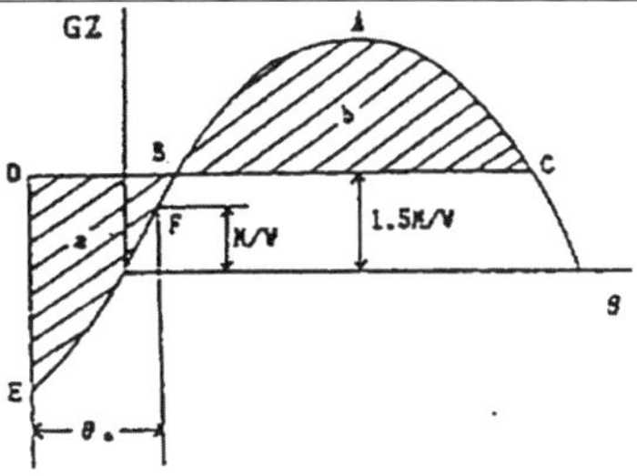

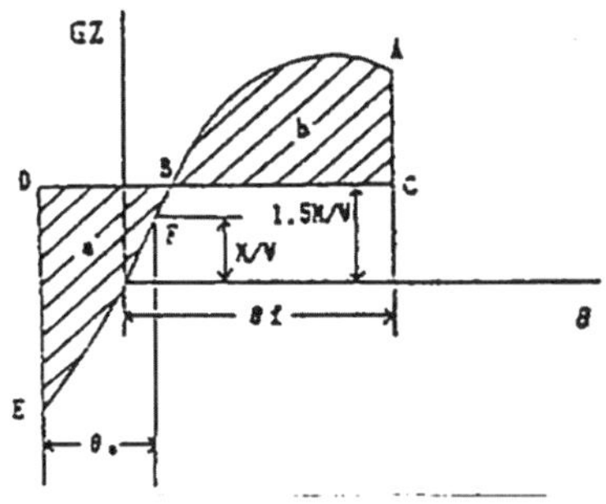

② 횡축과 복원정곡선에 둘러싸인 부분 면적이 다음 표에 따른 값 이상이고,
복원정의 최대값(GZ)은 25도 이상의 횡경사각에서 발생되고 30도 이상의 횡경사각에서 복원정은 0.2미터 이상일 것

횡 경 사 각	면적(미터·라디안)
0도에서 30도까지	0.055
30도에서 40도 또는 해수유입각(θf)중 작은 각도까지	0.030
0도에서 40도 또는 해수유입각(θf)중 작은 각도까지	0.090

→ *(의미) 경사각도별 복원력(에너지)를 규정하여 안전성을 확보토록 요구*

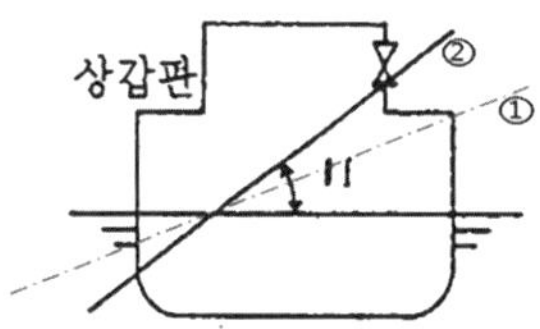

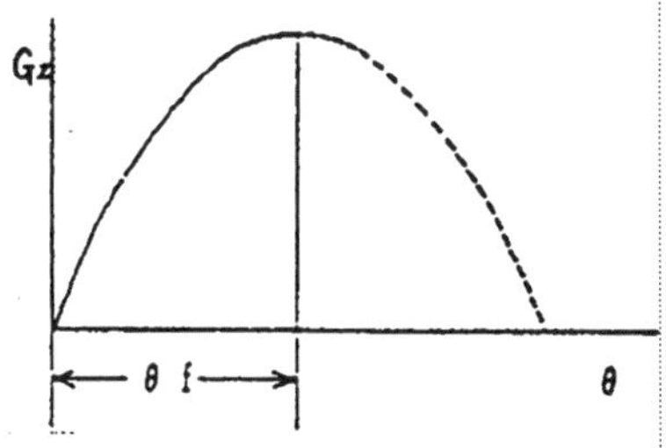

③ 면적 ABC가 면적 BDE보다 클 것

- 직선BC는 F의 1.5배
- E는 F에서 왼편으로 횡요각(θo)과 같은 거리에 있는 종축에 평행한 직선
- C의 횡경사각이 50도를 넘는 경우, 50도까지로 하며, 해수유입각(θf)을 초과할 때 해수유입각까지로 함
- F는 $\frac{M}{W} = \frac{P \times A \times H}{1000 \times g \times W}$

  P: 풍압, A: 풍압면적, H: 무게중심-풍압중심간 거리, g: 중력가속도, W: 배수량
- $\theta_0 = 109\,\mathrm{K} \cdot \mathrm{X}_1 \cdot \mathrm{X}_2 \sqrt{\mathrm{r} \cdot \mathrm{s}}$ (도)

  K: 만곡부형상 수정, X_1: B/d비에 따른 수정, X_2: 방형계수 수정, r: 무게중심위치 수정, s: 횡요주기에 따른 수정

→ *(의미) 파랑에 의해 $\pm\theta_0$의 진폭으로 Roll운동을 함에 따라, 선체가 기울어진 상태에서 측면풍압에 의해 $1.5 \times \frac{M}{W}$ 만큼의 경사력이 발생할 때($\triangle BDE$), 선박의 복원력($\triangle ABC$)이 이보다 크다면 전복되지 않음을 의미*

① 현단몰입각
② 해수유입각: 해수유입각(θf)을 초과하는 범위에 있어서 상갑판하의 해당부분의 부력을 산입하지 않음

	④ F의 횡경사각(θ)은 한계경사각(α)을 초과하지 않을 것 - 한계경사각(α): 현단몰입각의 80% 또는 16도 중 작은 값 → *(의미) ③조건을 만족하더라도 측면풍압에 의해 복원력을 소실하게 되면 안전성을 담보할 수 없기 때문에 일정 한계경사각을 만족하도록 규정*

○ **(복원성 평가)** 선박의 복원성능을 복원력곡선으로 나타내고, 해당 곡선이 외력 등을 고려하여 요구되는 안전기준*을 만족하는지를 평가한다.

* 안전기준은 동복원력 곡선에서 살펴본 바와 같이 G_0M(정복원력), 복원력곡선의 횡경사 각도 구간별 면적 및 형상(동복원력)을 법규에서 규정

2-2-4 복원력 변경요인 (부-III-0)

□ 표준적재상태

○ 선박의 적재상태에 따라 무게중심이 변하고, 이에 복원성이 변동된다. 그럼으로 복원성 검토 시 적재상태에 대한 고려가 필요하다.

○ 선박의 모든 적재상태에 대해서 복원성을 검토하는 것은 비합리적임에 따라 Worst case를 고려한 표준적재상태를 규정하고 복원성 평가 시 활용된다.

구분	적재기준
공창출항상태	경하상태에 선원·선원소지품, 기관부예비품, 창고품, 잡용수 등을 탑재하고 연료, 청수, 식료품 등을 만재한 상태
공창입항상태	공창출항상태로부터 연료, 청수, 식료품 등의 소포품을 90% 소비한 상태
만재출항상태	공창출항상태에 여객 및 여객소지품, 여객용화물, 화물 등을 만재한 상태
만재입항상태	만재출항상태로부터 연료, 청수, 식료품 등 소모품을 90% 소비한 상태

□ 구획침수에 따른 복원성 영향

○ 선체 파공 등으로 구획의 침수가 발생한 경우, 복원성에 변동이 발생하며, 이를 고려하기 위한 방법은 대표적으로 부력소실법과 부가중량법이 있다.

- **(부력소실법)** 구획침수에 따른 복원력 계산시 침입한 물의 양만큼 부력이 소실되었다고 가정하여 침수 시 흘수를 계산

  * $(A_w - a)\,\Delta d = v$ → 침수에 따른 흘수증가량 계산 → 부심계산시 반영

    A_w: 수선면적, a: 침수구역의 수선면적, Δd: 흘수변화량, v: 침수용적

- **(부가중량법)** 구획침수에 따른 복원력 계산 시 침수한 물을 선체에 적재되는 화물로 가정하여 침수 시 흘수를 계산

  * $\rho(v + a \cdot \Delta d) = \rho A_w \cdot \Delta d$ → 침수에 따른 흘수증가량 계산 → 부심계산시 반영

□ 물의 밀도변화

○ 물의 밀도 변화는 부력($\rho g V$)에 영향*을 줌에 따라 물의 밀도변화에 따른 흘수변경은 복원성 계산 시 고려되어야 한다.

* $\Delta d = \frac{V_1 - V_2}{A_w} = \frac{W}{A_w \cdot g}(\frac{1}{\rho_1} - \frac{1}{\rho_2})$

V_1: 밀도 ρ_1인 유체 중 배수용적, V_2: 밀도 ρ_2인 유체 중 배수용적

□ 유동수(자유수)의 영향

○ 각종 Tank 내부에 유체가 부분 적재되어 자유표면이 존재하면, Tank 내부의 액체 유동에 의해 무게중심이 변화하여 복원력에 영향을 준다.

* $GG' = \frac{\sum(\rho \cdot i)}{W}$, i: 각 자유표면의 2차모멘트(m^4)

□ 하역설비에 따른 영향

○ 각종 하역설비의 운용에 따른 화물의 선적 및 하역은 선박의 경사를 발생시킴으로 복원성 계산 시 고려되어야 한다.

* $GZ > \frac{M_c}{W}$, M_c: 부가외력에 의한 횡경사모멘트(ton-m)

□ 파랑중 복원력 영향

○ 횡파 중 복원력은 선폭에 비해 파장이 충분히 크기 때문에 수선면적의 변화가 미미하여 정수 중의 횡복원력으로 평가해도 무방하나,

○ 종파 중 선박이 파장의 영향을 받을 정도로 길이가 긴 경우 횡복원력은 선체가 파정 또는 파저에 있는지에 따라 수선면적이 변화되어 달라진다.

< 파랑중 복원력 영향 >

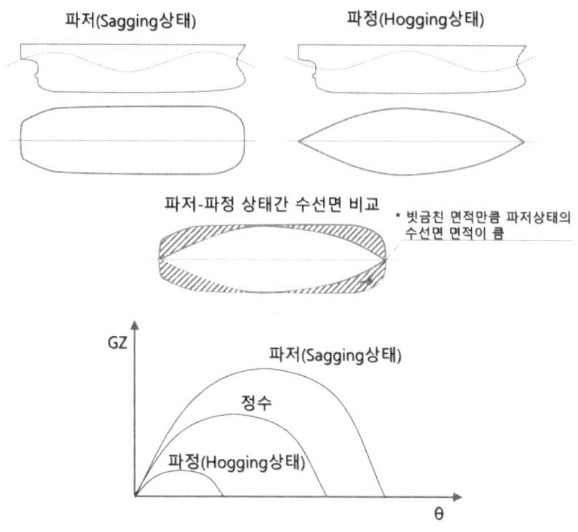

- 선체가 파저에 위치할 경우
  정수 중에 선체가 위치할 경우보다
  수선 면적이 증가하여 복원력 증가
  (I_{XX} ↑ → BM ↑ → GM ↑)

- 선체가 파정에 위치할 경우
  정수 중에 선체가 위치할 경우보다
  수선 면적이 감소하여 복원력 저하
  (I_{XX} ↓ → BM ↓ → GM ↓)

< 참고: 파의 형태 >

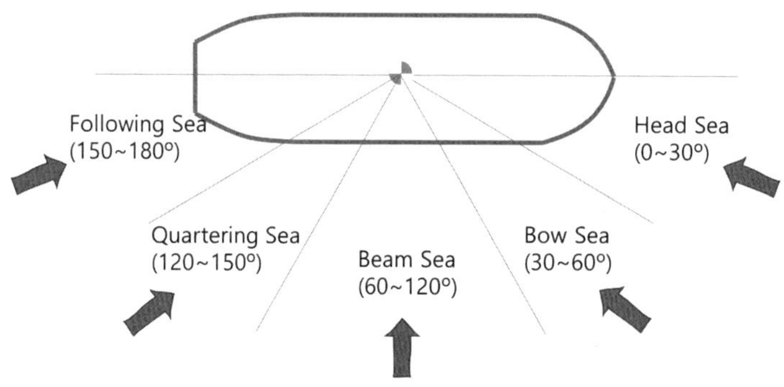

2-2-5 복원력교차곡선 및 배수량등곡선도 [부-III-0]

□ 복원력교차곡선(Cross curve of stability)

ㅇ 무게중심(G)을 가정하고, 여러 흘수에서의 경사 시 복원력 곡선을 만들어 한 번에 나타낸 선도로서, 임의 흘수에서 복원력을 손쉽게 파악 할 수 있게 한다.

< 3차원 복원력교차곡선 >

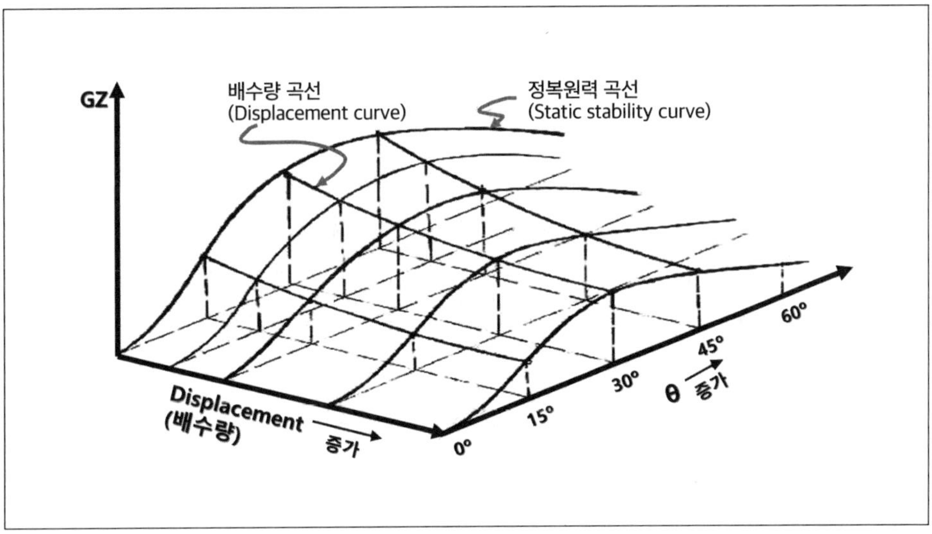

* Tip. 3차원 복원력교차곡선은 각 배수량(▽)에 대한 정복원력 곡선을 $\theta - GZ$ 평면에 나타내어 2차원 그래프로 나타내기도 함

[그림출처] https://slidetodoc.com/4-9-stability-at-large-angles-of-inclination/

□ 배수량등곡선도(Hydrostatic Curve)

ㅇ 임의 흘수에서 유체정역학적 계수들을 손쉽게 구할 수 있도록 세로축에 흘수를 가로축에 각각의 축적(Scale)에 맞추어 유체정역학적 계수를 표현한 선도로 임의 흘수에서 복원력 및 각종 유체력을 손쉽게 계산할 수 있게 한다.

< 배수량등곡선도(Hydrostatic Curve) >

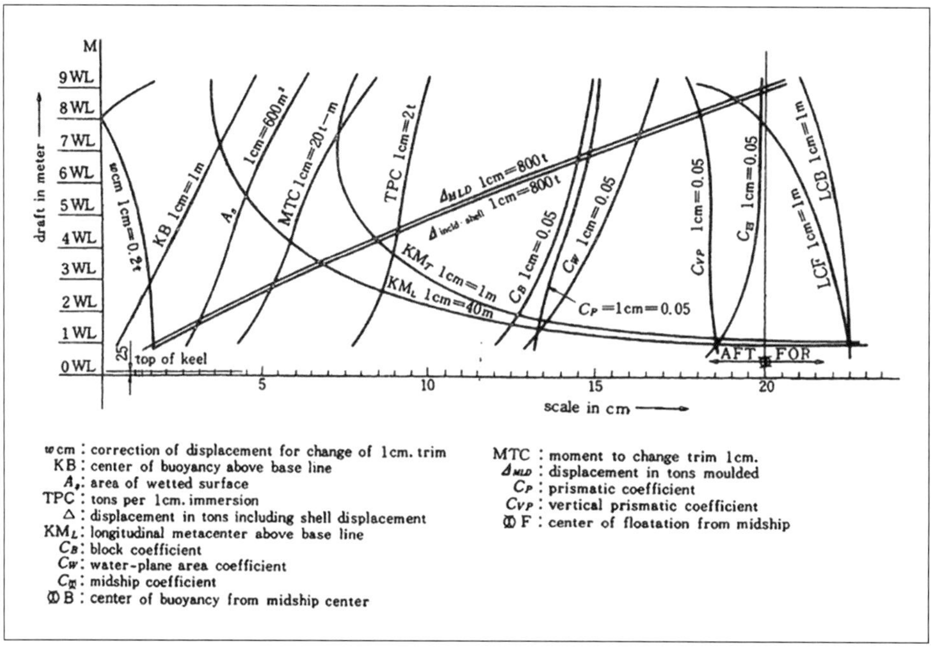

* Tip. 가로축에 표시된 값들은 1cm당 얼마에 크기인지 정의되어 있음[축적(Scale) 有]

[그림출처: 대한조선학회, 「선박계산」(제4판), 동명사, 2007, 46쪽]

2-2-6 손상복원성 (부-III-0)

□ 개념

ㅇ 선박은 운항 중 충돌, 좌초 등에 의한 사고로 선내 침수가 발생 할 수 있고, 이러한 경우에도 일정한 복원력을 갖출 필요가 있다.

ㅇ 이러한 복원성 평가를 손상복원성이라고 하며, 주요개념과 평가방식에 대해서 정리하면 다음과 같다.

* 참조: SOLAS, Chapter II-1 Construction - Structure, subdivision and stability, machinery and electrical installation

□ 주요개념

ㅇ **(한계선, Margine line)** 손상을 입은 배가 침하, 트림 및 횡경사를 일으킨 최종상태에서 허용(생존)할 수 있는 가장 높은 수선면의 위치를 표시한 선을 말한다.

ㅇ **(침수율, Permeability)** 선박의 특정구획이 침수될 경우, 특정구획이 침수될 수 있는 용적 대비 그 구역의 전체 용적에 대한 비율을 의미한다.

* "침수율 = 침수가능용적 / 전체용적"임. 가령 특정구획에 장비 또는 화물 등이 설치된 경우 전체용적 중 장비가 설치된 용적만큼은 물이 대체(침수) 될 수 없음

ㅇ **(가침장, Floodable length)** 선박의 특정구획이 규정된 침수율로 침수되어도 한계선 이상으로 침하가 일어나지 않는 최대 침수길이*이다.

* 수밀격벽의 간격이 가침장 보다 작으면, 손상 시 해당구획이 침수되어도 부력과 복원력을 유지할 수 있음. 따라서 허용 가능한 침수길이 또는 선박 최대구획 길이를 의미

ㅇ **(구획계수, Factor of subdivision)** 가침장을 바탕으로 실제 선박의 구획길이를 결정할 때 사용되는 안전계수를 의미한다(1보다 작음).

ㅇ **(허용길이, Permissible length)** 선박 길이방향의 임의 지점에서 가침장과 구획계수를 곱한 값이다.

* 허용길이는 '가허장'이라고도 하며, 길이방향 구획의 최대허용길이를 의미함

○ **(가침장 및 허용길이 곡선)** 선박의 측면도에 가침장과 허용길이를 표시하여 손상 시 위험도를 손쉽게 파악할 수 있도록 한 곡선이다.

- 작성법은 선박 길이방향의 임의 지점에서 기선의 수직방향으로 가침장 및 허용길이를 표기하고, 이러한 점들을 연결하여 곡선*을 완성하는 방식임

* 곡선 중 선체 중앙부가 크게 나오는 이유는 선수미 구획의 침수대비 트림이 크지 않아 침수량(가침장)이 커도 한계선 이내여서 침몰되지 않기 때문임

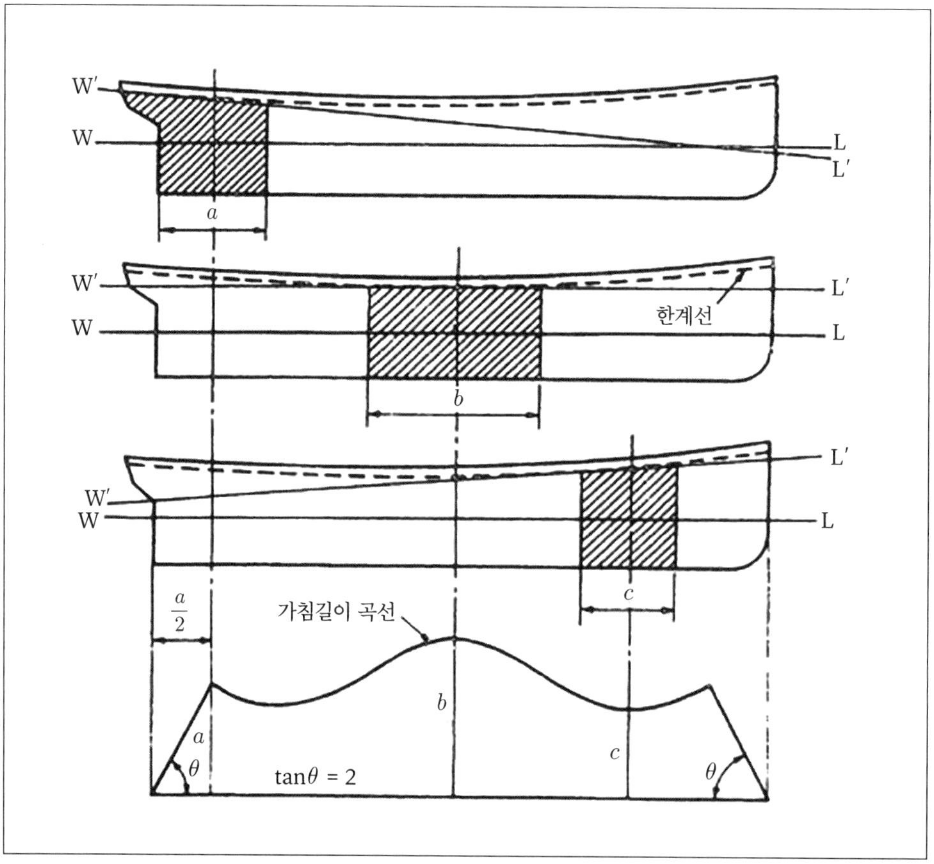

[그림출처: 대한조선학회, 「선박계산」(제4판), 동명사, 2007, 125쪽]

- 이후, 각 수밀격벽과 기선의 교점에서 $\tan^{-1}2$의 각도*로 경사선을 긋고, 각 구획의 중심에서 교차하도록 그리면 완성되며, 해당 교점이 허용길이 및 가침장을 넘지 않으면 해당구획 침수 시에도 한계선을 넘지 않게 됨

* 각 구획의 선수미 지점에서 $\tan\theta = 2$의 각도로 경사선을 긋게 되면 해당 교점은 기하학적으로 해당 구역의 길이와 동일함 (x: 구획길이 = y: 교점의 높이)

<가침장 및 허용길이 곡선>

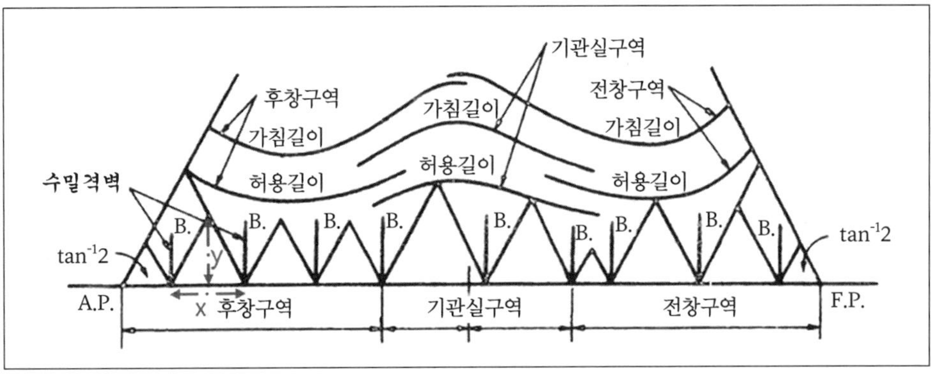

□ 결정론적 손상복원성

○ 앞서 살펴본 주요개념은 좌우현의 대칭적 침수를 가정하고 있으나, 실제 비대칭적 침수가 발생할 수 있기 때문에 이를 고려하여 평가할 필요가 있다.

○ 이에, 선체 각 개소의 손상상태를 가정하고 동복원력 평가와 유사한 방식으로 손상복원성을 평가한다.

< 국제협약 등에서의 손상 범위 가정 > [참조: 대한조선학회, 「선박계산」(제4판), 동명사, 2007, 128쪽]

관련규정		SOLAS	ICLL	MARPOL	IBC
적용선박		여 객 선	A형, B-reduced형선	유조선	화학제품 운반선
선측 손상 범위	길이	• 3.0m+0.03L, 11.0m 중 작은 값 • 0.33≤구획계수≤0.5 경우 : 인접 2구획 구획계수≤0.33 경우 : 인접 3구획	$\frac{1}{3}L^{2/3}$,14.5m 중 작은 값		
	폭	B/5	B/5, 11.5m 중 작은 값		
	수직	무제한	무제한		
선저 손상 범위	길이	선측손상 범위와 동일		• FP−0.3L : $\frac{1}{3}L^{2/3}$, 14.5 m 중 작은 값 • 0.3L−AP : $\frac{1}{3}L^{2/3}$, 5.0 m 중 작은 값	
	폭			• FP−0.3L : B/6, 10.0 m 중 작은 값 • 0.3L−AP : B/6, 5.0 m 중 작은 값	
	수직			B/15, 6.0m 중 작은 값	

< 국제협약 등에서의 손상복원력 요구 기준 > [참조: 대한조선학회, 「선박계산」(제4판), 동명사, 2007, 129쪽]

관련규정	SOLAS	ICLL	MARPOL	IBC
적용선박	여객선	A형, B-reduced형선(액체, 고체 화물선)	유조선	화학제품운반선
수선	한계선이 잠기지 않아야 한다.	침수 진행 가능한 개구부가 잠기지 않아야 한다.		
GM	0.05 m(대칭침수시)	0.0 m 이상		
정복원력	15° 이상	20° 이상		
정복원팔 곡선의 면적	0.015 m-rad 이상(평형상태에서 다음 각도 중 작은 값 범위) ①침수발생 각도 ②22°(1구획침수) 27°(2구획 이상침수)	0.0175 m-rad(평형상태에서 침수발생 각도 범위)		
최대 복원팔	0.1 m 이상	0.1 m 이상		
침수 중간 단계에서의 정복원팔 범위	7° 이상			
침수 중간 단계에서의 최대 복원팔	0.05 m 이상			
비대칭 침수시 최대 경사각	7°(1구획 침수)	15° 이하	25° 이하	
	12°(2구획 이상침수)	17° 이하(갑판이 잠기지 않는 경우)	30° 이하(갑판이 잠기지 않는 경우)	
평형 침수장치 설비시	평형 도달 시간 15분 이하 평형전 최대경사각 15° 이하			

□ 확률론적 손상복원성

○ 확률론적 손상복원성은 주로 건화물선에 적용*되며, 각 구획의 침수확률과 생존확률을 곱하여 '도달구획 지수'를 계산하고, 규정에서 요구하는 '요구구획 지수'와 비교하여 평가하는 방식이다.

* 결정론적 손상복원성은 B형 선박이 요구되는 형상건현 이하로 지정받기 위한 수단으로 활용되었고, 확률론적 손상복원성은 건화물선의 사고증가로 도입되어 결정론적 손상복원성을 적용하지 않는 건화물선에 주로 적용됨

요구구획 지수(R) < 도달구획 지수(A)

Required subdivision index

- **(요구구획 지수)** 해상사고 데이터를 기반으로 선박에 요구되는 생존 가능성을 선박길이 차원의 함수로 나타낸 값

① $R = 1 - \frac{128}{L_S + 152}$: 구획길이(Ls)가 100미터보다 큰 화물선의 경우

② $R = 1 - [\frac{1}{1 + \frac{L_S}{100} \times \frac{R_O}{1 - R_O}}]$: 길이(L) 80미터 이상 길이(Ls) 100미터 이하인 화물선의 경우 ※ R_O: ①식의 R과 같음

L_S: 최대 구획만재흘수 상태에서 수직방향 침수를 제한하는 갑판 또는 그 아래에서 측정한 선박의 최대 투영 형길이

최대 구획만재흘수선: 복원성능이 확보되는 범위 내에서 가장 높은 흘수선

Attained subdivision index

- **(도달구획 지수)** 선박에서 발생할 수 있는 모든 손상경우에서의 생존확률을 나타낸 것

$$A = \sum P_i S_i$$

P_i: i번째 구획에서 침수될 확률, S_i: i번째 구획 침수 후 생존확률

* P_i 및 S_i를 구하는 상세한 방법은 SOLAS Chap. II-1 / Part B-1-Reg. 7 Attained subdivision index A 또는 「선박안전법」에 따른 선박구획기준(해양수산부 고시)를 통해 확인 가능

→ 위 개념은 Risk assessment 시 Frequency(발생확률)과 Consequency(사고 시 Impact)의 곱을 Risk로 계산하는 개념과 유사함

2-2-7 선종별 복원성 [부-III-0]

□ 범선

ㅇ 범선의 특징은 돛을 이용한 추진방식이며 필연적으로 돛에 발생하는 풍압으로 인한 경사가 발생함에 따라 복원성 평가 시 고려되어야 한다.

- 법규상 안전기준*은 여객선과 동일(풍압, 여객이동 등 고려)하나, 해당 범선의 경사력을 계산할 경우 돛의 풍압효과를 고려하여야 한다.

* 범선의 구조 및 설비 등에 관한 기준(해양수산부 고시), 국가법령정보 센터(www.law.go.kr)에서 확인 가능

< 돛에 작용하는 풍압에 따른 경사모멘트 >

$$M = P \times A\cos\theta \times H\cos\theta$$

M: 풍압에 따른 경사모멘트(N-m), P: 풍압(N/m^2), A : 돛의 면적(m^2),
H: 무게중심과 풍압중심 간 거리, θ: 횡경사각도

※ 장범계수와 장범력: 돛의 크기, 추진력 등을 나타내는 척도로 값이 클수록 돛의 크기가 크고, 동일 풍속에서 추진력이 높음을 의미(복원성 측면에서 경사각도도 크다는 것을 의미함)

$$C_{sail}(\text{장범계수}) = \frac{A \times H}{W \times GM}\text{(무차원수 임)},\ P_{sail}(\text{장범력}) = \frac{1}{C_{sail}}$$

□ 잠수함 및 잠수선(잠항기준)

ㅇ 잠수함*은 잠항 시 자유표면이 없는 상태가 되며, 일반선박 대비 자유표면과 관련된 변수가 없다는 것이 특징이다.

* Tip. 군과 해경에서 운항하는 선박은 주관청의 등록대상이 아님에 따라 선박안전법 등의 적용에서 제외됨(SOLAS에서도 군함은 적용 제외) 따라서 법규에서는 민간 잠수선에 대해 복원성 기준을 규정. 다만, 공학적인 원리는 동일함에 따라 복원능력 관점을 참조

< 잠항시 잠수함의 정복원력 >

$GM = KB + BM - KG \rightarrow GM = KB - KG$ ($BM = \frac{I_{xx}}{V}$, 수선면적이 0임으로 I_{xx}=0)

$\Rightarrow$ 잠수함의 정복원력(GM) = $W \cdot BG\sin\theta$

※ 잠수함의 유체역학적 특성

❶ 잠항시 중량(자중)과 배수량이 같은 중성부력이 요구

❷ 종방향 무게중심(LCG)과 종방향 부력중심(LCB)이 같도록 하여 Even Keel(Trim = 0) 상태를 만들어야 함

❸ 무게중심(G)이 부심(B) 보다 밑에 있도록 하여 항상 양의 복원력이 되도록 요구

* ❸ 만족시 잠수함은 부심 B를 회전중심으로 질점이 G에 있는 진자운동과 같음

진자의 길이(ℓ)는 BG에 해당하며, 횡동요 주기는 $T = 2\pi\sqrt{\frac{\ell}{g}}$ 임

2-2-8 건현 및 만재흘수선 (부-III-0)

□ 개념

○ **(건현, 乾舷)** 선측의 말라있는 면이라는 뜻으로 흘수선에서 상갑판까지의 높이이며, 공학적인 의미는 예비부력을 나타낸다.

○ **(만재흘수선)** 선박이 안전하게 항해할 수 있는 최대 적재한도의 흘수선으로서 선측의 만재흘수선 표기를 통해 선박의 안전상태를 손쉽게 확인할 수 있다.

○ 적재상태에 따라 복원성이 변화되기(무게중심, 한계경사각 및 수선면적 등 변경) 때문에 복원성 평가는 최소한의 건현 높이를 규정하여 만재흘수선의 한계치를 정한다.

* 참조: 선박만재흘수선기준(국가법령정보센터, www.law.go.kr), 「국제만재흘수선협약」(ICLL)

□ 주요정의

○ **(건현길이)** '최소 형깊이 85%에서 LWL의 96%' 또는 '최소 형깊이 85%의 선수재 전면에서 타두재 중심선 사이 거리' 중 큰 값

○ **(폭)** 강선은 형폭, 기타재질은 최대폭을 적용

○ **(건현깊이)** 형깊이에서 상갑판 두께를 더한 높이(형깊이+상갑판 두께)

○ **(건현갑판)** 외기나 해수에 노출된 최상층 전통갑판

○ **(선루, Superstucture)** 외벽(측판)이 선측으로부터 선폭의 4% 이내에 있는 풍우밀 구조물

* 배 위의 누각이란 의미로 길이방향의 위치에 따라 선수루, 선교루, 선미루로 구분

○ **(트렁크, Trunk)** 선폭의 60% 이상의 폭을 가지는 풍우밀 구조물

* Tip. 상갑판 위에 보이는 구조물은 크기에 따라 선루, 트렁크 및 Companionway(상갑판 하부로 들어가는 출입구)가 있으며, Companionway은 선루 및 트렁크에 비해 크기가 작아 조선소에서는 큰집 옆에 있는 작은 개집(Dog House) 같다고 하여 개집이라 불리기도 함

□ A형-B형 선박

○ A형-B형 선박의 구분은 운항 시 침수우려 혹은 침수시 안전성을 고려하여 그에 맞는 건현을 적용함으로써 안전성을 확보하는 것이 목적이다.

- **(A형선박)** 액체 화물을 운송하며, 그 화물창은 강재(또는 동등재질)와 가스켓으로 된 유밀문을 갖는 작은 출입구로만 설치된 선박

  * A형선박은 높은 풍우밀성능, 내부구획, 액채화물로 인한 낮은 침수율을 가져 높은 안전성을 보이기 때문에 작은 건현을 지정함

  ** 해수의 침입이 가능한 출입구는 내구성 높은 강재와 수밀성을 갖춘 가스켓으로 보호, 침수시 화물 자체가 액체로서 해수와 치환되어도 안전성 확보 → 낮은 건현 설정가능

- **(B형선박)** A형선박 이외의 모든 선박(안전성 확보를 위해 높은 건현 요구)
- **(B_{60}형선박)** L > 100m 이상인 선박이 1구획 침수*에 대한 손상복원성 기준을 만족시키면 A형-B형 선박 건현 차이의 60%까지 경감 허용
  (단, 강재(또는 동등재질) + 가스켓 + 클램핑 된 풍우밀 덮게 필요)

< 1구획 침수조건 >

❶ '하기 만재흘수선'까지 적재한 상태에서, 기관실을 제외하고 1구획 침수(침수율 0.95) 일 때 평형상태를 만족할 것 ❷ L > 225m일 때, ❶조건에 기관실(침수율 0.85)도 침구구역에 포함

- **(B_{100}형선박)** L > 100m 이상인 선박이 2구획 침수*에 대한 손상복원성 기준을 만족시키면 A형선박의 건현과 동등한 값을 사용 가능

< 2구획 침수조건 >

❶ 1구획 침수조건을 만족할 것 ❷ 기관실을 제외하고 2구획 침수시 평형상태일 것 ❸ 기관실 케이싱이 표준높이의 선미루, 선교루와 동일 높이 및 강도일 것 ❹ 선미루-선교루 통로 높이가 선수갑판 높이 이상일 것

※ 즉, 건현은 침수시를 대비하여 예비부력을 갖추도록 하는 것이나, 침수시 안전성이 확보된 경우(손상복원성 만족), 경감 가능함을 의미한다.

□ 건현계산

○ **(개념)** 건현은 선박의 길이에 따라 규정된 표정건현*을 기준값으로 하여, 선형** 및 상갑판 위 구조물의 특징***을 감안하여 적절히 가감하고, 계산된 형상건현을 바탕으로 운항조건에 따라 최종건현을 결정한다.

* ICLL(국제 만재흘수선 조약, International Convention on Load Line)에서는 선박 길이별 표정건현을 규정

** 방형계수는 선체주부 부력의 크기에 대한 척도

*** 건현갑판위치, 선루·트렁크 형상, 시어 및 선수높이는 예비부력과 관계되어 고려

○ **(형상건현 계산 프로세스)** 형상건현계산의 프로세스는 다음과 같다.

> **"형상건현" = "표정건현(f_T)"**
> x 방형계수(C_b)수정 → 계산된 값을 "**<u>기준건현</u>**" 이라 함
> \+ 건현깊이(f_D) 수정
> ± 건현갑판선 위치에 의한 수정(f_L)
> \- 선루, 트렁크에 의한 수정(f_B)
> \+ 시어에 의한 수정(f_S)
> \+ 선수 높이에 의한 수정(f_H)

① **(표정건현)** ICLL에서 A형-B형 선박에 대해 각각 길이별 표정건현 값을 규정함

* "선박만재흘수선기준"(국내법으로 동일)은 국가법령정보센터(www.law.go.kr)에서 확인 가능/원본을 보는 것을 추천하나, 자료 검색을 어려워하는 경우를 감안 국내법 기반으로 소개

② **(방형계수, C_b 수정)** $C_b > 0.68$ 이상인 경우, 표정건현에 C_S값을 곱함

$$C_S = \frac{C_b + 0.68}{1.36}$$

$C_b < 0.68$ 인 경우, 0.68을 곱함

③ **(건현깊이 f_d 수정)** $D_f > L/15$인 경우, 기준건현에 하기 값 더함

$$D \times \left(D_f - \frac{L_f}{15}\right)$$

④ **(건현갑판선 위치에 의한 수정)** 설계 건현갑판선이 건현용 깊이(D_f)보다 크거나 작은 경우, 그 차이를 더하거나 경감함(통상, Recess로 인하여 감하는 경우 多)

⑤ **(선수, 트렁크에 의한 수정)** 예비부력의 효과를 갖는 선수 및 트렁크가 정의된 유효길이를 갖는 경우, 정의된 만큼의 건현의 경감 가능

* "선박만재흘수선기준"(국내법으로 동일)은 국가법령정보센터(www.law.go.kr)에서 확인 가능

⑥ **(Sheer에 의한 수정)** 설계 시 계산 된 시어의 평균높이가 표준시어의 높이보다 작을 때 다음 식에 의한 값만큼 기준건현에 더함

$$(S_0 - S) \times (0.75 - \frac{L_S}{2L_f})$$

S_0: 시어 표준높이, S: 시어 평균높이, L_S: 폐위선루 합계길이, L_f: 건현길이

※ 시어평균 높이 계산법은 "선박만재흘수선기준" 참조

⑦ **(선수높이에 의한 수정)** 선수높이는 다음의 최소 선수 높이를 만족해야 하며, 선수높이가 이보다 작을 시 차이를 기준건현에 더함

$L_f < 250m$인 경우, $56L_f \times (1 - \frac{L_f}{500}) \times (\frac{1.36}{C_b + 0.68})$

$L_f \geq 250m$인 경우, $7000 \times (\frac{1.36}{C_b + 0.68})$

○ **(건현 결정)** 계산된 형상건현을 하기건현(fs)으로 하여, 다음에 따라 운항 조건별 최종 건현을 결정한다.

① **(열대건현, f_T)** $f_T = f_S - \frac{d_S}{48}$ (d_S: 하기 흘수, 표정건현 f_T와 다름)

② **(동기건현, f_W)** $f_W = f_S + \frac{d_S}{48}$ (d_S: 하기 흘수)

③ **(동기담수건현, f_F)** $f_F = f_S - \frac{W}{4 \times TPC}$ (W: 배수량)

④ **(열대담수건현, f_{TF})** $f_{TF} = f_T - \frac{W}{4 \times TPC}$ (W: 배수량)

※ 복원성 변경요인에서 운항중인 해수의 밀도 변화에 따라 흘수가 변경되며, 해수의 밀도가 낮을수록 흘수가 깊어짐에 따라 높은 건현이 요구된다.

* 하기를 기준으로 열대는 해수의 온도가 높아 밀도가 낮고, 동기는 해수온도가 낮아 밀도가 높으며, 담수는 해수에 비해 밀도가 낮음. 즉, 동일 배수량일 때 운항 중인 유체의 밀도에 따라 흘수가 다름을 표기

□ 만재흘수선의 표기

○ 계산된 건현을 바탕으로 선체중앙(LBP/2)에 다음의 표기방법을 기준으로 용접비드 또는 플레이트와 같이 영구적으로 표기한다.

* (단위 : mm)

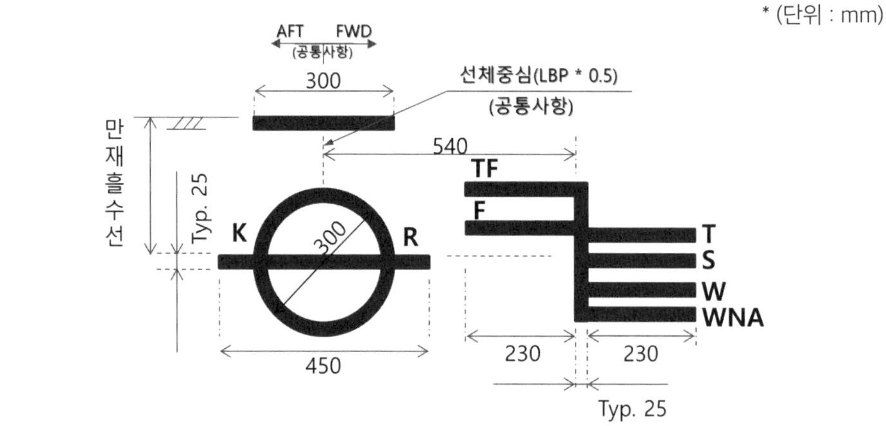

< 일반선 만재흘수선 표기법 >

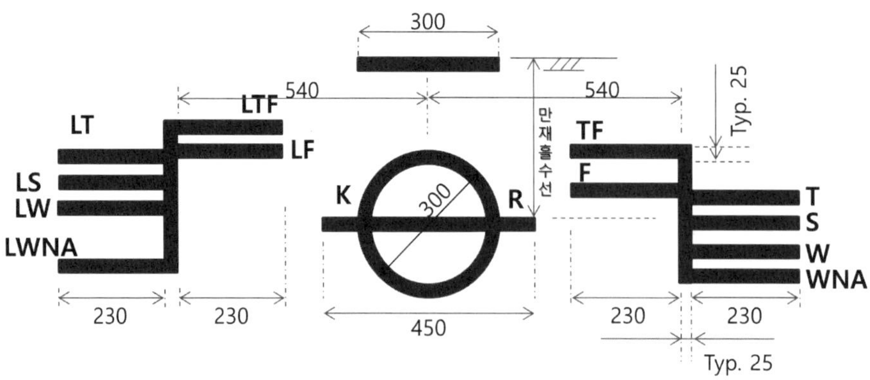

< 목재운반선 만재흘수선 표기법 >

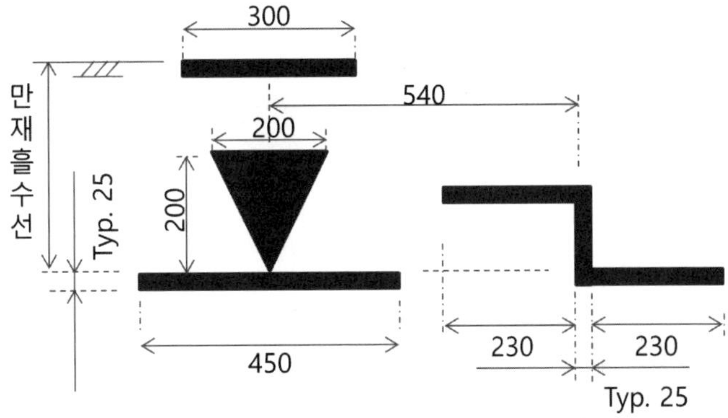

< 국제항해에 취항하지 아니하는 선박 길이 12미터 이상 선박의 만재흘수선 표기법 >

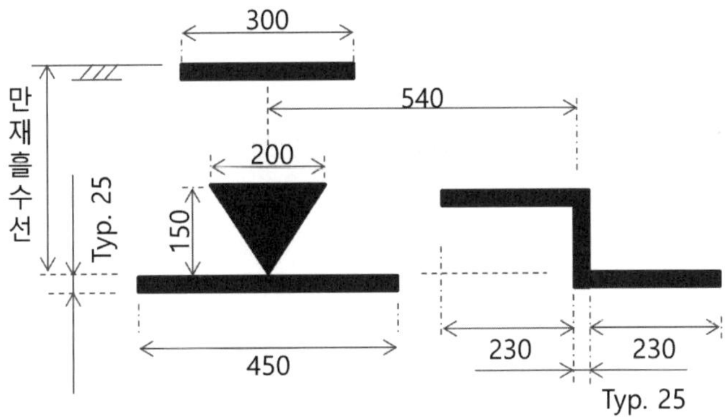

< 12미터 미만의 여객선 및 위험물산적운송선 만재흘수선 표기법 >

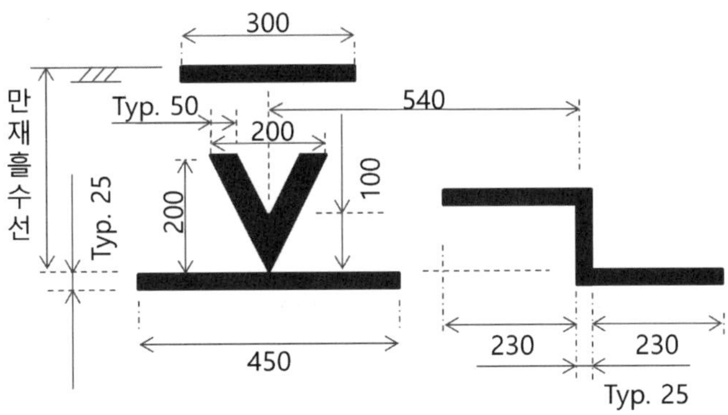

< 24미터 이상 어선의 만재흘수선 표기법 >

2-2-9 선박의 6자유도 운동 [부-III-0]

□ 개념

○ 선박의 운동에서 자유도란 직교좌표계의 각 축을 기준으로 구속되지 않고, 자유롭게 움직일 수 있는 방향의 개수를 말한다.

① (Surge, x**방향**) 선박의 길이 방향의 직선운동

② (Sway, y**방향**) 선박의 폭 방향의 직선운동

③ (Heave, z**방향**) 선박의 높이 방향의 직선운동

④ (Rolling, x**축**) 선박의 길이 방향을 축으로 하는 회전운동

⑤ (Pitching, y**축**) 선박의 폭 방향을 축으로 하는 회전운동

⑥ (Yawing, z**축**) 선박의 높이 방향을 축으로 하는 회전운동

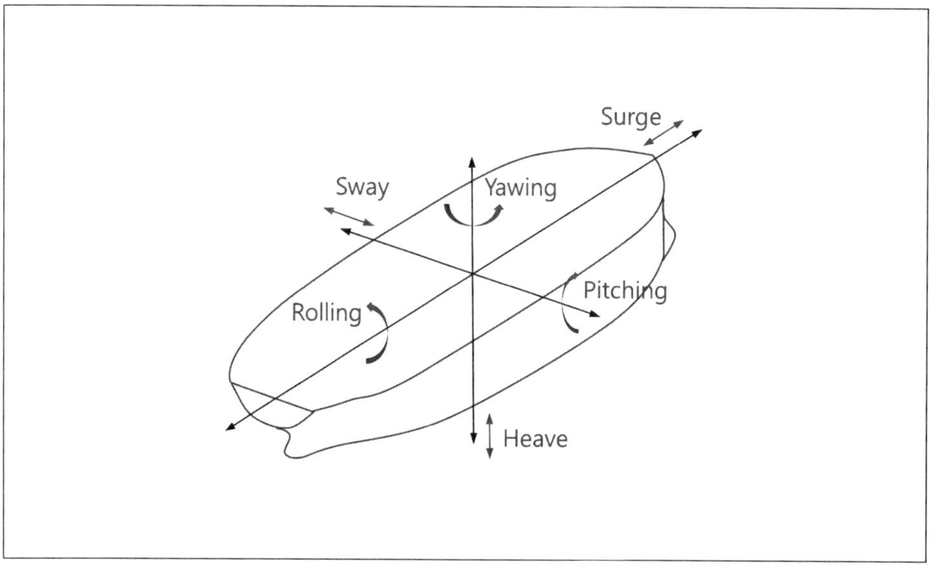

※ 6자유도 운동 중 일부 운동은 연성(Coupled)운동을 하게 되며, 연성운동의 종류는 다음과 같다.

① (Heave-Pitch **운동**)

② (Roll-Sway-Yaw **운동**)

2-2-10 선박의 조종에 따른 복원성 (부-III-0)

□ 개념

ㅇ 지금까지 소개한 내용은 선박 자체의 복원성능과 관련된 것으로 설계·건조시 안전 규정을 만족하도록 함으로써 최소한의 안전성을 확보하도록 하고 있다.

ㅇ 하지만, 선박은 여러 해상상태에서 운항하기 때문에 선박자체의 복원성능이 확보되어도 전복될 수 있으며, 이러한 대표적인 유형을 소개한다(→ 선박의 조종을 통해 극복 필요).

□ 소형선박의 운항 중 복원성 저하

ㅇ 대형선박에서도 전복사고가 발생하지만 소형선박이 전복사고에 취약하며, 운항 중 복원성이 저하되는 사례는 다음과 같다.

① **(브로우칭 현상)** (Broaching-To phenomenon) ①소형선에 있어서 추파상태로 파속과 선속이 비슷하고, ②파장이 선박 길이의 2배 정도이며, ③선박이 파의 내리막 경사면에 있을 경우, 직진상태를 유지하기 위한 조타를 하더라도 횡파를 받는 방향으로 선회하여 순간적으로 전복되는 현상(소형어선 빈도 多)

* (원인) ❶파정 부근의 타가 수면 밖으로 노출되어 타력감소, ❷선박이 내리막 경사에 위치하여 정수 중 보다 복원력 감소, ❸파랑에 의해 횡파방향으로 선회 발생

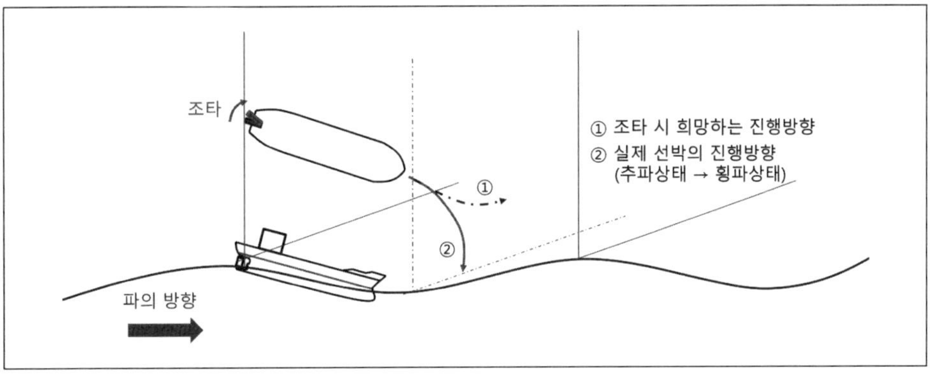

② **(자려진동)** 선박이 종파상태로 항해 시, 파정과 파저에 반복적으로 노출되어 선박의 GM값이 주기적으로 변화함에 따라 자려진동을 하게 되고, 급격한 횡요로 인해 전복되는 현상

제3장 용접

1. 용접의 개념 및 종류(부-Ⅰ-7)

: 선박의 부양성능에 관한 선박의 외형, 구조 및 복원에 관해서 살펴보았다. 이제부터는 어떻게 만들 것 인가에 대한 내용을 알아본다. 선박의 기능 전반에 영향을 미치지만 부양성 중 수밀성능과 연관성이 높다. 소형선박은 최근 3D 프린트와 같은 기술을 이용하여 건조할 수 있으나 대부분의 선박은 판재와 형강제를 접합하는 작업의 연속이라 할 수 있다. 그리고 그 접합방식은 선질과 기술의 발달에 따라 변화한다. 현재 대형선박의 선질은 강(Steel)이며(소형선박은 FRP 및 HDPE 재질 등으로 건조), 과거 리벳공법을 사용하였으나 현재는 수밀성, 안전성 및 건조효율 등이 뛰어난 용접공법이 사용되고 있다. 따라서 용접의 개념과 종류(융접, 압접 및 납땜)를 이해하고 선박 건조시 적절히 사용할 수 있어야 한다.

2. 아크용접법(부-Ⅰ-7)

: 용접은 두 개 이상의 조각을 열 또는 압력 등을 가하여 분자 간 인력이 발생하는 상태를 만들어 접합하는 방식이다. 열이나 압력 등 변화를 가하는 방식, 이음부를 채우는 용가재 및 용접설비 등에 따라 세분화 된다. 이 중 아크용접법의 사용빈도가 높다.

3. 가스용접(부-Ⅰ-7)

: 가스용접은 용접대상에 열을 가하는 방식이 아크열이 아닌 가스의 연소열에 의한 것으로 가장 큰 차별성을 가진다.

4. 불활성가스 아크용접(TIG & MIG)(부-Ⅰ-7)

: 아크용접을 보다 세분화 하면, 불활성가스 아크용접, 탄산가스 아크용접, 잠호용접 및 스텃용접 등이 있다. 불활성가스 용접은 용접시 사용되는 보호가스를 용접봉에 의해서 발생시키지 않고 불활성가스를 별도로 공급한다는 것에서 차별성이 시작된다. 또한 용접봉의 종류에 따라 소모식과 비소모식으로 구분되며 이에 따라 특성을 달리한다.

5. 탄산가스 아크용접(부-Ⅰ-7)

: 탄산가스 아크용접은 불활성가스 아크용접과 비슷한 개념이나, 고가의 불활성 가스를 사용하는 대신 탄산가스를 기반으로 일부 성분을 첨가하여 사용하는 것이 핵심이다.

6. 잠호용접(Submerged Arc Welding, SAW)(부-Ⅰ-7)

: 잠호용접은 대표적인 자동용접 중의 하나로 용접시 사용되는 용접봉과 용가재(구형)를 자동화 된 설비를 통해 용접하는 방식이다. 구형용가재 속에서 용접이 이루어짐에 따라 용접불꽃이 보이지 않아 잠호용접이라 불린다.

7. 스텃용접(Stud welding)(부-Ⅰ-7)

: 다른 용접법이 판재와 형강재의 용접에 초점이 맞추어졌다면, 스텃용접은 평판위에 볼트 또는 핀 등과 같이 체결제를 손쉽게 용접하는데 특화된 용접이다.

8. 일렉트로 슬랙 용접(Electro Slag Welding, ESW)(부-Ⅰ-7)

: 일렉트로 슬랙 용접은 후판용접에 특화된 용접법으로 선박 건조시 많이 사용되는 방법 중 하나이며, 특징으로는 전기저항열을 이용한 용접방식이라 할 수 있다.

9. 일렉트로 가스 아크용접(Electro Gas Arc Welding, EGW)(부-Ⅰ-7)

: 일렉트로 슬랙 용접과 거의 유사하나, 보호가스로 탄산가스를 사용하며, 이에 따라 가스공급을 위한 설비가 요구된다.

10. 플라즈마 및 레이저(부-Ⅰ-7)

: 레이져는 적용 가능한 용접간극이 매우 작아 선박건조에는 거의 사용되지 않으며, 플라즈마 역시 건조 효율성 등을 감안하여 잘 사용되지 않는다. 다만, 플라즈마는 100mm 등의 극후판 절단시 사용되기도 한다.

11. 플라스틱(부-Ⅰ-7)

: 플라스틱 선질은 대형선박에 사용되지 않고, 주로 소형선박에 사용되며, 사출 등을 통한 방식으로 건조되기도 하지만 주로 용접을 통해 건조된다.

12. 테르밋 용접(부-Ⅰ-7)

: 테르밋 용접은 선박 건조시 사용되는 용접법은 아니지만, 용접의 이해를 넓히는 차원에서 살펴보면, 테르밋제와 점화제를 혼합하고 점화하면 고온이 발생하는데 이를 통해 금속을 용융하여 용접하는 방식이다.

13. 압접(마찰용접 및 점용접)(부-Ⅰ-7)

: 지금까지는 열을 가하여 모재를 용융 시키는 방식인 융접에 대해 살펴봤으나, 압력을 가하여 용접을 하는 압접 또한 많이 사용된다. 대표적인 방법으로 마찰용접 및 점용접이 있다.

14. 납땜(부-Ⅰ-7)

: 앞선 압접까지는 모재의 용융을 전제로 하였으나, 융점이 낮은 금속인 땜납을 이용하여 접합하는 방식이 납땜이다.

15. 절단(부-Ⅰ-7)

: 선박건조 측면에서 보면 용접 이전에 부재를 원하는 크기와 모양으로 절단해야 한다. 실제 선박 건조시 가스절단, 아크절단 및 플라즈마절단 등이 사용된다.

16. 용접설계(부-Ⅰ-7)

: 선체건조는 판재와 형강재의 접합작업의 연속이며, 대형선박은 강선으로 용접을 통해 접합 한다. 이때, 접합부는 각 판재와 형강재의 강도를 유지할 수 있어야 하며, 이를 위해 용접부에 대한 용접설계가 필요하다.

17. 용접부의 역학적 성질(부-Ⅰ-7)

: 용접은 원자간 결합을 위해 용융 등의 과정이 수반되며, 용용 후 응고되는 과정에서 물질의 조성이 변화된다. 물질 조성의 변화는 연성 및 취성 등 물성치의 변화로 이어지며 용접부의 구조 안전성에 영향을 준다. 따라서 용접부의 역학적 상태에 대한 이해가 요구된다.

18. 용접응력과 용접변형(부-Ⅰ-7)

: 용접시 용접부는 수축 팽창이 발생하고, 용접부가 구속 된 경우 용접부 내부에는 잔류응력이 발생한다. 이는 구조강도 저하의 원인이 됨에 따라 발생원인과 대응방법에 대한 이해가 필요하다. 또한 용접응력 문제 외에도 과도한 변형에 따라 그 형상이 목표한 성능을 달성하기 힘든 경우가 발생할 수 있기 때문에 용접변형에 대한 관리 방안도 함께 알아 두어야 한다.

19. 용접부 검사(부-Ⅰ-7)

: 용접부는 용입부족, 기공 등의 다양한 결함이 발생할 수 있으며, 이는 성능저하 또는 파괴에 이르는 문제를 야기할 수 있어 용접부에 대한 검사가 요구된다. 그러나 용접부를 파괴하는 방식의 검사는 불가능하다. 따라서 선박 건조시에는 육안검사, RT, UT, MT 및 PT 등의 비파괴검사가 사용된다.

20. 강의 제조(부-Ⅰ-2)

: 용접은 용접대상의 재질과 용접부 형상에 따라 방법이 달라진다. 따라서 용접대상이 되는 강의 제조 공정을 이해하는 것이 필요하다.

< 선박의 필수기능에 관한 기능구조분석도 >

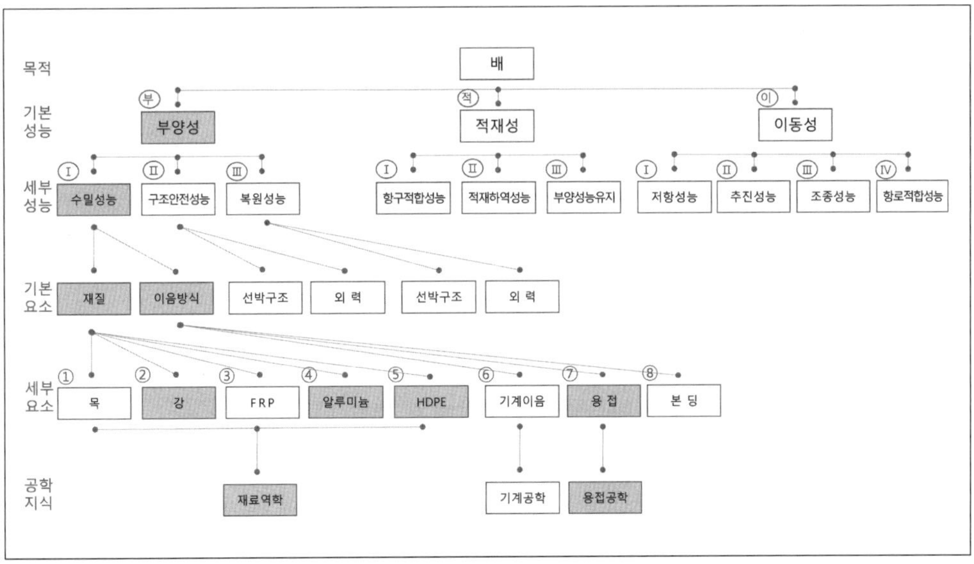

2-3-1 용접의 개념 및 종류 (부-Ⅰ-7)

□ 용접의 기본개념

○ **(목적)** 용접을 학습하는 가장 큰 이유는 많은 선박의 소재가 강(Steel)이며, 강의 가장 효율적인 접합 방법이 용접이기 때문이다.

* 선박이 대형화되기 이전에는 리벳공법이 주를 이루었으나, 대형화되면서 용접이 건조의 핵심기술 중 하나로 부각됨(알루미늄 소재의 선박에서는 중요도가 더욱 높아짐)

** 강선 이외에도 FRP선박 및 HDPE선박이 건조되고 있으며, FRP는 적층을 통한 접합을 HDPE는 HDPE용접 또는 사출방식 등으로 건조됨

○ **(정의)** '2개 혹은 그 이상의 재료를 용융(또는 반용융)시켜 접합'하거나, '상온에서 접촉 및 압력을 가하여 용가제를 첨가하는 간접적 접합'을 의미한다.

○ **(장단점)** 용접의 장단점은 다음과 같다.

장점	단점
❶ 용접구조물은 균질하고, 강도가 높으며 절삭량이 작아 중량손실 절감 ❷ 이음형상을 자유롭게 선택할 수 있고, 구조가 간단하며 재료두께의 제약이 없음 ❸ 용접 이음부의 기밀성과 수밀성이 높음 ❹ 주물에 비해 신뢰도가 높고, 몰드(형틀)가 필요없음 ❺ 작업이 비교적 간단하며 자동화가 용이	❶ 용접부의 금속적 변화에 따라 취성이 발생하고, 이에 따라 열처리 필요 ❷ 용접시 열영향에 따라 잔류응력 발생 ❸ 용접구조는 한덩어리로 되어있어 균열시 전체가 쪼개질 수 있고, 따라서 균열전파 방지 조치 필요 ❹ 용접공의 기량에 따라 품질이 좌우됨 ❺ 기공, 균열 등 용접결함이 발생하기 쉬움 ❻ 용접부 응력집중, 저온취성 파괴의 위험성大

□ 용접의 종류

○ 용접은 융접, 압접 및 납땜으로 구분되며 각각의 개념 및 상세한 종류는 다음과 같다.

- **(융접)** 이어붙일 부분을 가열하여 녹인 다음 이어 붙이는 방식
- **(압접)** 접합부에 대해 외부의 강한 물리적 압력을 가하는 동시에 가열하여 붙이는 방식
- **(납땜)** 땜납을 녹여서 접합면 사이에 표면장력에 의한 흡인력으로 붙이는 방식

<용접의 종류>

- 용접
  - 용접
    - 아크용접
      - 비소모 전극
        - 비피복아크 — **탄소 아크용접**
        - 피복아크 — **불활성가스 텅스텐용접(TIG)**
      - 소모 전극
        - 비피복아크
          - 금속 아크용접
          - **스텃용접**
        - 피복아크
          - **피복금속 아크용접**
          - **잠호용접**
          - **불활성가스 아크용접(MIG)**
          - **탄산가스 아크용접**
    - 가스용접 — **산소 아세틸렌 용접**
    - 테르밋 용접
    - **일렉트로 슬랙 용접**
    - **일렉트로 가스 용접**
    - 플라즈마 용접
    - 레이저 용접
  - 압접
    - 가열식
      - 압접
        - 가스압접
        - 유도가열 압접
      - 전기저항용접
    - 비가열식 — **마찰용접**
  - 납땜
    - 연납땜
    - 경납땜

* **굵은 글씨는 선박건조 시 사용빈도가 높은 용접 방법임**

□ 용접의 기타분류

ㅇ 용접자세, 용접이음의 종류 및 용착형태는 용접부의 성질에 영향을 줄 수 있으며 각각은 다음과 같이 분류될 수 있다.

<용접자세>

구분	내용
아래보기(Flat Position)	모재를 아래에 놓고, 용접봉을 아래로 향하는 용접
수평자세(Horizontal position)	모재를 수직으로 놓고, 좌우 방향으로 용접
수직자세(Vertical position)	모재를 수직으로 놓고, 위아래 방향으로 용접
위보기 자세(Overhead position)	모재를 위에 놓고, 용접봉을 위로 향하는 용접

* 용접사의 기량기준은 각 선급규칙 등에서 규정하며, 용접법, 용접이음, 용접자세, 용접대상(판 또는 관)에 따라 구분(특히 아래보기에서 위보기 자세 순으로 1~4G로 구분)

** 위보기 자세는 용접이 어렵고 효율이 떨어지는 만큼, 건조 측면에서는 아래보기 자세의 비율을 높이는 것이 효율적인 공법임

< 용접이음의 종류 >

구분	내용	구분	내용
맞대기용접 (Butt Welding)	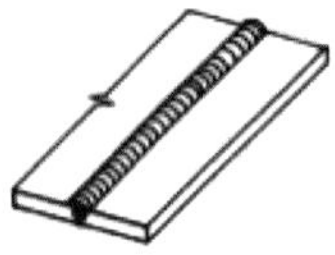	변두리용접 (Edge Welding)	
겹침용접 (Lapping Welding)	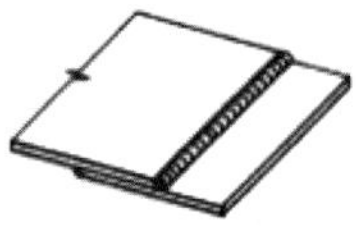	플러그용접 (Plug Welding)	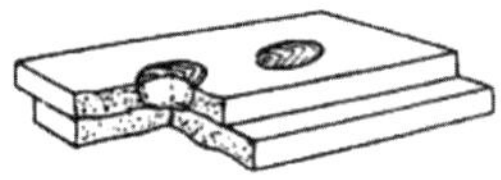 * 한쪽 모재의 구멍을 이용하여 구멍 안쪽과 다른 모재 표면을 용접하는 것으로 리벳접합과 유사
필렛용접 (Fillet Welding)	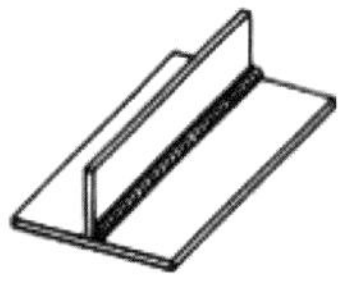		

* 선박의 건조 시 주로 사용되는 용접이음의 종류는 맞대기용접 및 필렛용접이며, 수밀성, 강도확보 그리고 용접부 검사 등의 측면에서 유리한 용접임. 따라서 용접설계시 맞대기 또는 필렛용접 이음의 형태가 되도록 고려해야 함

< 용착형태 >

콘벡스 필릿용접(Convex Fillet Welding)	**콘케이브 필릿용접**(Concave fillet Welding)
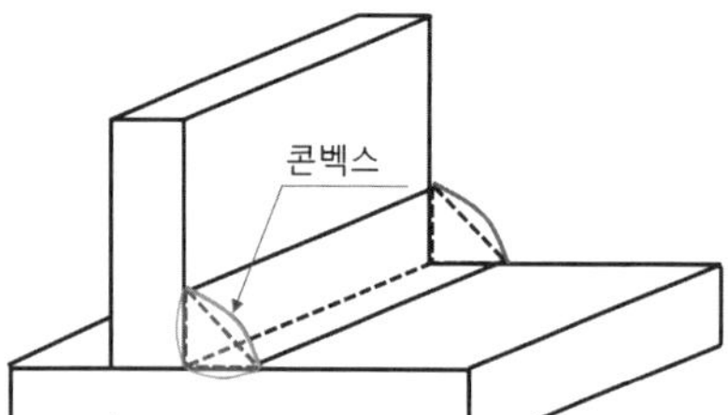 * 용착금속이 볼록하게 배가 부른 형태	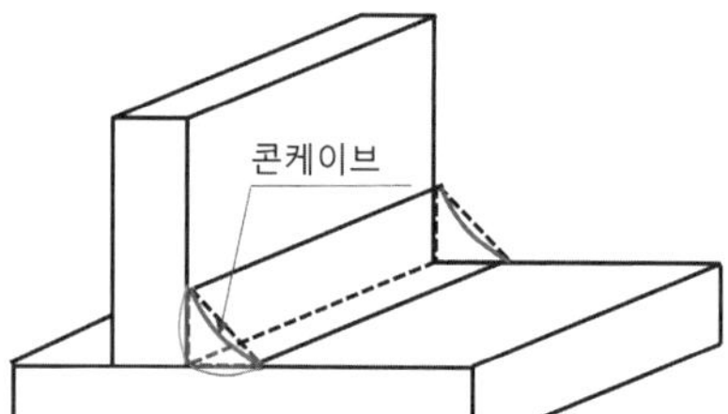 * 용착금속이 움푹 들어간 형태

* 빌트업 용접(Built up welding) [덧살용접(Surfacing)]: 제거된 부분에 같은 재질의 용접을 통해 본래의 치수로 만드는 방법(주로 맞대기 용접에 사용)임. 실제 조선소에서는 "육성"이라 불리우며 통상 최대 30mm까지 수행

< 용접부 상세 >

맞대기 용접	필렛 용접
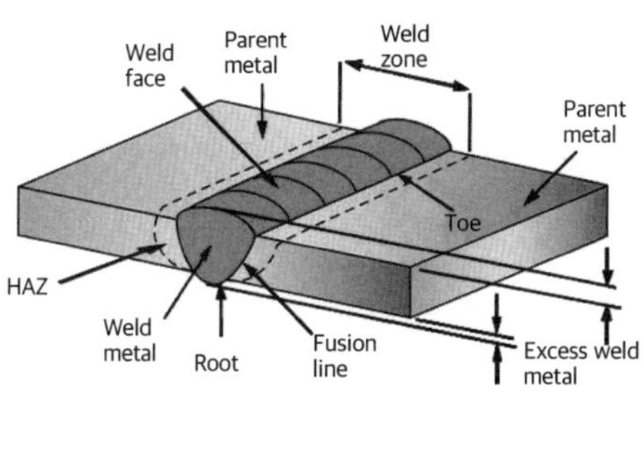	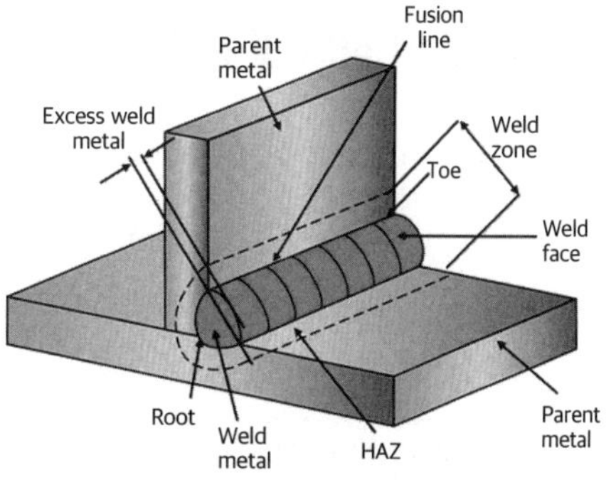

[그림출처] https://www.twi-global.com/technical-knowledge/faqs/what-is-welding

2-3-2 아크용접법

□ 아크용접의 정의 및 원리

○ **(정의)** 모제(Base Metal)와 금속 전극사이에 아크를 발생시켜 아크열에 의한 용접봉과 모제의 융적융합으로 용착금속을 생성하여 접합하는 방식을 말한다.

* 사용되는 전재(Electrode)의 종류에 따라 구분되며, 각각 피복아크용접을 사용할 때 '피복금속 아크용접', 탄소전재를 사용할 때 '탄소아크용접'이라 함

피복(금속) 아크용접

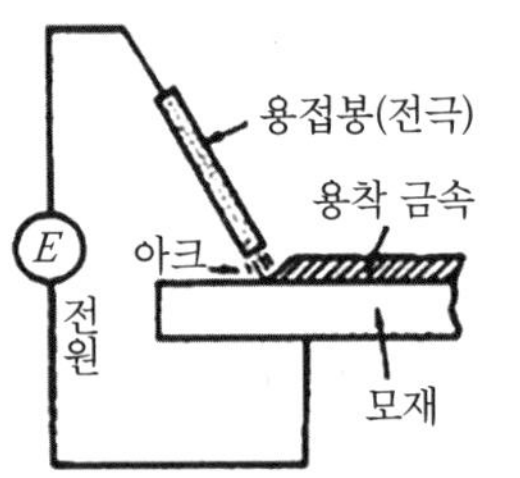

탄소 아크용접

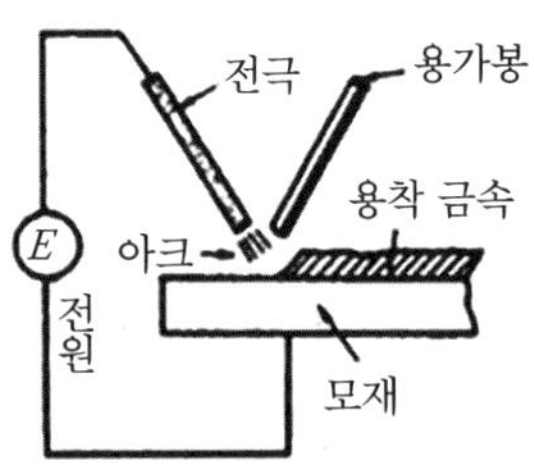

피복(금속) 아크용접 상세

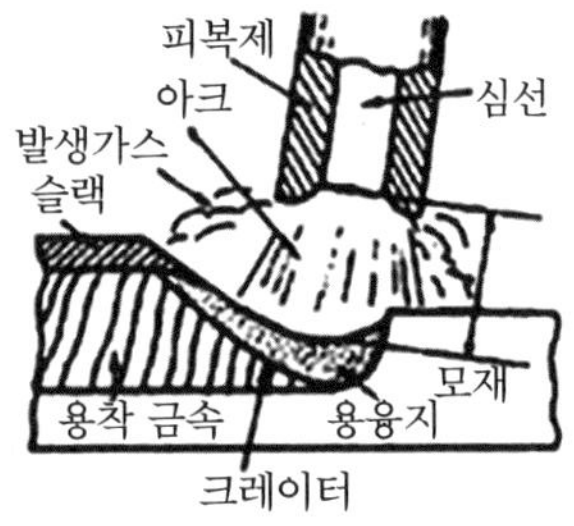

[그림출처: 엄기원, 「최신용접공학」, 동명사, 2010, 10쪽]

○ **(원리)** 아크열에 녹은 용접봉이 모제에 용착되어 비드를 형성하고, 피복제(Flux)는 아크열에 분해되어 보호가스*를 생성함으로써, 아크를 안정적으로 유지시키며 용융 후 용착부에서 슬랙**을 생성한다.

* 보호가스(Shielded Metal Gas): 용융금속을 덮어 산화(Exidation) 또는 질화(Nitrizing)를 방지하고 아크의 안정성을 높임

** 슬랙(Slag): 용착금속의 표면에 생성되어 산화·질화 방지 및 급냉 방지기여

< 아크 개요 >

► 용접봉과 모제에 전압을 걸고, 접촉 후 용접봉을 모제로부터 약간 이격하게 되면 청백색의 강한 빛이 발생하는데 이를 아크라 함

► 이 아크를 통해 전류가 흐르게 되고, 이 전류로 금속열기와 주위 기체분자가 각리되어 양이온과 전자로 분리됨. 그 결과 양극과 음극으로 전자가 빠르게 이동하는 아크전류가 발생하여 아크를 유지시키게 됨

□ 주요개념

○ **(용접입열)** 용접부에 대해 외부에서 주는 열량을 말한다.

$$E = \frac{60\ V \times A}{v}$$

E: 전기에너지[j], V: 전압, A: 전류, v: 용접속도(cm/min)

* 아크 열효율: 용접입열의 몇 %가 모재에 흡수되는지의 비율(모재두께, 이음형상, 예열온도, 용접봉지름, 용접속도 및 아크길이 등에 의해 영향)

○ **(용착속도)** 단위시간에 용착하는 용착금속의 양으로 1분간 용융되는 길이(또는 중량)을 기준으로 한다(전압·전류↑, 용접봉 지름↓ → 용착속도↑).

○ **(용융금속의 이행)** 용융금속의 이행은 용접의 효율과 품질을 결정하는 과정으로 영향을 주는 요소와 이행형식에 대한 이해가 필요하다.

* 용융금속 이행 영향요소: ①전극사이 정전기력, ②자기불림, ③핀치효과, ④중력, ⑤용접금속의 표면장력, ⑥가스의 폭발력, ⑦가스류 및 가스압, ⑧전자의 충격력

< 용융금속의 이행형식 >

단락형 (Globuler Transfer)	스프레이형 (Spray Transfer)	핀치효과형 (Pinch Transfer)
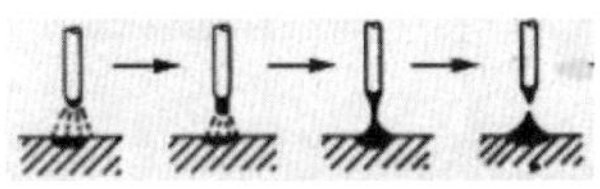		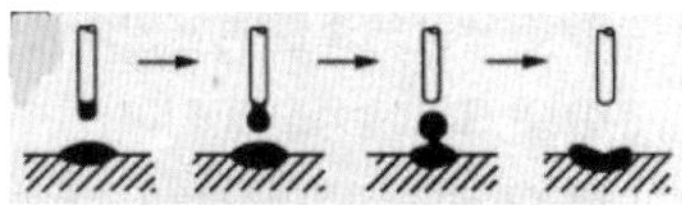

* 핀치효과: 용접봉에 전류가 흐르면 전류소선사이 인력이 발생하여 도체용융부 일부 단면을 작아지게 하여 최종적으로 절단하게 되는 현상 [그림출처] https://blog.daum.net/boho3/13996530

○ **(전원에 따른 구분)** 아크 생성을 위한 전원의 종류(교류 또는 직류)에 따라 구분되며, 극성이 바뀌지 않고 일정한 직류는 극성의 위치. 즉, 전자의 흐름방향*에 따라 다시 구분된다.

* 전자의 충격력 등에 의해 용융금속의 이행이 영향을 받기 때문에, 용접 시 전자의 흐름방향인 극성에 따라 용접의 특성이 달라짐

- **(정극성, Direct Current Straight Polarity[DCSP])** 모제(+)극, 용접봉(-)극
- **(역극성, Direct Current Reverse Polarity[DCRP])** 모제(-)극, 용접봉(+)극

○ **(탄소강의 용접성)** 대형선박은 대부분 강선으로 건조되며, 강은 철과 탄소의 합금으로 탄소의 함유량이 많을수록 강도·경도는 높아지나 일정량 초과 시 취화* 되고 용접성이 나빠지는 경향을 보인다.

* 취성: 물체에 탄성한계 이상의 힘을 가했을 때, 영구변형을 일으키지 않고 파괴되거나 또는 극히 일부만 영구변형을 일으키는 성질

- **(원리)** 철과 탄소 화합 시 시멘타이트(Fe_3C)를 생성하고 강의 강도를 높이며 변형도를 낮추나, 일정량 초과 시* 흑연으로 석출되어 취성이 증가

* 통상 Mild Steel(SS400)은 탄소의 함유량을 0.3% 이하가 되도록 하고 있음

□ 용접봉

○ **(역할)** 용접봉은 심선과 피복제로 구성되고, 심선은 주로 모제와 동일한 성분을 사용하며, 피복제를 통해 용접의 품질을 향상 시킨다.

< 피복제의 역할 >

❶ 보호가스를 생성하여 용융금속에 산소 및 질소의 침입을 방지 ❷ 탈산작용(용융금속 중 산소제거) ❸ 필요한 원소를 용융금속에 공급하여 기계적 성질을 향상 ❹ 아크의 안정화에 기여 ❺ 슬랙(Slag)을 생성하여 용착금속의 급랭방지를 통해 용접부 품질 향상

○ **(피복 용접봉 종류)** 용접부 보호 방식에 따라 슬랙생성식과 가스발생식으로 구분되며, 중간형태인 반가스 발생식이 있다.

- **(슬랙생성식)** 용접부 표면을 슬랙으로 둘러싸서 공기와 접촉을 막는 방식(슬랙 섞임의 용접부 결함 발생 가능성 존재)
- **(가스생성식)** 용재의 연소에 의해 발생된 일산화탄소, 수소 및 탄산가스 등으로 용접부를 덮어 공기와 접촉을 막는 방식(슬랙 섞임이 적고 안정된 아크 생성이 가능하나 언더컷 발생 가능성↑)

< 피복제 계통별 특성 >

일미나이트계	► 일미나이트(TiO_2FeO) 30% 이상을 함유하고 광석·사철을 주성분으로 하는 슬랙생성계 → 모든 자세 용접가능
라임티탄계	► 산화티탄(TiO_2) 30% 이상을 함유 → 비드의 외관이 곱고, 작업성이 양호하며, 용입이 약간 작아 평판용접 적합
고셀롤로우스계	► 유기물(셀룰로우스) 30% 이상을 함유 → 피복이 얇고 슬랙생성량이 작아 위보기 용접에 적합, 스프레이형 아크발생으로 스팩터가 많고 비스의 파형이 다소 거침(다만, 피복제에 다량의 유기물이 포함된 만큼 보관 중 습도관리 및 건조 후 사용 필요)
저수소계	► 탄산칼슘($CaCO_2$), 불화칼슘(CaF)을 주성분으로 함 → 용접 시 탄산칼슘에서 분해된 탄산가스를 통해 용융금속이 보호되어 타 피복제에 비해 수소함유량을 낮출 수 있어 기계적 성질 및 내균열성이 우수함 (다만, 아크가 불안정하고, 작업성이 나쁘며 비드 파형이 거칠고 모양이 볼록함)
고산화티탄계	► 산화티탄을 주성분으로 함 → 아크가 안정적이고, 스펙터가 작아 모든 자세 용접에 사용됨. 슬랙제거가 양호하고, 용입량이 작아 평판용접에 사용

2-3-3 가스용접 (부-Ⅰ-7)

□ 개념

○ **(원리)** 연소 가스와 산소의 연소에 의한 열을 사용하여 금속을 용융접합하는 방법으로 가스용접 또는 플래임 용접이라 한다.

○ **(특징)** 가스는 용접 토치에서 혼합되며, 용접가스로 아세틸렌과 산소가 가장 많이 사용*되고, 아크를 사용하지 않기 때문에 아크 생성을 위한 전기적 용접장비가 필요하지 않는 것이 특징이다.

* 산소-아세틸렌을 주로 사용하여 '산소 아세틸렌 가스용접'이라고도 함

< 가스용접 개념도 >

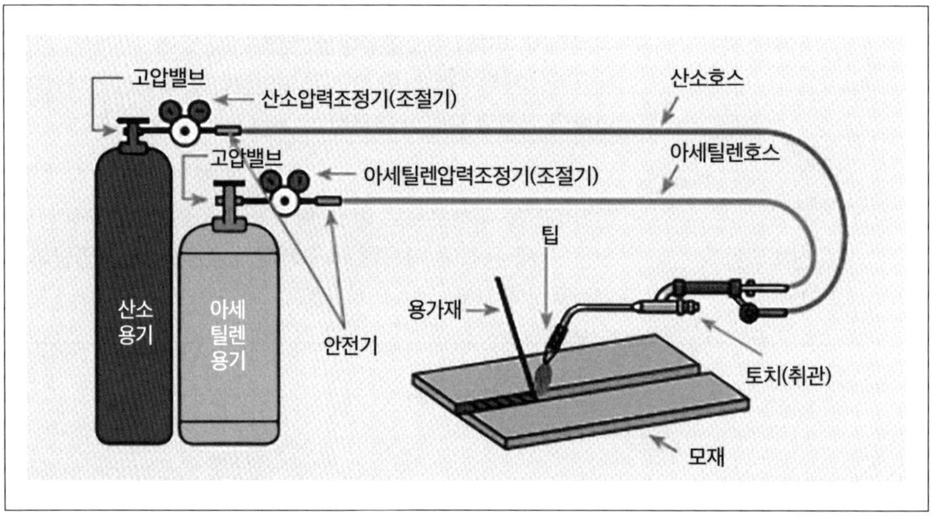

[그림출처] 안전보건공단, https://catcom.tistory.com/355

2-3-4 불활성가스 아크용접(TIG & MIG) (부-Ⅰ-7)

□ 개념

○ **(원리)** 불활성가스* 아크용접의 가장 큰 특징은 용접부를 공기와 차단하기 위해 불활성가스를 활용한다는 것으로 안정적인 용접이 가능하나, 실외에서는 바람 등으로 인해 작업이 어렵다.

* 화학적으로 안정되어 산소와의 반응 등이 낮은 것으로 주로 아르곤(Ar), 헬륨(He) 등을 사용하며, Shielded inert gas arc welding이라고 함

○ **(종류)** 아크생성을 위한 전극봉에 따라 비소모식 텅스텐 전극봉을 사용하는 TIG와 소모식 심선 용가재(Filler metal)을 사용하는 MIG로 구분된다.

TIG Shielded inert gas tungsten arc welding	MIG Shielded inert gas metal arc welding
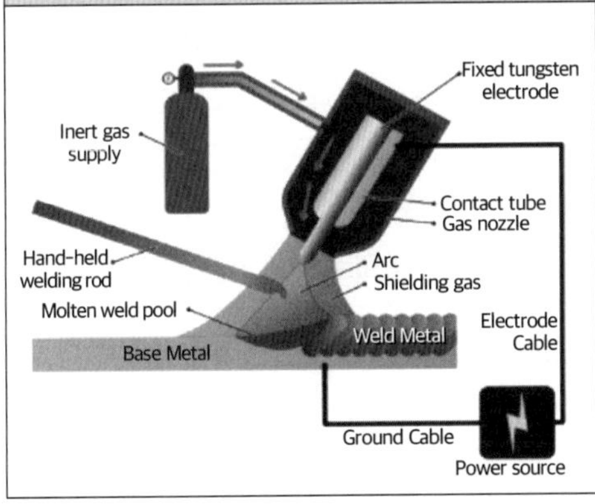	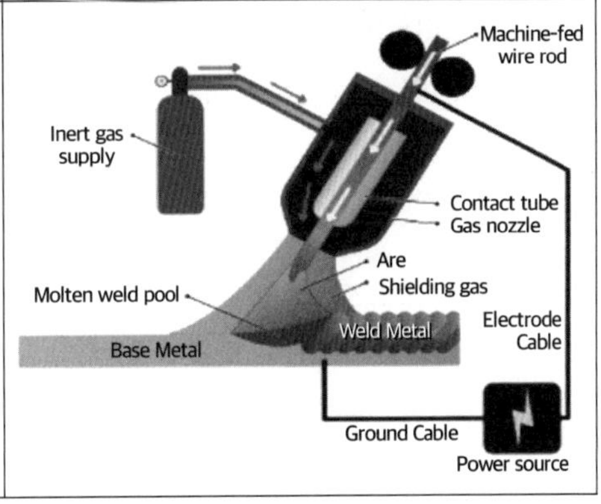

[그림출처] https://www.technoxmachine.com/blog/mig-vs-tig-welding/

□ TIG

○ **(원리)** 비소모식 텅스텐 전극봉을 사용하기 때문에 별도의 용가재 사용이 요구되며, 용접 시 양손을 사용하여야 한다.

○ **(특성)** 아크생성을 위한 전류의 종류에 따라 직류용접과 교류용접으로 구분되며 이에 따라 용접의 특성이 달라진다.

- **(직류)** 전극봉을 '-'로 모재를 '+'로 하는 정극성과 전극봉을 '+'로 모재를 '-'로 하는 역극성으로 구분

정극성	역극성
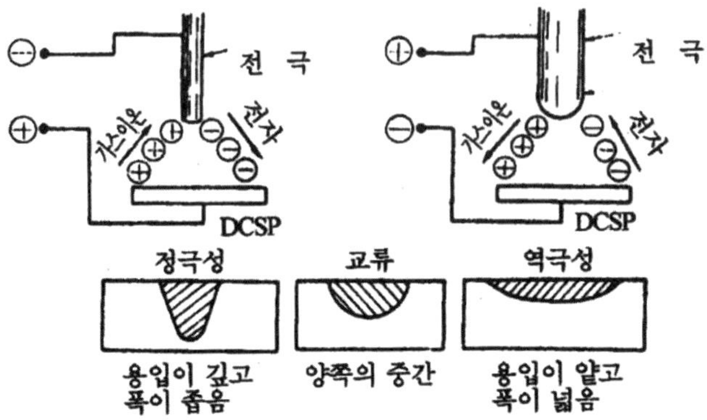	
► 전자는 -극(전극봉)에서 +극(모재)으로 흐르고, 가스이온은 +극에서 -극으로 흐름 ► 전자의 충돌작용에 의해 비드폭이 좁고 용입이 깊은 것이 특징	► 전자는 -극(모재)에서 +극(전극봉)으로 흐르고, 가스이온은 +극에서 -극으로 흐름 ► 전자가 튀어나오는 모재의 범위가 넓어, 열의 집중이 정극성에 비해 낮아 비드폭이 넓고 용입이 얕음 ► 청정작용으로 인해 용접성이 좋아짐

* 청정작용: 가스이온이 모재에 충돌하여 모재표면의 산화물을 제거하는 작용

[그림출처] https://m.blog.naver.com/PostView.naver?isHttpsRedirect=true&blogId=hubis777&logNo=221511142356

- **(교류)** 교류용접은 정극성과 역극성 사이의 용접특성을 가짐

장점	단점
► 전극에 모재 접촉 없이 아크발생 가능 ► 아크가 안정적이여서 아크길이가 길어져도 끊어지지 않음 ► 전극-모재 접촉없이 아크가 발생하여 전극봉 수명이 김 ► 일정지름의 전극으로 광범위한 전류사용가능	► 모재가 '-'극일 때는 수분, 스케일 등으로 전자방출이 힘들고, 전극봉이 '-'극일 때는 다량의 전자방출로 전류가 불평형 하게 됨

○ **(용접장치)** 토치, 제어장치, 용접전원, 정류기 및 아르곤 용기로 구성된다.

< TIG 용접장치 개념도 >

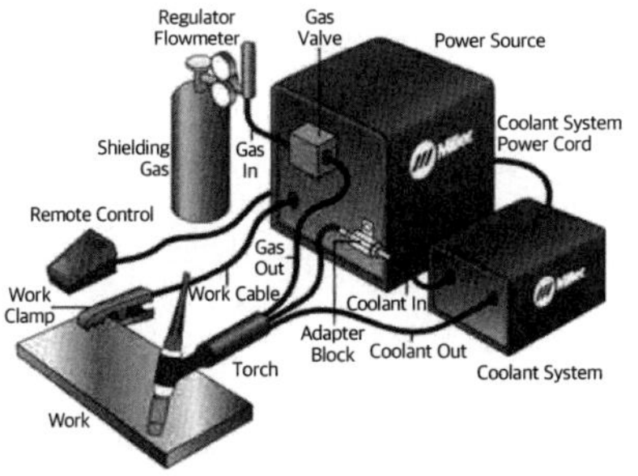

[그림출처] https://www.millerwelds.com/resources/welding-guides/tig-welding-guide/tig-welding-setup

□ MIG

○ **(원리)** TIG용접 대비, 텅스텐 전극대신 나심선의 전극 와이어를 일정한 속도로 토치에 공급하여 와이어와 모재 사이에 아크를 발생시켜 용접하는 방법이다.

○ **(특성)** 직류전원 사용 시 극성에 따른 용입형태가 TIG에 정반대이다.

- **(정극성)** '용융금속의 미세입자(양이온) + 아르곤 양이온'이 모재의 전하와 충돌하여 모재를 가열, 비드폭이 좁고 용입이 깊어짐
- **(역극성)** '아르곤 양이온'과 '모재에서 방사하는 금속양이온'이 전극의 끝단아래에서 충돌, 낙하를 방해하여 비드폭이 넓고 용입이 얕음

○ **(용접장치)** 토치, 제어장치, 용접전원, 와이어 송급장치* 및 자동주행장치(자동주행장치 유무로 전자동식과 반자동식으로 구분)로 구성된다.

* Push type, Pull type, Push & Pull type으로 구분

< MIG 용접장치 개념도 >

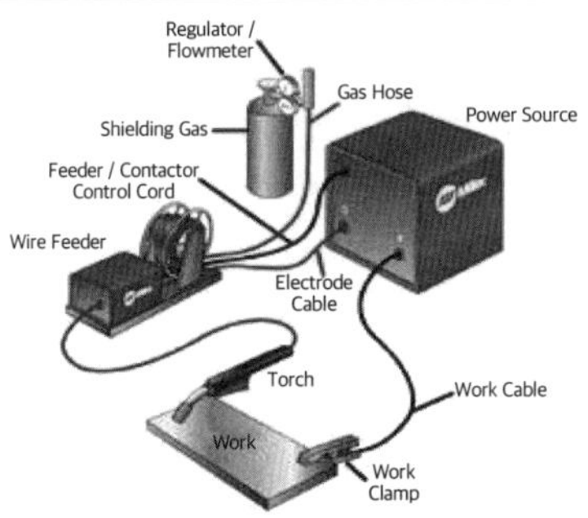

[그림출처] https://studentlesson.com/working-principles-of-mig-welding-its-advantages-and-disadvantages/

2-3-5 탄산가스 아크용접 (부-Ⅰ-7)

□ 개념

○ 연강 용접시 보호가스로 고가의 Ar 또는 He 대신 탄산가스를 사용하는 것이 핵심이며, 화학반응 중 발생하는 일산화탄소를 제거하기 위해 Mn 및 Si를 첨가해야 한다.

< 탄산가스 아크용접의 원리 >

❶ $CO_2 \Leftrightarrow CO + O$: 탄산가스(보호가스)가 아크열에 의해 분해

❷ $Fe + O \Leftrightarrow FeO$: ❶에서 발생한 산소가 Fe와 결합(철의 산화)

$\therefore FeO + C \Leftrightarrow Fe + CO$: 산화철이 탄소와 결합하여 다시 일산화탄소(CO) 생성

► CO로 인해서 다량의 기포가 발생하고 용접부의 상태가 불량해 짐에 따라 Mn과 Si를 첨가하여

❸ $FeO + Mn \Leftrightarrow Fe + MnO$

❹ $2FeO + Si \Leftrightarrow 2Fe + SiO_2$

2-3-6 잠호용접(Submerged Arc Welding, SAW) (부-Ⅰ-7)

□ 개념

○ 용접봉이 공급롤러에 의해 연속적으로 공급됨과 동시에 용제호퍼(Flux hopper)에서 용제가 와이어 바로 앞에 다량으로 공급된다. 용접봉이 용재에 매몰된 상태에서 모재와 아크를 발생시켜 용접하는 방식이다.

○ Flux는 피복아크용접의 피복제와 같은 역할이고, 구(球)의 형태로 된 Flux에 매몰된 상태로 용접이 되기 때문에 아크가 보이지 않아 잠호용점이라 한다.

< 잠호용접의 원리 >

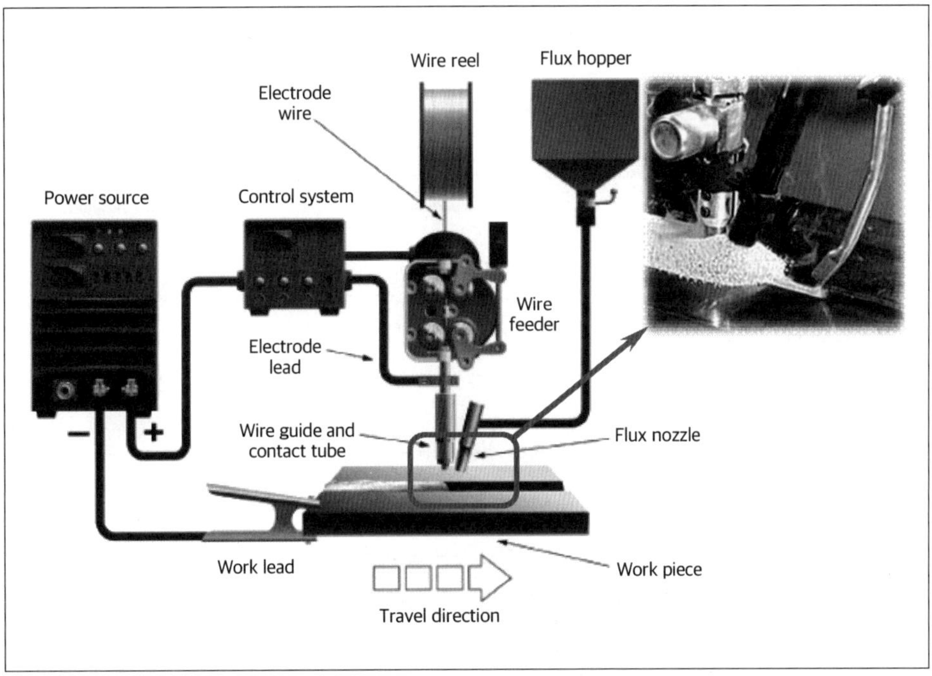

[그림출처] https://www.cwbgroup.org/association/how-it-works/what-submerged-arc-welding-saw
https://weldguru.com/submerged-arc-welding/

2-3-7 스텃용접(Stud welding) (부-Ⅰ-7)

□ 개념

○ 스텃볼트와 같은 봉을 평판 위에 수직용접 하는데 특화된 방법으로 용접건, 스텃용접헤드, 제어장치, 스텃, 페룰* 및 용제 등으로 구성된다.

* 페룰: 세라믹, 도자기 등의 부전도체

< 스텃용접의 원리 >

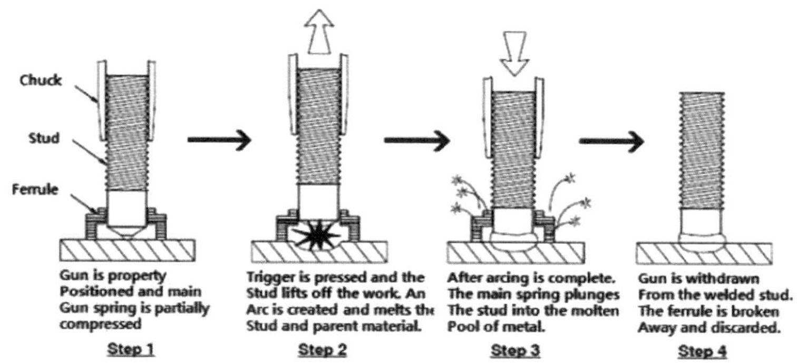

► 용접건의 스텃척에 스텃을 끼우고, 스텃 끝부분에 페롤을 붙인 후 통전 방아쇠를 당기면 전자석이 작동하여 스텃이 약간 들어 올려져 아크를 발생

► 이후, 세팅된 통정시간이 지나면 전자석 작동이 끝나고 내부에 장착된 스프링에 의해 눌러지면서 용접이 마무리 됨

[그림출처] https://www.intechopen.com/chapters/40993

< 스텃용접 사진 >

[그림출처] https://industriacide.com/can-you-improve-the-quality-of-stud-welding/

2-3-8 일렉트로 슬랙 용접(Electro Slag Welding, ESW) (부-Ⅰ-7)

□ 개념

ㅇ 후판 용접에 이용되는 방법으로 아크열이 아닌 전극와이어와 용융슬랙 사이에 통전된 전류의 전기저항열*을 이용한 용접법이다.

* 엄밀히 말하면, 전기저항열이 발생하기 전 미끄럼판과 모재사이에 공급된 가루모양의 용제속으로 통전 시 순간적인 아크가 발생함. 이후 아크열에 의해 용융된 용제 및 전극와이어가 전기저항이 큰 용융슬랙을 형성하여 용접이 지속됨(아크는 소멸)

ㅇ 모재와 전극와이어를 용융시키면서 미끄럼판을 서서히 위쪽으로 이동시켜 주조하는 방식으로 단층상진 용접방식이다.

< ESW 원리 >

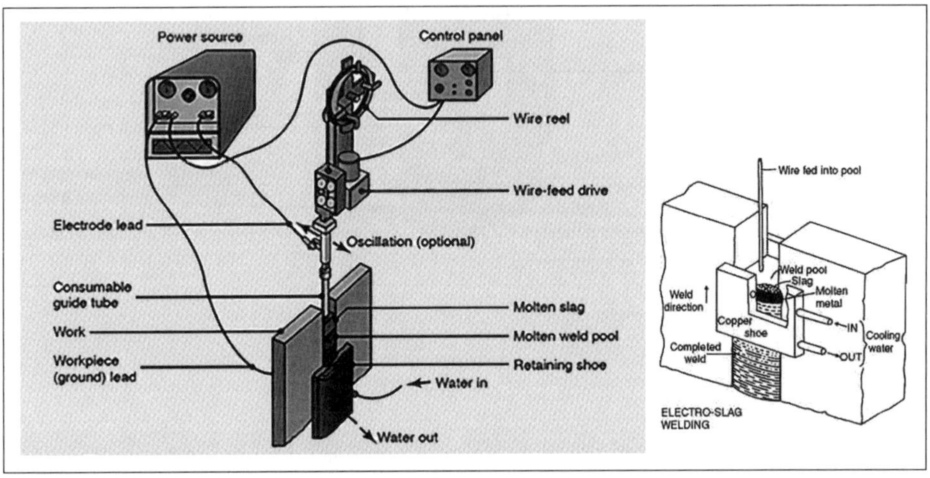

[그림출처] https://www.totalmateria.com/page.aspx?ID=CheckArticle&site=kts&LN=KO&NM=515
https://www.beyonddiscovery.org/ship-construction/other-welding-processes.html

2-3-9 일렉트로 가스 아크용접(Electro Gas Arc Welding, EGW) (부-Ⅰ-7)

□ 개념

ㅇ ESW와 거의 유사하나, ESW는 초기 아크 발생 시 보호가스로 용재를 사용하고, EGW는 보호가스로 탄산가스를 사용한다.

ㅇ 따라서, ESW 대비 탄산가스 공급을 위한 설비가 추가되어야 하는 것이 설비적 특징이다.

< EGW 원리 >

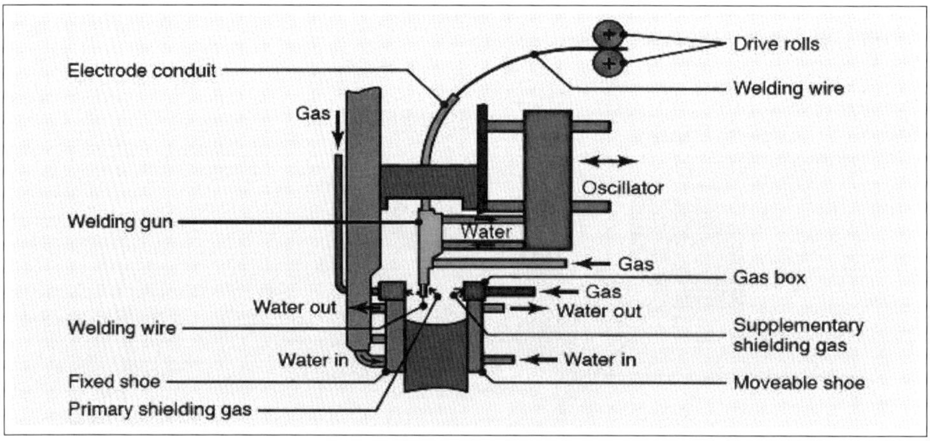

[그림출처] https://mechanicalengineering.blog/electrogas-welding-egw/

< EGW 사진 >

[그림출처] https://tankwelding.com/electrogas-welder-egw-p/

2-3-10 플라즈마 및 레이저 [부-Ⅰ-7]

□ 플라즈마

○ **(원리)** 플라즈마는 고도로 전리된 가스체의 아크로써 이것을 이용한 용접법으로, 선박 건조에 있어 용접보다는 후판 절단에 사용된다.

○ **(종류)** 모재를 +극으로 하여 고온이 발생하는 이행형(플라즈마 아크)을 주로 사용하고, 노즐 자체를 +극으로 하는 비이행형(플라즈마 제트)은 용접에 사용되지 않는다.

이행형	비이행형
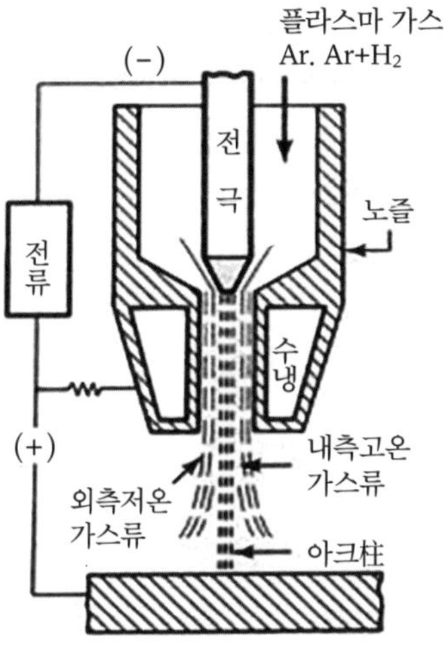	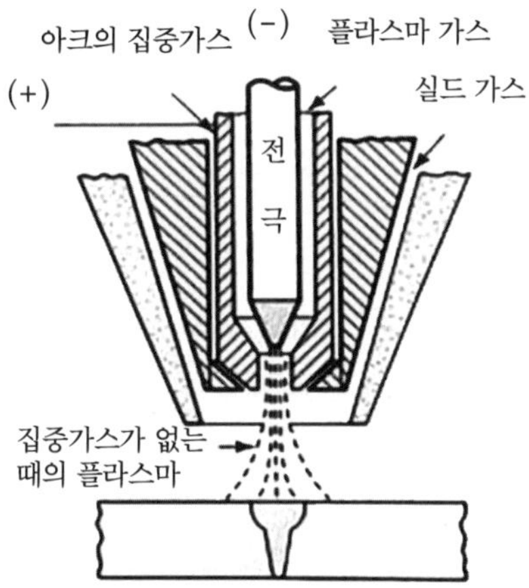

* 실제 플라즈마 용접시에는 용접봉이 필요함 [그림출처] https://blog.daum.net/hubis_777/65

□ 레이저

○ **(원리)** 유도방사 현상을 이용하여 빛을 증폭시켜, 집동성이 강한 단색의 강력한 에너지를 갖는 레이저를 이용한 용접방식이다.

○ **(특성)** 입열량은 플라즈마보다 높으나, 용접 가능한 간극이 좁아 후판을 주로 사용하는 선박에서는 적용하기 어렵다(블록이나 부재를 2mm 간격으로 배치하고 레이저 용접을 실시하기는 현실적으로 곤란).

2-3-11 플라스틱 [부-Ⅰ-7]

□ 핵심원리

○ 플라스틱은 열가소성* 플라스틱과 열경화성** 플라스틱 소재로 구분되며, 열가소성 플라스틱이 용접 가능한 소재이다.

* 열가소성 플라스틱: 열을 가하면 연화 후 용융되며 열 제거 시 고체 상태로 회복

** 열경화성 플라스틱: 열을 가하면 연화 및 용융되지 않고, 분해(연소)되며 열원을 제거하여도 원래의 고체 상태로 회복하지 않음

○ 열경화성 플라스틱은 용접이 아닌 기계적 접합방식(리벳, 볼트 & 너트 및 본딩 등)을 적용한다.

□ 기술동향

○ 현재의 선박 소재는 나무, 금속 및 플라스틱이 사용되고 있다.

- **(나무)** 주로 전통선 복원이나 일부 어선에 적용
- **(금속)** 강선과 알루미늄선으로 구분되며, 강선은 소형선에서 대형선까지 폭넓게 적용되며 알루미늄선은 주로 소형경구조선에 사용
- **(플라스틱)** 엄밀히 말하면 플라스틱은 아니지만 대부분의 소형선에 적용되는 FRP가 있으며, 최근 터키 및 호주 등을 중심으로 HDPE*소재를 이용한 선박이 건조되며, 국내에서 레저선으로 건조 된 사례가 있음

* HDPE(High Density Polyethylene): 고밀도 폴리에틸렌

○ 실제 플라스틱 용접과 관련된 것은 HDPE이며, 플라스틱은 금형 또는 3D프린트 방식 등으로 건조가능하나, 3D프린트 방식 등은 대규모 설비 투자가 요구되어 플라스틱 용접을 통한 건조가 선호된다.

HDPE 소재 예시사진	HDPE 용접기
	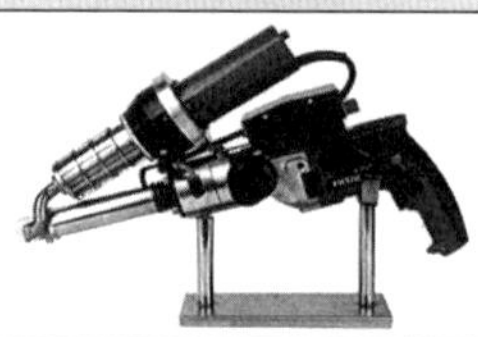

[그림출처] https://www.plasticstoday.com/packaging/scientific-tests-prove-hdpe-can-be-recycled-least-10-times
https://www.amazon.com/Professional-1600W-Welding-Vinyl-Floor/dp/B01AUIWRK2

○ HDPE는 열가소성 소재로 재활용이 가능하고, 취성이 낮으며, 물보다 밀도가 낮아 선박소재로 장점이 있다. 다만, 열 및 자외선에 취약하며 경도가 낮은 것이 단점이다.

< 선박 소재별 물성치 비교 >

구분	기준	FRP	PE	강	알루미늄	비고 (>의 좌측일수록 좋음)
건조	밀도 (g/cm^2)·	2.61	0.96	7.85	2.66	부피당 질량으로 가벼운 정도의 척도 강 > 알루미늄 > FRP > PE
	녹는점 및 발화온도 (℃)	415~437 (발화 온도)	130 (녹는점)	1500 (녹는점)	570 (녹는점)	화재의 취약성을 나타내는 척도 (FRP는 열경화성수지로 가열시 녹지 않고 불에 탐) 강 > 알루미늄 > FRP > PE
	UV protection	나쁨	매우 좋음	매우 좋음	매우 좋음	자외선 손상에 견디는 정도 강, 알루미늄, PE > FRP
	부식 등 해수반응도	매우 나쁨	매우 좋음	매우 나쁨	매우 나쁨	해수로 인한 부식이나 화학적 반응에 대한 정도 PE > 강, 알루미늄, FRP
	항복강도 (N/mm^2)	141	21~27	235	122	동일 규격(두께)일 때 강도 강 > 알루미늄 > PE > FRP
운용	선체중량	보통	아주 좋음	나쁨	좋음	건조시 선체무게의 경향 PE > 알루미늄 > FRP > 강
	화물적재량	보통	좋음	좋음	아주 좋음	밀도 및 항복강도를 감안한 화물적재량 경향 알루미늄 > 강, PE > FRP
	마력대비 효율	보통	아주 좋음	나쁨	좋음	선체중량을 고려한 효율(마력) 경향 PE > 알루미늄 > FRP > 강
	유지보수	매우 좋음	매우 나쁨	보통	나쁨	재질특성, 국내 용접사 및 설비현황을 고려한 경향 FRP > 강 > 알루미늄 > PE
환경	재활용 가능성	매우 나쁨	매우 좋음	매우 좋음	매우 좋음	선체재질의 재활용 가능성 (FRP는 열경화성수지로 열을 가하면 녹지 않고 산화됨) 강, 알루미늄, PE > FRP
	미세 플라스틱 발생여부	매우 나쁨	나쁨	매우 좋음	매우 좋음	재활용, 유지보수 및 부식 등의 특성을 고려한 경향 강, 알루미늄 > PE > FRP

2-3-12 테르밋 용접 (부-Ⅰ-7)

□ 개념

○ 실제 선박건조에 사용되는 용접법은 아니나, 용접방식의 특수성을 감안하여 간단히 살펴보면 다음과 같다.

○ 테르밋 반응*을 이용하여 용융금속을 만들고 도가니를 이용한 주형을 통해 용접부에 주입 및 용착시켜 용접하는 방식이다.

* 미세한 알루미늄가루(3~4)와 산화철(1)의 중량비로 혼합한 '테르밋 제'에 과산화바륨과 마그네슘 혼합 분말로 된 '점화제'를 넣고 점화하면, 테르밋 반응으로 2,800℃의 고온 발생

< 테르밋 용접 개념도 >

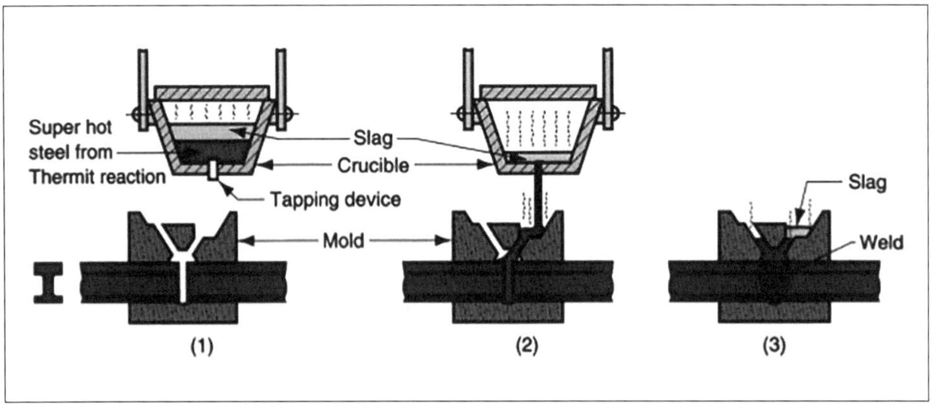

[그림출처] https://www.unknowtoknow.com/2021/06/thermit-welding.html

2-3-13 압접(마찰용접 및 점용접) (부- I -7)

□ 압접의 개념

○ 고체상태로 된 2개의 금속을 접촉시키고 경계면에 수직으로 압력을 주어 접착하는 방식이며, 압접촉진을 위해 '마찰' 또는 '폭발적인 충격력'을 가한다.

□ 마찰용접

○ 각 금속이 접촉된 면을 고속으로 회전하여 마찰열을 발생시키고 압력을 가하여 용접하는 방식이다.

○ 용접대상 중 한쪽은 고정하고, 다른 쪽은 가압접촉 및 회전에 의해 마찰열이 급격히 상승하여 용융되면(압접온도 도달 시) 회전정지 후 가압하여 압접을 완료하는 방식이다.

□ 점용접

○ 2개 이상의 금속을 접촉시켜 전류를 통하게 하면, 접촉된 압력부에 저항층이 발생하여 발열에 의한 금속의 용융이 발생하는데, 이러한 특성을 이용하여 압력부의 각 point(점)를 용접하는 방식이다.

○ 용접대상의 특정 point에 접촉 및 압력을 가한 상태에서 통전하여 용융 후, 상하 전극으로 압력을 가하여 용접부를 밀착하고 최종적으로 전류를 제거하여 용접을 완료한다.

< 점용접 원리 >

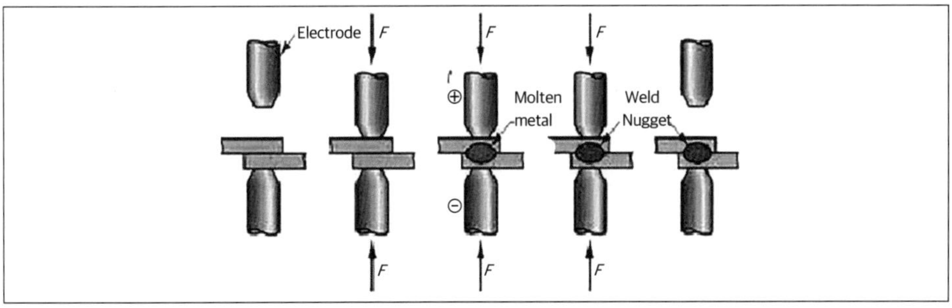

* 접합면이 일부 녹아 바둑돌 모양의 단면을 형성 하게 되는데 이를 너깃(Nugget)이라 함

[그림출처] https://www.researchgate.net/figure/Schematic-of-resistance-spot-welding-process_fig1_317175188

2-3-14 납땜 [부-Ⅰ-7]

□ 개념

○ **(원리)** 접합하려고 하는 금속을 용융시키지 않고, 용접대상 금속사이에 융점이 낮은 다른 금속(땜납, Solder)을 첨가하여 접합하는 방식이다.

- 대부분 땜납과 용접금속간 경계층은 불균일한 합금층으로 복잡한 상태가 되며, 합금층의 성질에 의해 납땜부 성능이 결정

○ **(특성)** 납땜은 분자간의 인장력에 의한 결합으로 본드결합이라고도 하며, 이 결합을 만족시키기 위해 피접착 금속의 온도를 특정온도까지 가열하는 것이 필요한데 이 온도를 본드온도라고 한다.

○ **(종류)** 땜납의 융점이 450℃ 이하일 때 연납땜(Soldering), 450℃ 이상일 때 경납땜(Brazing)이라고 하며, 각각 연납 및 경납을 사용한다.

2-3-15 절단 (부-Ⅰ-7)

□ 개념

○ **(목적)** 절단은 용접대상물을 적절한 형상 및 크기 등으로 만들기 위해 용접에 수반되는 작업이다.

○ **(종류)** 절단의 종류는 가스절단 및 아크절단을 중심으로 다음과 같이 구분 할 수 있다.

< 절단의 종류 >

- 절단
  - 가스절단
    - **가스절단**
    - **가스가공**
      - **가우징**
      - **스카핑**
    - **분말절단**
  - 아크절단
    - 탄소아크절단
    - 금속아크절단
    - **산소아크절단**
    - 불활성가스 아크절단
      - MIG절단
      - TIG절단
    - **플라즈마 제트 절단**
  - 기계식 절단
  - 워터젯 절단
  - 레이저 절단

*** 굵은 글씨는 선박 건조시 사용 빈도가 높음**

□ 가스절단

○ 강철을 800~1,000℃로 예열 후, 토치*에서 순도 높은 산소를 분사시키면 급격한 연소작용으로 강철은 산화된다. 이때 산소의 분출력에 의해 산화철이 밀려나 홈이 발생 하고, 이러한 과정을 반복하여 절단한다.

* 토치에서 예열용 혼합가스(아세틸렌 등) 및 산소를 분출

< 가스절단시 고려사항 >

❶ 산소순도와 소비량 ❷ 절단속도와 효율 ❸ 절단면 외관과 드래그	❹ 강판의 예열온도와 예열불꽃 ❺ 토치 팁의 형상

※ 절단속도는 토치의 이동속도에 의해 결정되며, 절단 홈의 하단으로 갈수록 슬랙의 방해, 산소오염 및 절단산소 속도 저하 등으로 산화적용 및 절단이 느려짐에 따라 절단면은 일정한 간격으로 평행한 곡선인 드래그 선(Drag line)이 나타남. 드래그 선의 처음과 마지막의 거리를 드래그 또는 드래그 길이라 함

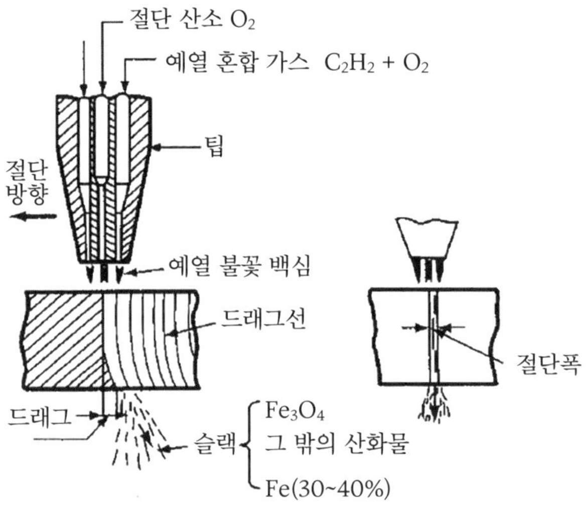

[그림출처: 엄기원, 「최신용접공학」, 동명사, 2010, 152쪽]

□ 아크절단

○ **(원리)** 아크열을 이용하여 금속을 녹여서 자르는 절단법이다.

○ **(특성)** 가스절단은 혼합가스로 연소 후 산소 분출압력으로 불어내는 절단법인데 반해 아크절단은 아크열로 녹이는 점이 다르다.

* 아크절단 중 산소아크절단 및 플라즈마 아크절단이 많이 사용됨

□ 산소아크절단

○ **(원리)** 전극봉과 모재사이에서 아크를 발생시켜 모재를 가열하고, 절단산소를 불어 내어 절단하는 방법이다.

○ **(특성)** 선박 건조 시 주로 가스절단을 많이 사용하지만 비철금속은 산소 아크절단이 사용된다.

□ 플라즈마 아크절단

○ **(원리)** 아크 플라즈마* 성질을 이용한 절단법이다.

* 특정 기체를 가열하여 온도가 상승되면 기체원자의 운동이 활성화 되어 기체원자가 '원자핵과 전자로 분리'된 상태를 말하며, 고체, 액체 및 기체 외의 제4의 물리상태라고도 함

○ **(특성)** 플라즈마 제트 절단(비이행형)은 모재에 전기적 접촉을 요구하지 않기 때문에 비금속 절단에 사용가능하며, 선박 건조 시에는 극후판 절단 시 사용된다.

□ 가스가공

○ **(목적)** 불꽃을 이용하여 금속표면에 홈을 파거나 표면을 깎아 내는 공작법을 말하며 결함, 균열 및 얼룩 등의 제거를 목적으로 한다.

○ **(원리)** 가스절단과 원리는 동일하나 적용목적에 따라 구분된다.

○ **(특성)** 제거하고 싶은 부분을 가스절단기를 이용하여 불어서 제거하는 방식을 가우징(Gauging, 가스따내기)이라 하고, 같은 원리로 녹여서 제거하는 방법을 스카핑*(Scarfing)이라 한다.

* 열간 스카핑(Hot Scarfing): 압연 중 1,000℃ 전후 가열된 강재를 스카핑 한 경우 / 냉간 스카핑(Cold Scarfing): 압연 후 냉각 된 상태에서 강재를 스카핑 한 경우

2-3-16 용접설계 (부-Ⅰ-7)

□ 개념

○ **(목적)** 선체건조는 판재와 형강재 접합을 통해 이루어지며, 구조강도 측면의 안전성 확보를 위해 접합부분은 각 판재와 형강재의 강도와 동일 수준으로 유지할 수 있어야 한다.

○ **(적용)** 특히, 현재 강선(또는 알루미늄)의 접합방식은 용접으로 (과거에는 리벳을 적용) 용접부 자체의 설계 및 강도계산이 요구된다.

□ 용접기호 및 표기법

○ **(기호)** 용접의 시공정보를 도면 등을 통해 정확히 전달하기 위해 용접종류, 용접부 형상, 표면형상 및 마감방법 등을 기호로 규정한다.

< 용접 기호 >

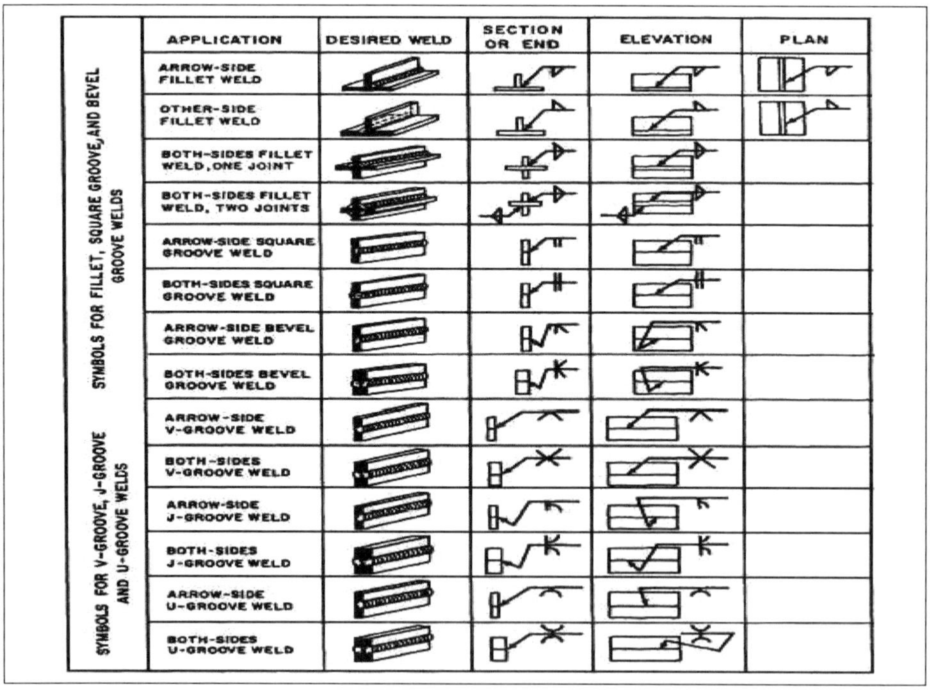

[그림출처] https://community.ptc.com/t5/3D-Part-Assembly-Design/Welding-symbol/m-p/296117

ㅇ **(표기법)** 용접기호를 어떻게 조합하여 최종적인 용접정보를 전달할지에 대해 표기법을 규정하여 통일하고 있다.

< 용접기호 표기법: 개념 >

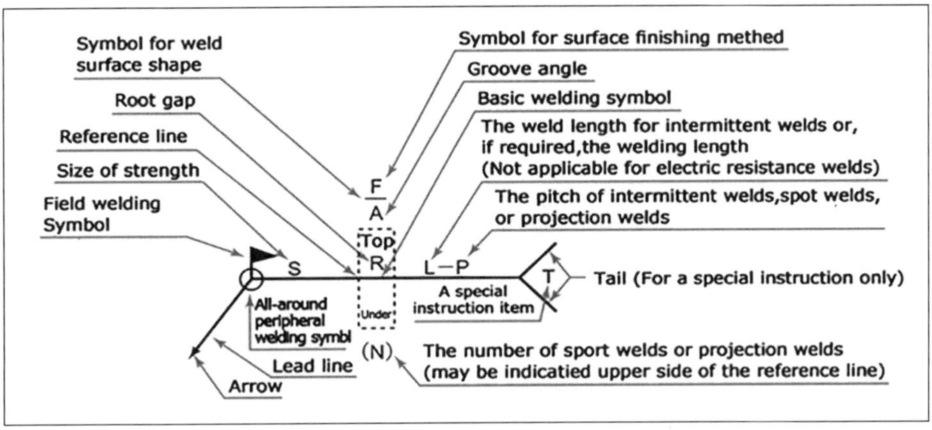

[그림출처] https://www.kobelco-welding.jp/education-center/references/references02.html

□ 설계시 고려사항

ㅇ 용접부의 구조, 판두께, 용접법 등에 따라서 용접이음을 선택해야 하며, 공정수, 시간, 용접시공법 및 하중의 형태에 따른 검토가 필요하다.

< 용접이음 설계시 주의사항 >

❶ 가능한 한 아래보기 용접이 많도록 함
(아래보기 자세는 용접시 가장 효율적인 자세로 아래보기가 많을수록 전체 공정의 효율 증가)

❷ 용접작업에 지장을 주지 않도록 충분한 공간을 두어야 함
(선박건조시 협소한 공간이 발생하여 용접이 곤란하지 않도록 충분한 공간을 확보하거나, 용접순서를 조정하여 협소한 공간이 발생하기 전에 해당개소를 용접할 수 있도록 할 필요)

❸ 맞대기 용접에는 뒷면용접과 이판용접을 할 수 있도록 하여 용입부족이 없도록 함
(용접 초기의 비드에는 결함이 발생할 수 있기 때문에, 맞대기 용접시 용접부 반대편에 가우징 후 용접을 할 수 있도록 고려하여야 함)

❹ 필렛용접은 가능한 한 피하고 맞대기 용접을 실시
(필렛용접은 용접부 각목만이 구조강도상 성능을 발휘할 수 있기 때문에, 가능한 한 맞대기 용접이 많도록 하여 구조적 안전성이 확보 될 수 있도록 고려할 필요)

❺ 판두께가 다를 경우, 적절한 테이퍼를 줌(통상 경사를 1:3으로 적용)

(선박은 구역별 하중에 따라 판두께를 달리 적용하며, 해당 개소의 응력흐름이 원활하도록 하여 구조적 안전성을 확보하기 위해서는 적절한 테이퍼 시공이 요구)

❻ 용접이음이 한쪽으로 집중되지 않도록 함

(용접이음이 집중된 경우, 용접으로 인한 변형 및 잔류응력이 발생하여 용접품질의 저하 발생)

❼ 용접선이 교차되지 않도록 하고, 불가피한 경우 아치형 설계를 적용

(용접이음이 겹치는 경우, 용접으로 인한 변형 및 잔류응력이 발생하여 용접품질 저하 발생)

❽ 용접후 용접부의 운영에 따른 인장강도, 충격, 반복하중 및 저온을 고려

(기본적으로 인장강도를 고려하여 구조적 안전성을 확보하고, 정적하중에 비해 과도한 하중이 발생하는 충격하중을 대비하며, 피로파괴 및 취성파괴를 피할 수 있는 설계가 필요함)

∴ 용접부 아치형 설계

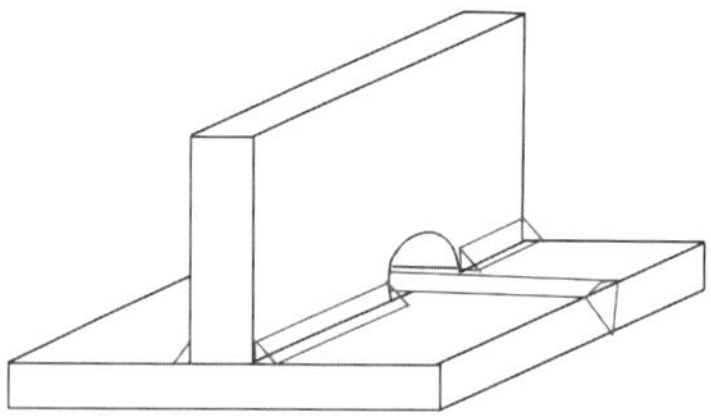

□ 용접부 강도계산

○ **(원리)** 용접부의 강도계산은 용접결함이 없다는 가정 하에 구조강도 계산방법*과 동일하게 적용된다. 다만, 강도 계산 시 외력에 저항하는 용접부의 두께 등에 대한 치수를 어떻게 적용하는지가 핵심이다.

* 가장 간단한 구조강도 계산은 재료역학에서 정의하는, 봉, 기둥, 축 및 보로 가정하고 각 요소에 작용하는 하중에 따라 발생하는 응력**과 변형률을 계산하여 허용치 만족여부를 평가

** 응력은 하중의 형태에 따라 압축, 인장, 전단, 굽힘 및 중첩을 고려하여 각각을 평가하거나, Von-mises 평가방법을 사용하여 종합적인 평가를 하기도 함

- **(맞대기용접)** 용접이음의 형상을 크게 맞대기와 필렛으로 구분하면, 맞대기는 완전용입을 전제로 얇은 판의 모재두께를 강도계산시 적용

- **(필렛용접)** 필렛은 완전용입일 때 얇은판의 모재두께로 하고, 부분용입 일 경우, 가장 얇은 각목을 강도계산시 적용

* 맞대기 이음과 필렛 이음에서 용접부가 비드로 인해 볼록한 형태라 하더라도, 방어적인 설계를 위해 볼록한 부분은 무시함

○ **(계산식)** 용접부 강도계산에 대한 예시는 아래와 같다.

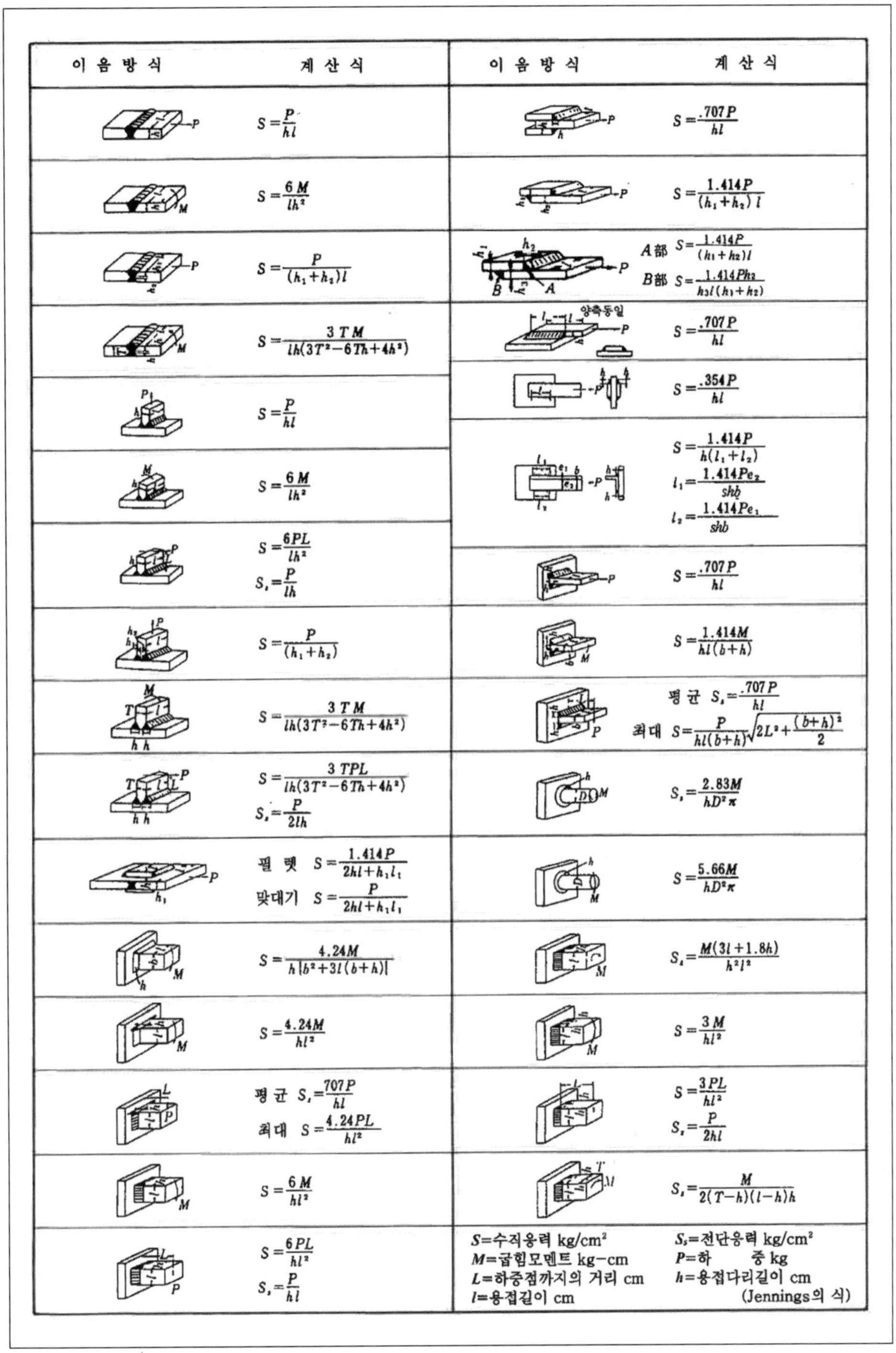

이 음 방 식	계 산 식	이 음 방 식	계 산 식
	$S=\frac{P}{hl}$		$S=\frac{.707P}{hl}$
	$S=\frac{6M}{lh^2}$		$S=\frac{1.414P}{(h_1+h_2)l}$
	$S=\frac{P}{(h_1+h_2)l}$		A部 $S=\frac{1.414P}{(h_1+h_2)l}$ B部 $S=\frac{1.414Ph_2}{h_3l(h_1+h_2)}$
	$S=\frac{3TM}{lh(3T^2-6Th+4h^2)}$	양측동일	$S=\frac{.707P}{hl}$
	$S=\frac{P}{hl}$		$S=\frac{.354P}{hl}$
	$S=\frac{6M}{lh^2}$		$S=\frac{1.414P}{h(l_1+l_2)}$ $l_1=\frac{1.414Pe_2}{shb}$ $l_2=\frac{1.414Pe_1}{shb}$
	$S=\frac{6PL}{lh^2}$ $S_s=\frac{P}{lh}$		$S=\frac{.707P}{hl}$
	$S=\frac{P}{(h_1+h_2)}$		$S=\frac{1.414M}{hl(b+h)}$
	$S=\frac{3TM}{lh(3T^2-6Th+4h^2)}$		평균 $S_s=\frac{.707P}{hl}$ 최대 $S=\frac{P}{hl(b+h)}\sqrt{2L^2+\frac{(b+h)^2}{2}}$
	$S=\frac{3TPL}{lh(3T^2-6Th+4h^2)}$ $S_s=\frac{P}{2lh}$		$S_s=\frac{2.83M}{hD^2\pi}$
	필렛 $S=\frac{1.414P}{2hl+h_1l_1}$ 맞대기 $S=\frac{P}{2hl+h_1l_1}$		$S=\frac{5.66M}{hD^2\pi}$
	$S=\frac{4.24M}{h[b^2+3l(b+h)]}$		$S_s=\frac{M(3l+1.8h)}{h^2l^2}$
	$S=\frac{4.24M}{hl^2}$		$S=\frac{3M}{hl^2}$
	평균 $S_s=\frac{.707P}{hl}$ 최대 $S=\frac{4.24PL}{hl^2}$		$S=\frac{3PL}{hl^2}$ $S_s=\frac{P}{2hl}$
	$S=\frac{6M}{hl^2}$		$S_s=\frac{M}{2(T-h)(l-h)h}$
	$S=\frac{6PL}{hl^2}$ $S_s=\frac{P}{hl}$	S=수직응력 kg/cm² M=굽힘모멘트 kg−cm L=하중점까지의 거리 cm l=용접길이 cm	S_s=전단응력 kg/cm² P=하 중 kg h=용접다리길이 cm (Jennings의 식)

[그림출처: 오구리 후지호 & 오구리 타쯔오 (2013) 기계도표편람(개신증보 5판), 대광서림 12a-8쪽]

2-3-17 용접부의 역학적 성질 [부-Ⅰ-7]

□ 개념

○ **(목적)** 용접부는 용융 후 응고하는 과정에 따라 입자의 크기와 조성 등이 변화하며 이에 따라 역학적 성질이 달라지기 때문에 역학적 성질의 개념과 용접부의 특성을 이해할 필요가 있다.

○ **(역학적 성질)** 용접부와 관련한 주요 역학적 성질은 다음과 같다.

> ❶ 강도: 외력이 발생했을 때, 이에 저항하는 정도(응력-변형률 선도상의 y값)
> ❷ 강성: 단위하중에 대해 변형에 저항하는 정도(응력-변형률 선도상의 기울기)
> ❸ 연성: 재료가 항복 후 파괴되지 않고 변형되는 능력
> ❹ 취성: 재료가 파괴조짐을 보이지 않고 갑작스럽게 파괴되는 성질
> ❺ 인성: 재료의 변형 수용능력으로 파괴에 저항하는 정도
> ❻ 파괴: 2개 또는 그 이상의 조각으로 쪼개어 지는 것
> ※ Failure: ①Deformation(변형 또는 우그러지는 것), ②Fracture(파괴)로 구분

□ 용접부 특성

○ **(열영향부의 경화)** 용접시 열영향부*에 급냉 시 따라 강도는 높아지나 연성이 감소하여 경화부에 균열이 발생하기 쉽다.

* HAZ(Heat-Affected Zone): 열 영향부

○ **(용접 본드 취화)** 모재와 용착금속의 경계인 본드부에 결정입자가 커지고, 인성이 열화되며 용접끝단에 응력집중으로 파괴의 기점이 된다.

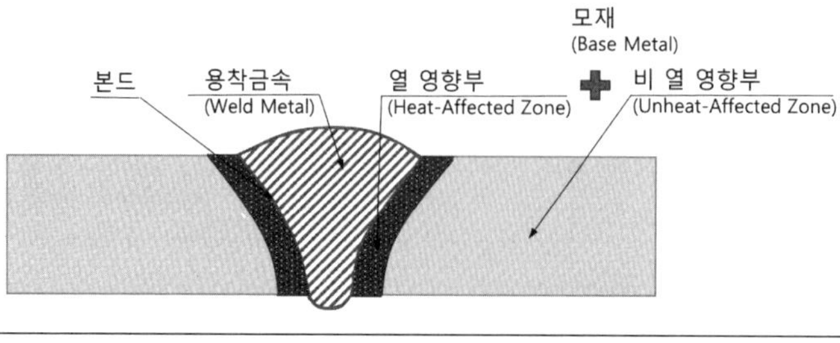

○ **(연화영역)** 용접시 모재의 변태점에서 약간 낮은 온도로 가열된 영역으로 모재보다 강도가 저하되는 영역이다.

○ **(취화영역)** 변태점 부근 혹은 그 이하의 온도에서 가열되어진 영역에서 인성이 변화하고, 변태점 이하 200~400℃에서 가열된 영역에서 취화된다.

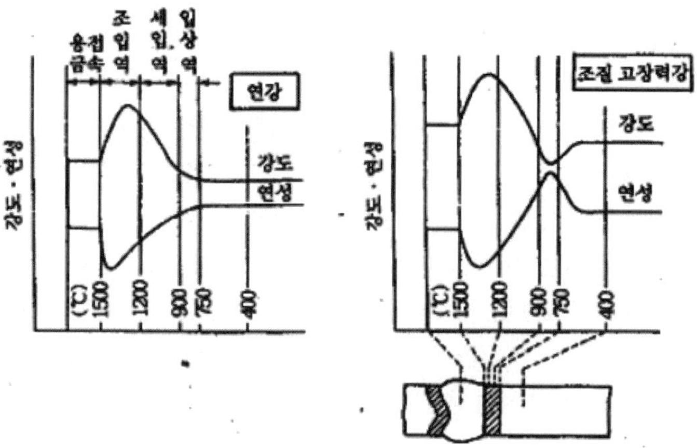

< 용접부의 강도 및 연성 분포 >

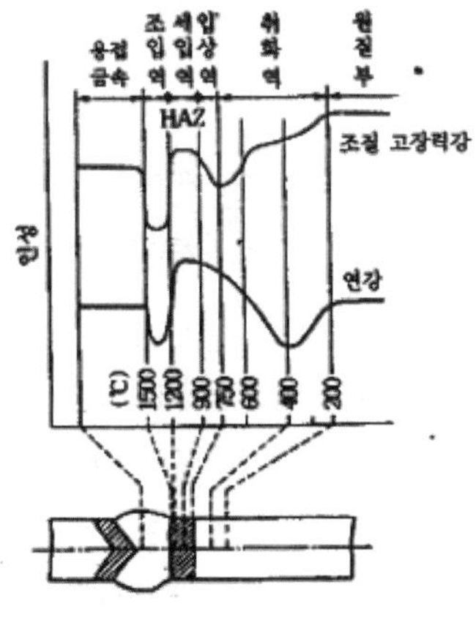

< 용접부의 인성 분포 >

[그림출처: 엄기원, 「최신용접공학」, 동명사, 2010, 250쪽]

2-3-18 용접응력과 용접변형 (부-Ⅰ-7)

□ 개념

○ 용접 시 용접부 부근은 온도상승으로 인해 팽창하고, 이후 냉각 시 수축됨. 이에, 용접 후 용접구조물은 수축 또는 굽힘 등의 변형이 발생하고, 구조물이 구속된 경우 내부에 응력이 잔류한다.

< 용접변형 및 용접응력 발생원인 >

❶ 용융금속의 응고 시 열전달에 의한 모재의 열팽창 ❷ 용접 열사이클 과정에서 용접부 부근의 모재에 생기는 소성변형 ❸ 용착금속이 응고 후 실온으로 냉각되는 과정에서 발생하는 수축 및 소성변형 → 용접부가 실온까지 냉각되었을 때, 상기 요인에 의해 용접부 및 용접부 부근에 대한 각각의 변형정도가 달라 용접변형 및 용접잔류응력이 발생

□ 용접응력

○ 용접응력은 외력 없이 용접에 의해 용접구조물에 발생하는 응력을 말한다.

용접응력 = 용접잔류응력 + 용접과도응력 ❶ 용접잔류응력: 용접에 의해 냉각 후 용접구조물에 잔류하는 응력 (선박건조시 대부분의 용접응력은 용접잔류응력을 의미) ❷ 용접과도응력: 용접 및 냉각이 과도한 상태에서 생기는 응력 ※ 구속응력: 부재의 구속과 용접변형에 의해 발생하는 응력 고유응력: 외력이 존재하지 않는 상태에서 물체에 존재하는 응력 → 상황에 따라 잔류응력 = 구속응력 = 고유응력이 가능

□ 용접변형

ㅇ 용접변형이란 용접에 의해 발생하는 부재의 수축, 굽힘 및 뒤틀림을 의미하며, 용접이음 방식과 주요변형 형식에 따라 구분된다.

구분	종류	특징
면내 변형	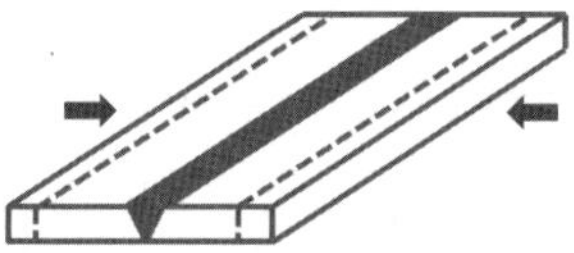 횡수축	▸ 용접방향(용접선)과 직각인 수축
	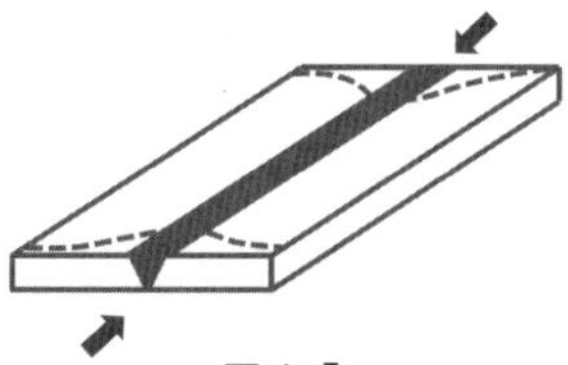 종수축	▸ 용접방향(용접선)과 평행한 수축
	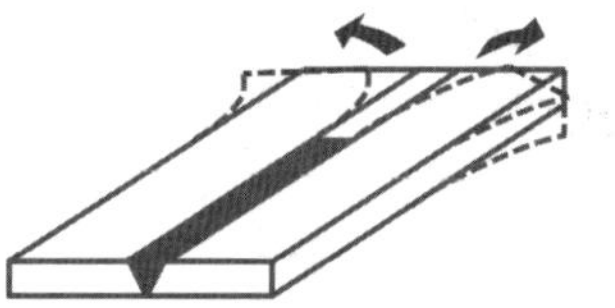 회전변형	▸ 용접홈이 벌어지거나 좁아지는 변형
면외 변형	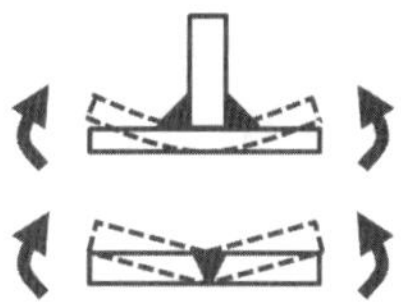 각변형	▸ 용접부를 기점으로 발생하는 판의 각변형
	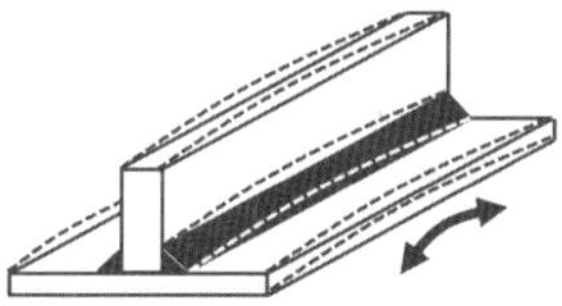 종방향 굽힘변형	▸ 용접방향을 따라 발생하는 길이방향 굽힘변형
	좌굴변형	▸ 용접에 따라 발생하는 면에 수직한 대변형

□ 제어방법

○ **(개념)** 변형을 완전히 교정하는 것은 일반적으로 곤란하기 때문에 용접변형이 최소화되도록 용접해야 하나, 수축변형을 억제하면 잔류응력이 발생하고 동시에 다른 쪽에 변형이 증가된다.

- 따라서 강도상 중요 부재는 잔류응력 경감에 중점을 두고, 그렇지 않은 부재는 변형방지를 목표로 해야 함

< 용접변형 방지를 위한 일반적인 원칙 >

❶ 가능한 한 용착량을 줄임(단, 강도상 요구되는 각목 등은 반드시 만족) ❷ 용착법에 주의하여 적절한 방법을 적용(대칭법, 후퇴법, 비속법 등 이용) ❸ 도면에 따른 용접순서를 정확하게 이행 ❹ 적합한 용접봉을 선택하고, 용접층수를 고려하여 적절한 용접속도로 용접 ❺ 용접부의 자중에 의한 처짐변형 방지에 주의

○ **(변형방지)** 수축변형은 앞선 원칙에 따라 방지하도록 하고, 굽힘변형은 다음의 방법에 따라 예방한다.

맞대기 이음	필렛 이음
❶ 스트롱 백에 의한 구속 : 용접선 위 일정한 간격으로 스트롱백을 가용접하여 각변형을 방지 ❷ 주변 고착법 : 강판 및 용접부 주변을 지그로 고정 ❸ 역변형법 : 미리 이음부에 역변형을 주는 방법	❶ 소성역변형법 ❷ 탄성역변형법 ❸ 주변고착법 ❹ 가보강법 ❺ 용접보류 ❻ 포지셔너법 : 아래보기 조건을 만들어 용접속도를 높이는 방법 ❼ 원패스 용접(One-Pass welding) : 한 번에 용접하여 변형량을 감소

○ **(변형제거)** 일반적으로 인장력이 걸린 부분에는 롤러, 피닝을 이용하여 이완하고, 압축력이 걸린 부분에는 선상가열, 점가열 등을 통해 수축할 수 있도록 조치한다.

< 변형제거 방법 >

❶ 피닝(Peening): 용접부 및 열영향부에 연속적인 작은 타격을 주어 소성변형을 통한 이완으로 변형을 제거(약 100~200℃ 사이에서 실시) ❷ 선상가열: 산소-아세틸렌 불꽃으로 가열 후 급냉(수냉)하여 교정하며 필요에 따라 수냉시 해머링(Hammering), 잡아당기기 등 병행 ❸ 기계적 방법: 유압기기 등을 이용하여 소성변형을 줌으로써 교정하는 방법

2-3-19 용접부 검사 (부-Ⅰ-7)

□ 개념

○ **(목적)** 용접부는 결함이 발생할 수 있으며, 결함 존재 시 용접부 성능 저하 또는 구조물 파괴로 이어질 수 있어 용접부 검사를 실시한다.

○ **(원리)** 용접부 검사는 비파괴검사와 파괴검사로 구분할 수 있으며, 용접부 특성 및 검사하고자 하는 결함의 종류에 따라 적용된다.

< 검사종류 >

- Examination & Test
  - Non-destructive
    - **Visual Inspection**
    - **Radiographic Test (RT)**
    - **Ultrasonic Test (UT)**
    - **Magnetic Particle Test(MT)**
    - **Penetration Test(PT)**
  - Destructive
    - Yield / Tensile Test
    - Hardness Test
    - Impact Test (Charpy Impact Test)
    - Bend Test
    - Corrosion Test

□ 용접부 결함

○ 용접부 결함은 다음과 같은 유형으로 분류된다.

❶ 기공(Porosity): 용접시 용착금속 내에 잔류한 가스에 의해 공동 발생
❷ 슬랙잠입(Slag Inclusion): 용착금속 내에 슬랙이 존재
❸ 융합부족(Lack of Fusion): 용착금속과 모재가 융합되지 않아 불연속 부분이 존재
❹ 용입부족(Lack of Penetration): 용접부가 잘 용융되지 않고 홈의 일부가 그대로 남아 있는 상태
❺ 균열(Crack): 용접부내 균열이 있는 현상
→ 용접부 내에 공간 또는 용착금속이 아닌 이물질이 섞여 있거나 용착상태가 양호하지 못한 경우 해당 부분만큼 강도의 손실을 야기하고, 용접구조물의 운용에 따른 하중 발생시 해당부분을 기점으로 손상이 시작될 수 있음

□ 용접부 검사

○ **(개념)** 용접부 검사에 있어 WPS*작성 등을 위한 실험적 성격을 제외하면, 실제 구조물은 제작 시 용접 후 바로 사용되기 때문에 비파괴검사를 통한 용접부 검사가 사실상 실효적인 방법이다.

* WPS(Welding Procedure Specification): 용접절차서(용접시방서)로써 재질, 두께 및 이음형식에 따라 예열온도, 용접법 및 후처리 방식 등에 대해 규정. 통상 조선소 마다 표준을 가지고 각 호선별로 선주 및 선급에 승인을 받음

- 따라서, 선박 건조 시 사용되는 주요 비파괴검사방법을 살펴보고, 파괴검사방법에 대한 상세한 자료를 찾아볼 수 있는 방법*을 소개함

* e 나라 표준인증: standard.go.kr를 통해서 국가표준(국제표준을 반영), 단체표준 및 인증제도 등을 검색할 수 있고, 앞서 설명된 파괴검사 내용을 확인 할 수 있음

○ **(종류)** 실제 조선소에서는 사용되는 비파괴검사*는 다음과 같다.

* 비파괴검사: 금속 및 비금속을 파괴하지 않고 표면 및 내부의 건전성을 확인하는 방법

① **(육안검사)** 용접부 표면의 결함을 육안으로 검사하는 방법

* (장점) 가장 손쉬운 검사방법임 / (단점) 정밀도가 낮음

② **(RT)** X선(혹은 감마선)을 이용한 검사방식으로 X-Ray와 동일한 원리

* (장점) 용접부 내외부의 X,Y방향 결함 위치 파악가능 /
(단점) 결함의 Z방향(두께방향) 위치를 알 수 없고, 두꺼울 경우 검사 불가(투과한계치 초과시)
** Tip. 타 검사대비 Film을 결과로 남길 수 있기 때문에 선주의 선호도가 높은 검사

개념도	RT 장비
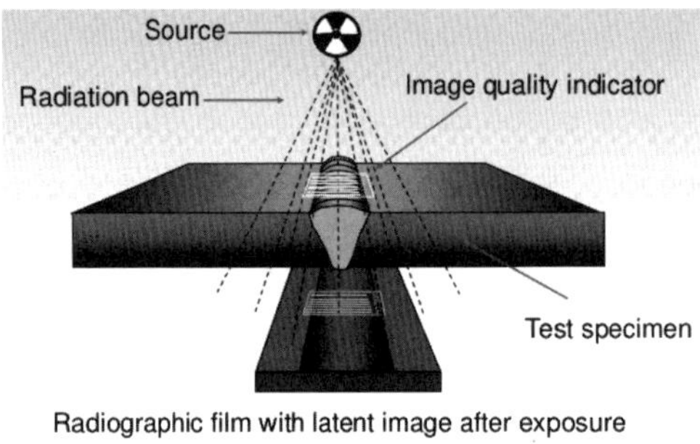	

[그림출처] https://sitasndt.com/radiographic-testing/
https://www.indiamart.com/proddetail/radiographic-testing-services-10529229448.html

③ (UT) 초음파를 이용한 검사방법(Sona system와 같은 원리)

* (장점) 결함의 Z방향(두께방향)을 알 수 있음(용접부 내부의 결함깊이를 파악 가능)
  (단점) 용접부가 너무 얇은 경우 적용불가(음파 속도가 빨라서 식별곤란)

개념도	UT 장비
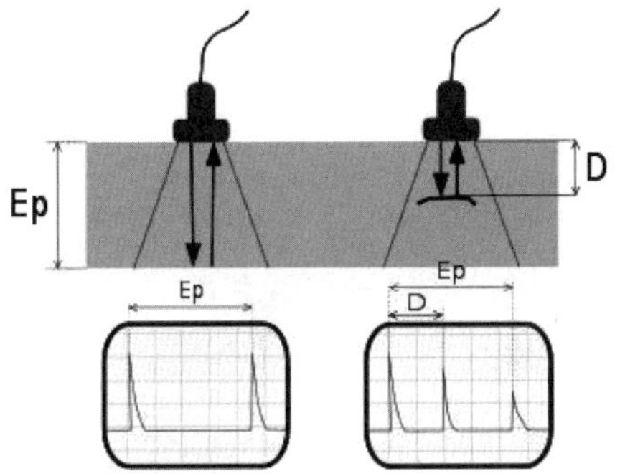	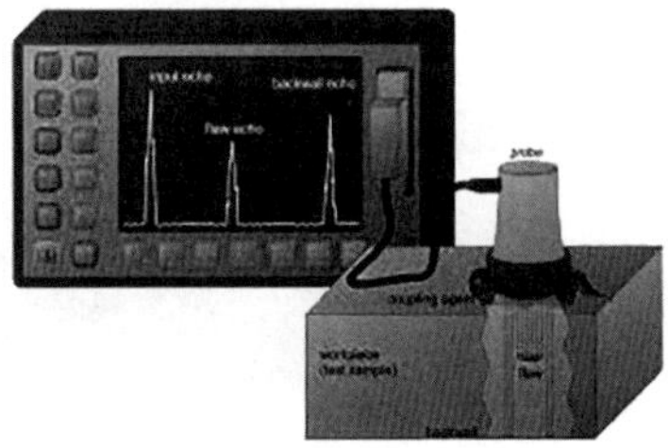

[그림출처] https://en.wikipedia.org/wiki/Ultrasonic_testing
https://www.tec-science.com/material-science/material-testing/ultrasonic-testing-ut/

④ (MT) 용접부에 철가루를 뿌리고 자장을 발생시키면, 철가루의 모양이 자속에 따라 표면에 나타나는 원리를 이용한 검사방법

* (장점) 결함부위의 누설자속으로 철가루의 지적이 발생하여 비교적 손쉬운 식별가능
  (단점) 자성이 있는 물체와 철가루를 뿌릴 수 있는 조건일 때 사용가능

개념도 1	개념도 2
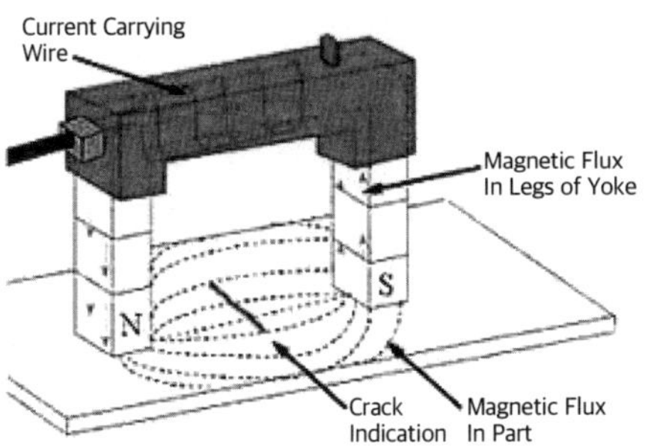	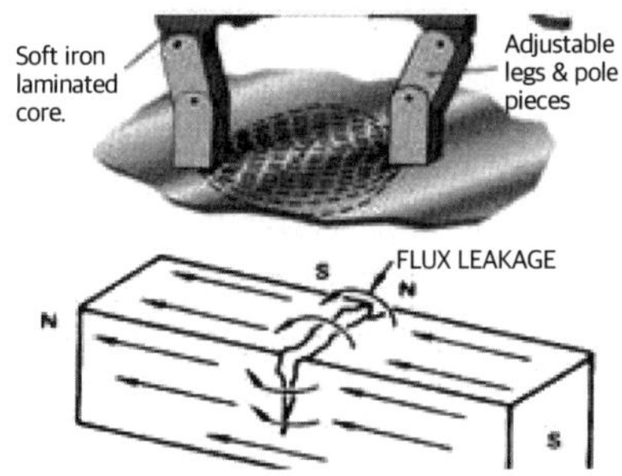

[그림출처] https://technicalcarrier.com/magnetic-particle-testing-mpt-procedure/
https://ipcsautomation.com/blog-post/magnetic-particle-testing-ndt/

⑤ (PT) 용접부 표면에 침투제를 도포한 후 결함부위에 침투 할 수 있도록 충분한 시간이 경과한 뒤 과잉 침투제를 제거하고 현상제를 도포하여 결함을 검출하는 방식

* (장점) 매우 작은 결함도 발견할 수 있음 / (단점) 용접부의 표면이 거친 경우 판독 곤란

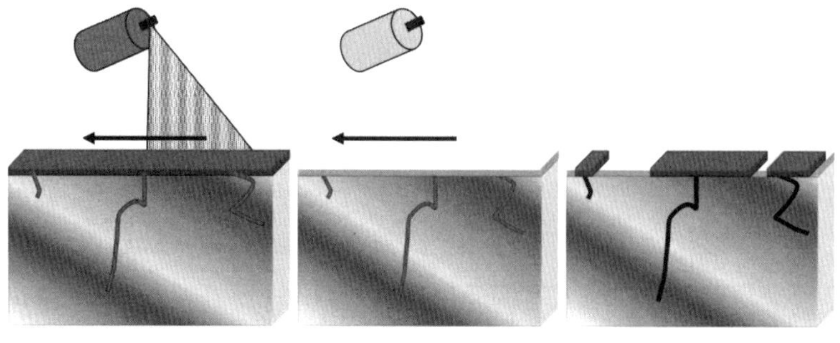

[그림출처] https://kaztronndt.com/services/penetrant-testing/

2-3-20 강의 제조 [부-Ⅰ-2]

□ 개념

○ 대형선은 강선으로 건조되고 있고, 강선의 건조는 형강재 및 판재에 대한 용접의 연속이라 할 수 있음에 따라 강의 재조공정과 분류 등에 대한 이해가 필요하다.

□ 제강(Steel Making)

○ **(개념)** 철광석에서 철을 추출하고 불순물을 제거한 후 필요한 원소를 첨가하여 목적에 맞는 강의 형태로 생산하는 작업이다.

○ **(공정)** 강의 주요 생산공정은 다음과 같다.

① **(제선)** 철광석(Iron Ore)에서 선철*(Pig Iron)을 추출하는 과정

* 선철: 철광석을 녹여서 막 뽑아낸 것으로 불순물(P,S,O,N)이 많은 철로서 강도가 약함

② **(제강)** 선철에 산소를 주입하여 H_2 및 N_2를 제거하는 과정

③ **(정련)** 제강된 상태에서 필요한 원소를 첨가하여 철을 강(철과 특정 원소의 합금)으로 바꾸는 과정

④ **(강괴생성)** 운송·판매를 위해 생산된 강을 규격화하는 과정

⑤ **(Slab생성)** 최종 Product를 만들기 위한 압연 전의 중간 생성물

* Tip. 관리체계: 동일 용로에서 생산된 경우 LOT No.는 동일하고, Slab마다 Serial No.를 부여하여 관리하는 방식을 적용

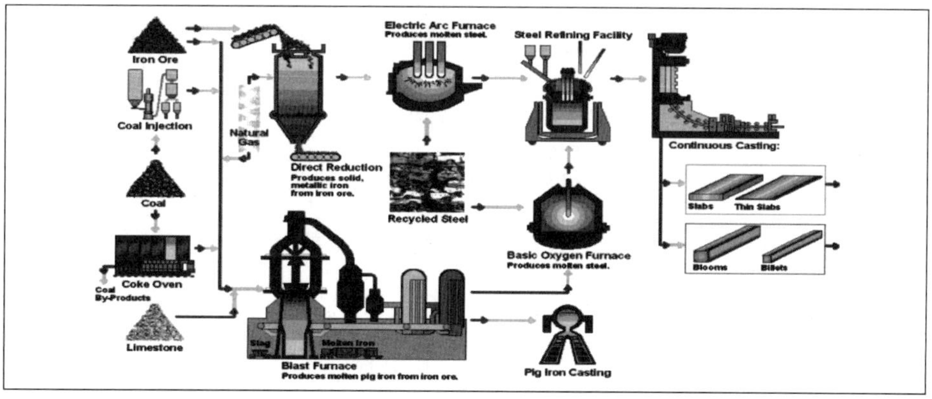

[그림출처] https://www.steel.org/steel-technology/steel-production/

□ 강판제조(Steel Plate)

○ **(개념)** 제강과정으로 생산된 Slabs를 압연과 열처리를 통해서 다양한 성능의 강판을 생산하고, 판(Roll 포함) 또는 Pipe의 형태로 가공한다.

○ **(공정)** Slabs → Rolling & Press(압연) → Quenching(담금질) & Tempering(취화된 것을 열처리로 풀어주는 과정) 순으로 진행된다.

* 기본개념: Slabs를 녹여 Grain이 원하는 상태(강도 등)가 되도록 압연 & 급속냉각을 반복하는 것으로 용융과 압연으로 원하는 Grain상태를 만들고 급속냉각으로 유지시키는 개념

** Tip. 대장장이가 망치로 두드리는 과정이 압연과정이고, 물에 넣는 과정이 담금질이며, 그리고 다시 적절히 열을 가하여 풀어주는 과정과 동일함

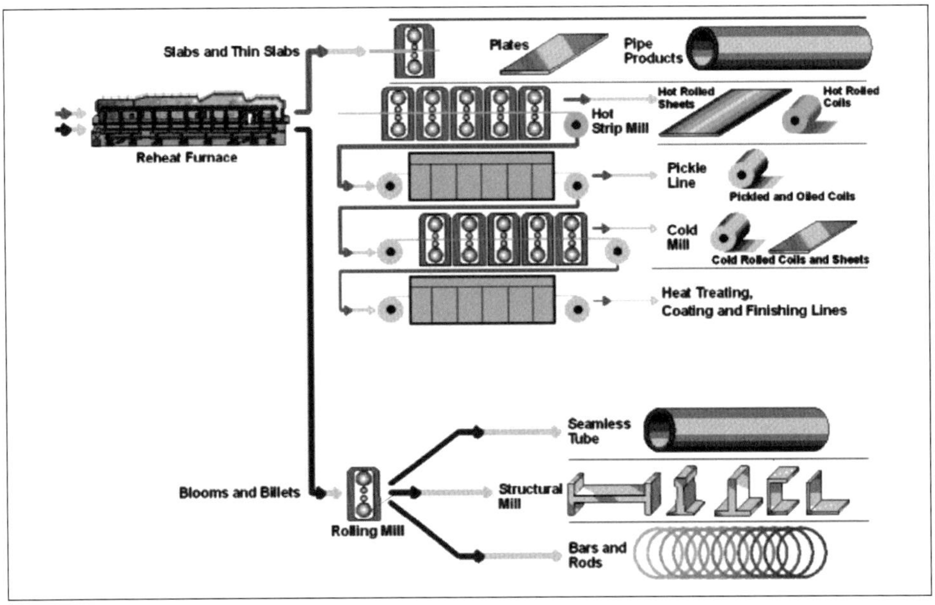

[그림출처] https://www.steel.org/steel-technology/steel-production/

○ **(종류)** 강판은 다음의 4가지로 구분 할 수 있다.

① **(As rolled Steel)** 압연만 실시한 상태로 강도가 낮음

② **(Normalized Steel)** 압연 후 열처리를 하여 강도를 높임

③ **(TMCP*)** 최초 압연후 특정시기에 압연을 한번 더 실시하고, Grain Size를 고려하여 특정시기에 급냉한 것으로 용접성이 가장 좋음

* TMCP: Thermo-Mechanical Controlled Processed

④ (QT*) 압연 후 담금질을 반복하고 열풀림(후처리) 실시

* QT: Quenched & Tempered Steel

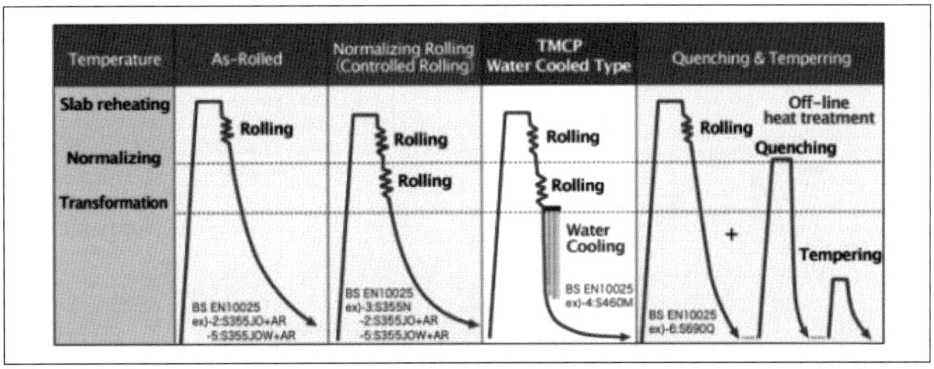

[그림출처] https://shipbuildingknowledge.wordpress.com/2019/09/01/the-pwht-temperature-for-tmcp-material/

□ 강의 분류

○ 선박건조에 주로 활용되는 탄소강과 합금강의 분류는 다음과 같다.

* 탄소의 함유량이 높을수록 강도는 좋아지나 용접성이 떨어짐

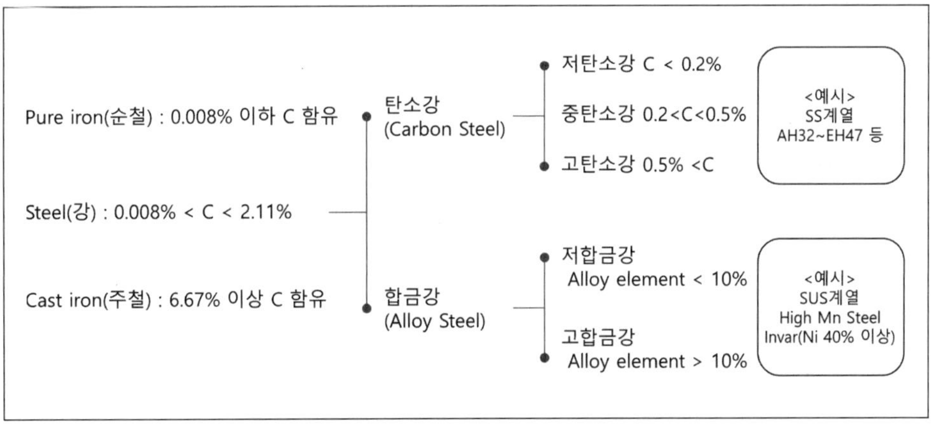

※ 제품의 제작방법은 크게 단조강과 주조강으로 구분한다.

① **(단조강, Forged Steel)**: 형상이 작고 다소 복잡한 경우 적용하며, 무른상태에서 Press기에 넣고 눌러서 생산(Ex: 배관플랜지 등)

② **(주조강, Casting)**: 형상이 크고 복잡한 경우 적용하며, 용융한 상태에서 몰드(틀)에 부어서 생산(Ex: 선수의 Stem, 선미의 Rudder horn 등)

제4장 건조

제1절 강선

1. 강선 건조일반(부-Ⅱ-0)

: 지금까지 선박의 부양성능에 관한 선박의 외형, 구조 및 복원에 관해서 소개했고, 이를 실현하는 수단인 용접에 대해서도 살펴보았다. 이제부터는 실제로 선박을 어떻게 만드는가에 대한 내용을 설명할 것이다. 건조는 선박의 기능 전반에 영향을 미친다. 강선의 건조를 이해하기 위해서는 조선소의 배치와 건조 흐름 및 공정관리의 개념을 알아야 한다.

2. 가공공정(부-Ⅱ-0)

: 판재와 형강재 등의 원자재를 조선소에 입고 후 원하는 형상으로 가공하는 일련의 흐름이 가공공정이며, 세부적으로 입고된 강재의 적치 및 관리 작업과 원하는 형상으로 만들기 위한 마킹, 절단 및 굽힘 작업 등으로 구분된다.

3. 조립공사(부-Ⅱ-0)

: 중대형 선박 건조 시 대부분 블록공법을 기반으로 조립공정이 진행된다. 소형선박은 블록공법을 적용하지 않으나, 작은 부재를 일정크기로 조립하여 점진적으로 크기를 키워 간다는 점에서 크게 다르지 않다. 흔히 프라모델에서 설명서를 보고 작은 부품을 조립해가는 과정에 비유되며, 선박의 블록을 어떻게 분할 할지와 조립순서 등에 대한 계획수립(설명서 작성에 비유됨) 역시 조립공사 단계에서 고려된다.

4. 탑재공사(부-Ⅱ-0)

: 조립공사를 통해 완성된 선박블록을 도크 등에서 쌓아올려(탑재) 선박의 외형을 결정짓는 단계이다.

5. 진수(부-Ⅱ-0)

: 건조가 완료되거나 안벽에서의 잔여공사를 위해 선박을 물에 띄우는 공정이다. 대형선에 사용되는 도크진수, 중소형선에 사용되는 선대진수, 소형선에 사용되는 크레인 진수 등 다양한 진수방법이 있다.

6. 의장공사(적-Ⅱ-0, 이-Ⅱ&Ⅲ-0)

: 중소형선은 진수전에 모든 건조공정을 완료하고 시운전을 수행하지만, 대형선은 도크의 효율적인 사용을 위해(건조시 도크는 한정된 공간으로 병목현상이 생길 수 있기 때문에 도크를 어떻게 짧은 시간만을 사용하여 건조 하는가는 조선소의 경쟁력이라 할 수 있음) 도크에서 선박을 진수하여 안벽으로 이동 후 잔여 의장공사와 일부 선상시운전을 병행한다.

< 선박의 필수기능에 관한 기능구조분석도 >

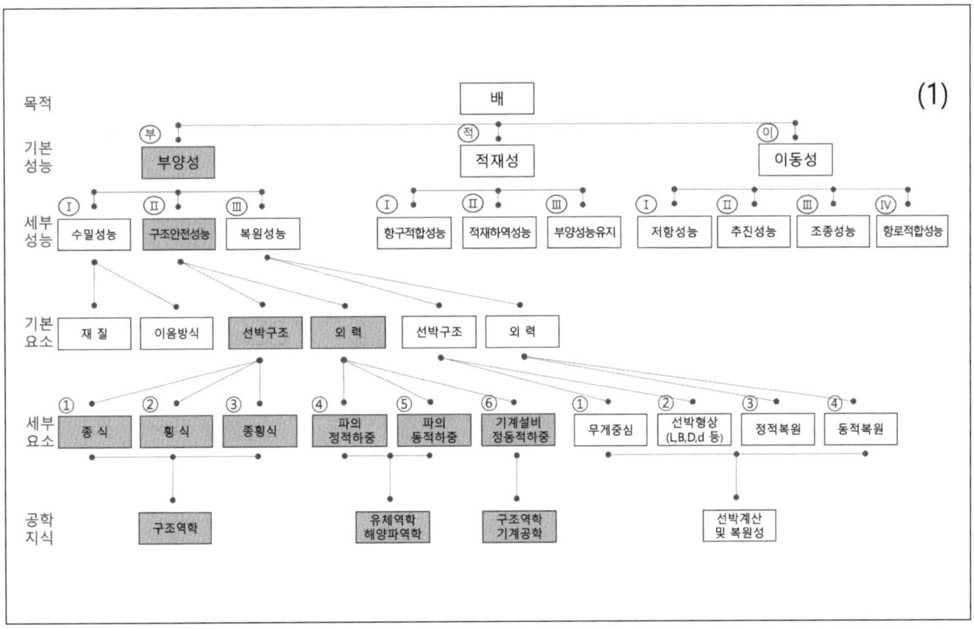

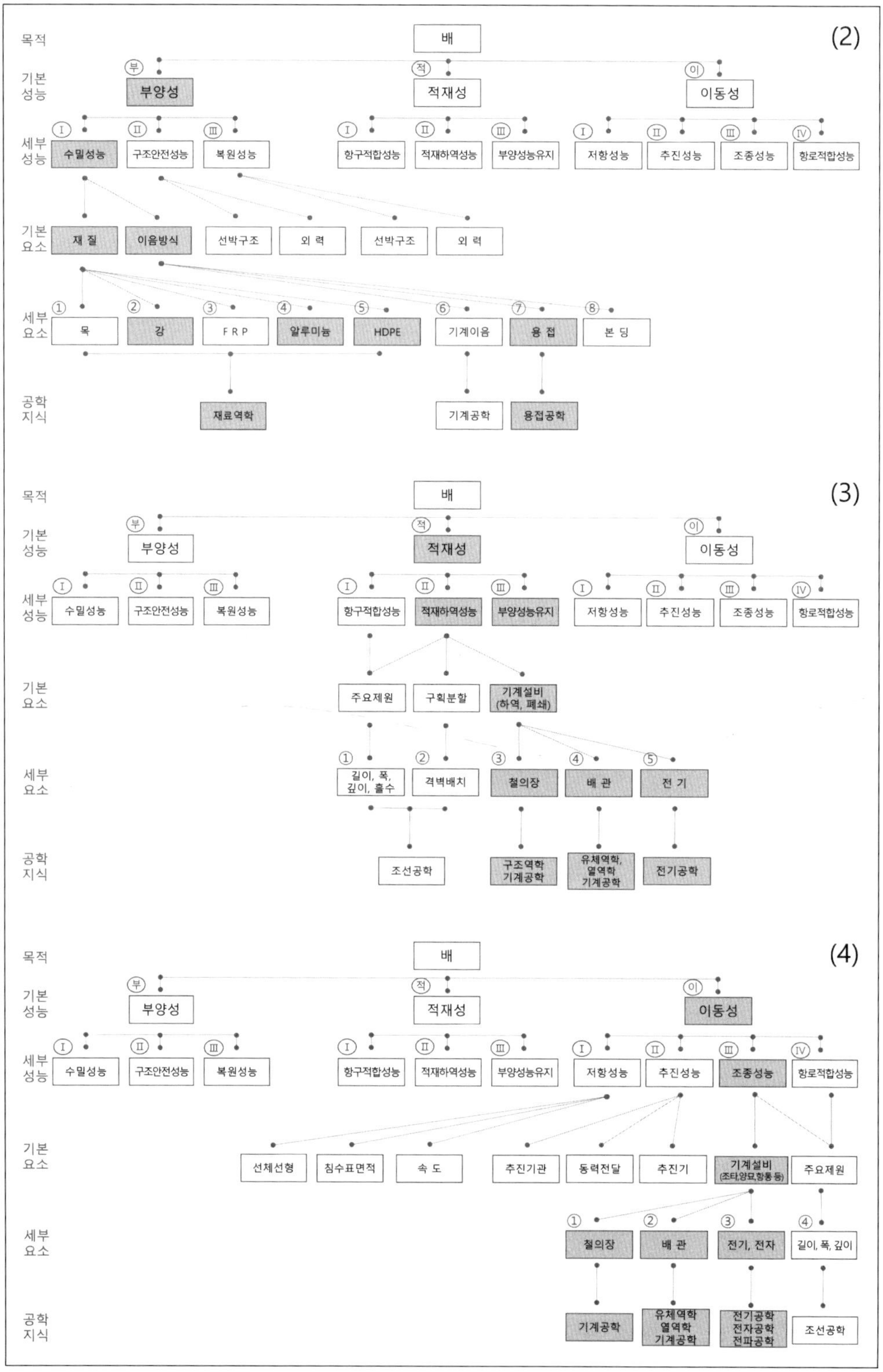
(2)
목적
배
기본 성능
부 부양성
적 적재성
이 이동성
세부 성능
Ⅰ 수밀성능
Ⅱ 구조안전성능
Ⅲ 복원성능
Ⅰ 항구적합성능
Ⅱ 적재하역성능
Ⅲ 부양성능유지
Ⅰ 저항성능
Ⅱ 추진성능
Ⅲ 조종성능
Ⅳ 항로적합성능
기본 요소
재 질
이음방식
선박구조
외 력
선박구조
외 력
세부 요소
① 목
② 강
③ FRP
④ 알루미늄
⑤ HDPE
⑥ 기계이음
⑦ 용 접
⑧ 본 딩
공학 지식
재료역학
기계공학
용접공학
(3)
목적
배
기본 성능
부 부양성
적 적재성
이 이동성
세부 성능
Ⅰ 수밀성능
Ⅱ 구조안전성능
Ⅲ 복원성능
Ⅰ 항구적합성능
Ⅱ 적재하역성능
Ⅲ 부양성능유지
Ⅰ 저항성능
Ⅱ 추진성능
Ⅲ 조종성능
Ⅳ 항로적합성능
기본 요소
주요제원
구획분할
기계설비 (하역, 폐쇄)
세부 요소
① 길이, 폭, 깊이, 흘수
② 격벽배치
③ 철의장
④ 배 관
⑤ 전 기
공학 지식
조선공학
구조역학 기계공학
유체역학, 열역학 기계공학
전기공학
(4)
목적
배
기본 성능
부 부양성
적 적재성
이 이동성
세부 성능
Ⅰ 수밀성능
Ⅱ 구조안전성능
Ⅲ 복원성능
Ⅰ 항구적합성능
Ⅱ 적재하역성능
Ⅲ 부양성능유지
Ⅰ 저항성능
Ⅱ 추진성능
Ⅲ 조종성능
Ⅳ 항로적합성능
기본 요소
선체선형
침수표면적
속 도
추진기관
동력전달
추진기
기계설비 (조타,양묘,항통 등)
주요제원
세부 요소
① 철의장
② 배 관
③ 전기, 전자
④ 길이, 폭, 깊이
공학 지식
기계공학
유체역학 열역학 기계공학
전기공학 전자공학 전파공학
조선공학

2-4-1 강선 건조일반 (부-II-0)

□ 개념

○ **(조선산업특징)** 조선산업은 주문자 생산방식, 종합산업, 중후장대 및 노동집약형 산업으로 특징을 요약할 수 있다.

❶ 주문자 생산방식: 기성품을 판매하는 것이 아니라 주문주의 발주 시 건조하기 때문에 각 주문주의 다양한 요구를 수용할 수 있어야 함 ❷ 종합산업: 선박은 해양플랜트가 아니더라도 내부에는 플랜트 수준의 설비가 집약되어 있고, 건축물(거주구)도 함께 포함되어 구조, 기계, 배관 및 전기 등 모든분야가 집약되어 있음 ❸ 중후장대·노동집약: 기본적으로 규모도 크지만 ❶,❷번의 특징에 따라 자동화 되는 것이 제한되고, 다수의 노동력을 필요로 하는 산업이라 할 수 있음

○ **(주요건조공정)** 주요건조 흐름은 영업 → 계약 → 설계(개념, 기본, 상세, 생산) → 선각공사 → 의장공사 → 시운전 및 인도 순서로 진행된다.

□ 조선소

○ **(배치개념)** 조선소의 공장배치는 조선소의 입지조건, 건조선형, 건조방식 및 생산규모 등의 조건에 따라 결정하게 된다.

< 조선소 공장 배치 시 고려사항 >

❶ 부재의 원활한 흐름을 고려(생산 시 부재의 흐름이 교차되지 않도록 하고, 중량물의 운반 경로는 최소화하는 등 생산공정의 흐름을 고려해야 함) ❷ 공정간의 능력균형을 고려(각 공정간 Buffer Area를 설정하여 공정간 독립된 생산 계획을 세울 수 있도록 함으로써, 전체 공정의 효율을 높여야 함) ❸ 생산규모변화, 생산공법 등의 기술발전을 고려하여 배치시 여지를 남길 필요

○ **(공장배치)** 기본적인 공장배치는 크게 주요생산 공정단위로 분할하고, 입지조건에 맞게 각 공정단위로 공장을 배치한다.

- **(입지조건)** 물류흐름과 건조 시 반드시 수반되는 진수공정을 고려하여, 입지하고자 하는 지역의 해안선에 따라 기본배치 형태를 결정

< 조선소 배치유형 >

❶ 해안선이 1면인 경우: U형 적용, ❷ 해안선이 2면인 경우: U형 및 L형 적용
❸ 해안선이 3면인 경우: U형, L형, I형 및 T형 적용

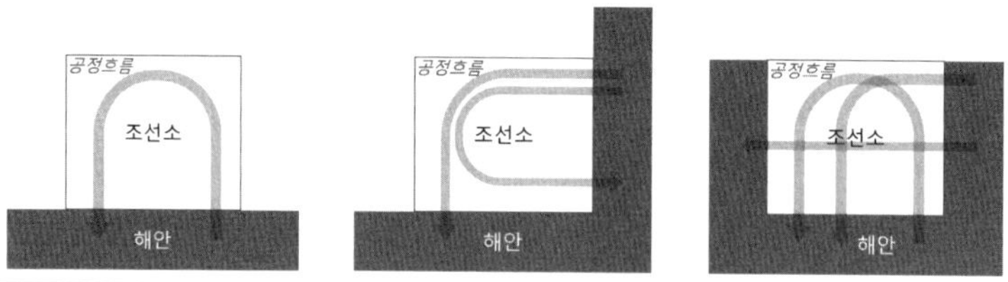

[참조: 대한조선학회. 「선박건조공학」, 동명사 (2007). 24쪽]

- **(배치형태)** 배치의 기본형태는 I, T, L 및 U형으로 구분

[참조: 대한조선학회. 「선박건조공학」, 동명사 (2007). 23쪽]

< I 및 T형 배치 >

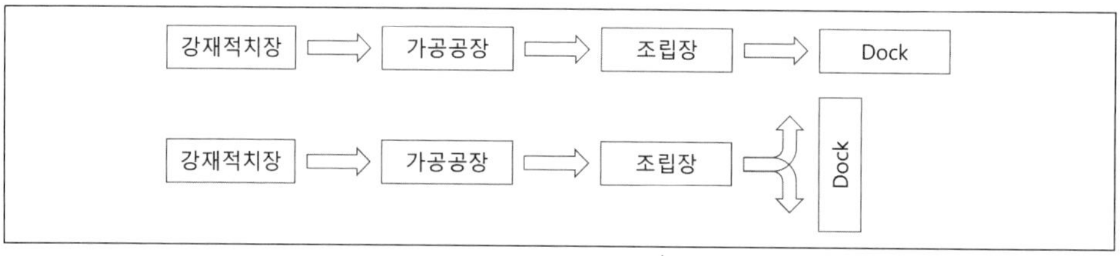

< L형 배치 >

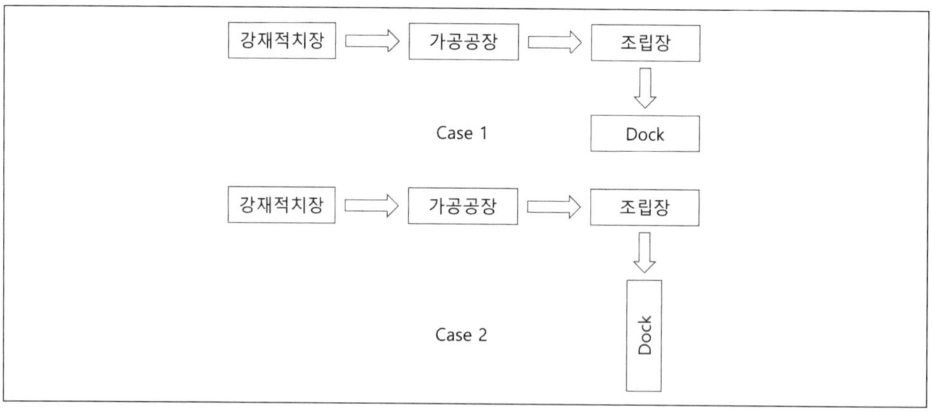

< U형 배치 >

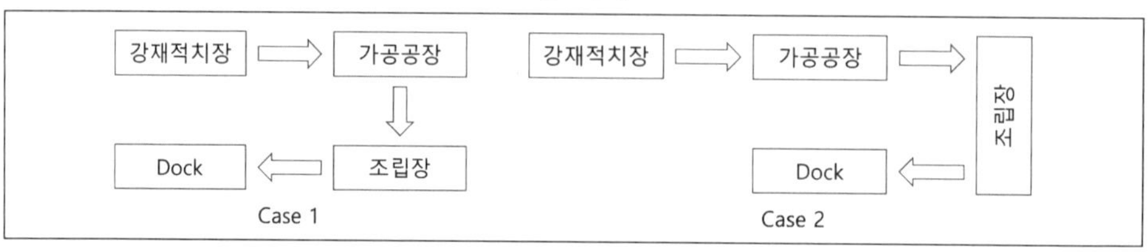

□ 생산공정

ㅇ 선박 건조를 위해 강재 등의 선별에서 인도까지의 전 과정은 다음과 같으며, 아래 흐름은 본 장의 핵심요약과도 같다.

Steel metaerial sorting & Surface teratment
① **(강재선별 및 표면처리)** 생산설계 정보에 따라 필요한 강재선별 후 녹 등의 이물질을 제거하는 표면처리* 과정을 거쳐 가공공장으로 이동하는 공정

* Straighting Roller, Pre-Heater, Shot blaster, Auto-sprayer 등

Steel Marking & Cutting
② **(강재 마킹 및 절단)** 생산설계의 정보에 따라 원자재인 판재 또는 형강재에 대해 형상 및 크기를 맞추어 마킹하고 절단*하는 공정

* NC gas cutting machine, Flame planner, Angle cutter 등

Steel Fabrication
③ **(부재가공)** 곡부재 등을 만들기 위해 절단된 부재를 가공*하는 공정

* Bending roller, Press, Frame bender 등

Sub-assembly & welding
④ **(소조립 및 용접)** 블록(BLK) 조립 전 판재 및 소형부재를 사전조립하는 공정으로 크기 또는 단계에 따라 소조립, 중조립, 대조립으로 구분

* 한번에 BLK를 만드는 것보다 소조립 후 BLK를 만드는 것이 공간활용 등을 고려할 때 효율이 높고 보다 안전한 생산이 가능

Block assembly
⑤ **(Block 조립)** 대조립품을 조립하여 탑재 가능한 블록을 만드는 공정

<table>
<tr><th>Slit 공법</th><th>Slot 공법</th></tr>
<tr><td>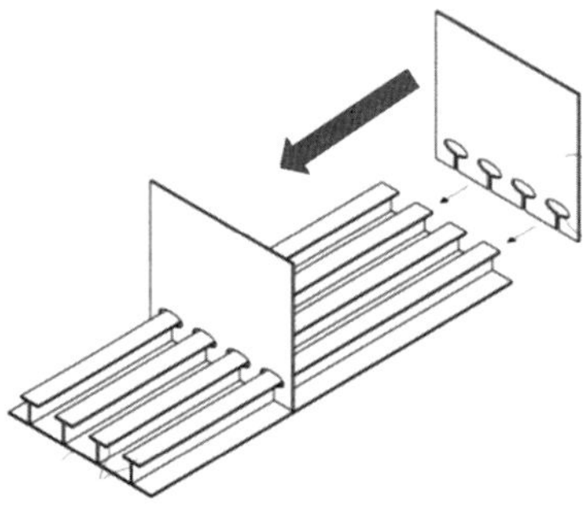</td><td>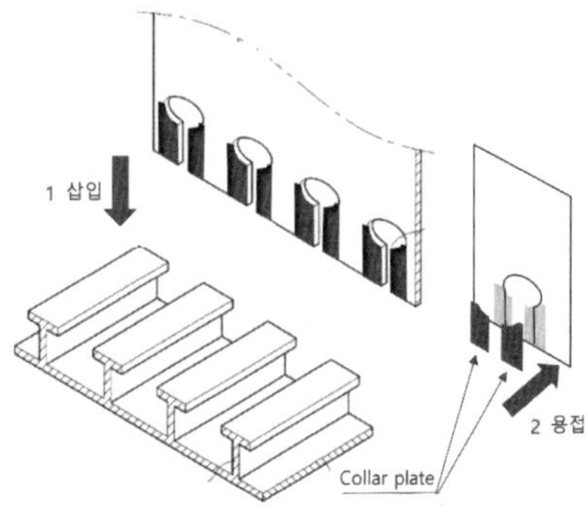
</td></tr>
<tr><td>► 옆에서 끼워넣는 방식으로 Handling이 어려우나 용접량이 작음</td><td>► 위에서 끼워넣는 방식으로 Handling은 쉬우나 Collar plate 시공에 따른 용접량이 많음</td></tr>
</table>

⑥ (**선행탑재(P.E)**) Pre-erection 선대나 Dock의 효율을 높이기 위해 조립과 탑재 사이에 2개 BLK 및 해당구역에 설치되는 의장품(또는 의장unit)을 설치하는 공정

⑦ (**블록탑재**) Block erection BLK 또는 P.E BLK을 선대나 Dock에 탑재하는 작업

※ 선행의장: 생산성 극대화를 위해 의장품 설치를 선행단계에 하는 행위

❶ 블록의장: 선각블록조립과 의장공사를 병행하는 것으로 해당 BLK에 설치될 배관, 철의장 및 전장품을 선박블록조립 단계에서 설치하는 것
(예: Bulwalk에 Chock설치, Deck BLK하부에 배관 및 전장 Cable tray 설치 등)

❷ 유닛의장: 의장품을 개별 설치하지 않고 지상에서 Unit화 하여 설치하는 것
(예: LNG선의 Main Deck상부 Walkway, Comp. Room내 각종 설비)

❸ 탑재동시의장: 청공(Deck BLK이 덮히기 전 상태)의장 이라고도 하며, 갑판이 탑재되기 전 기관실 등 선내공간에 주요기기를 설치하는 것
(예: 기관실 내 Deck BLK을 덮기 전 엔진 및 보일러 설치)

⑧ (**선내의장**) On-Board outfitting 선각 탑재 후 수행하는 의장공정으로 선상검사와 해상시운전 준비작업을 병행하는 공정

⑨ (**선상검사**) On-Board test 완성된 각 시스템을 계통적으로 검사하고, 결함이 존재하는 경우 수정하는 공정

⑩ (**해상시운전**) Sea Trial 해상에서 건조사양서(Building-Spec), 관련 Rule & Reg. 만족여부를 확인하는 단계

* LNG등 GAS선은 LNG Loading & Unloading등 관련 System의 Test를 위해 Gas trial을 하고, Sea Trial시 사양을 만족하지 못한 경우 보완하여 Confirm trial을 하기도 함

⑪ (**인도 및 출항준비**) Delivery 해상시운전 후 문제가 없으면 계약을 완료하고 인도하게 되며, 선장 및 선원은 이상 유무를 점검하고 인계 받으며 유류, 청수 및 식료품 등을 공급 받는 단계

□ 생산관리

○ 계약에 따른 품질의 선박을 인도하되, 재고가 적고, 저렴하고 안전하며 환경에 영향 미치지 않도록 생산*하기 위한 계획, 실시 및 확인(필요시 수정) 작업이다.

* 생산: 어떤 물체를 변형, 개조 등의 작업을 통해 본래의 가치와 다른 가치를 만드는 행위

< 가치창출의 3가지 방법 >

❶ 형상변환: 외관의 변화에 따라 가치를 변화(예: 포장, 화장, 성형수술)
❷ 공간이동: 같은 시간이라도 위치에 따라 가치를 변화(예: 생산지와 소비지의 가격차이)
❸ 시간이동: 같은 제품이라도 사용시점에 따라 가치를 변화(예: 냉동창고, 남반구와 북반구의 제품이송)
→ 선박은 공간 및 시간이동이 가능하기 때문에 가치창출의 도구임

□ 일정계획

○ **(개념)** 조선소의 생산계획은 크게 3가지로, 선박의 수주전망에 따라 3~5년을 내다보고 작성하는 장기계획, 2년 정도를 고려하여 작성하는 중기계획, 1년 이내의 확정공사를 계획하는 단기계획으로 구분된다.

- **(장기계획)** 계획 내에 있는 미확정 건조선박이 계약확정 되거나, 예정과 다른 선박으로 대체 될 때 다시 수립
- **(중기계획)** 장기계획을 바탕으로 선종별 건조계획을 수립하며, 이를 근거로 각 공종(부서)별 생산계획이 세워지고. 건조 문의 접수 시 선종별 생산일정을 확인하여 응답함
- **(단기계획)** 각 공종(부서)별 생산계획에 따라, 실제 생산계획을 수립

○ **(구분)** 생산계획에 따라 실제 생산일정을 수립하며, 계약상 인도일을 기준으로, 각 공종별 생산 소요일을 산정하여 기간을 역산한다. 이를 통해 기본설계 도면 작성일(출도) 까지 상세한 일정을 수립한다.

* 축적된 건조 경험을 바탕으로 생산일정을 인도일로부터 역산하는데, 기본설계 완료일에서부터 인도까지의 주요 공정에 대한 마감일을 설정하고, 주요공정 내의 세부 공정에 대한 생산일정을 수립하는 방식으로 진행

** Tip. 기자재(엔진, LNG선의 각종 Compressor 혹은 특수밸브 등)는 조선소와 별개로 각 기자재 생산업체(Vendor)의 생산일정이 존재하기 때문에 초기에 각 기자재의 입고일을 고려해야 하며, 특히 Deck 하부에 설치되는 경우 전체공정에 영향을 줄 수 있어 세심한 관리 요구

- **(대일정)** 조선소의 기본계획으로 각 호선별 대일정 계획을 수립하고, 각 공종(설계/자재/생산)별 주요공정에 대한 생산계획을 함께 수립
- **(중일정)** 대일정과 소일정 사이의 생산공정에 대한 일정
- **(소일정)** 작업장별 또는 공종별 작업방식에 맞도록 작성하는 단기계획으로 작업장별, 공종별로 필요인원·작업내용·소요시간 등을 표시

※ 요약하면, 생산계획은 공사 마감일(인도일)을 기준으로 각 조선소의 생산능력을 감안하여, 주요공정과 그 세부공정에 대한 계획을 수립하는 과정이다.

< 간트차트: Gant Chart, 막대그림표 >

► Bar Chart라고도 하며, 횡축에 호선번호, 종축에 날짜를 기입(혹은 다양한 방식으로)하여 호선별 주요공정에 대한 일정을 한눈에 볼 수 있도록 함
실제 조선소에서는 "선표"라 부름(아래는 개념화한 예시임)

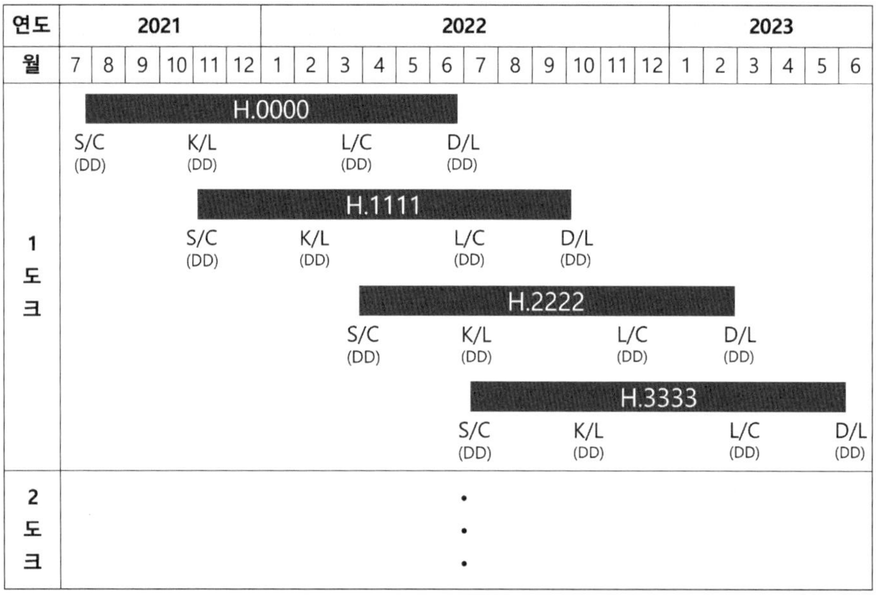

※ S/C: Steel cutting, K/L: Keel laying, L/C: Launching, D/L: Delivery 주요공정을 의미
DD: Day(해당 월의 날짜 기입)

2-4-2 가공공정 (부-II-0)

□ 개념

○ 가공공사는 선체구조를 구성하는 부재를 제작하는 공정으로, 기본적으로 전처리, 마킹, 절단 및 굽힘 등의 과정을 수행한다.

* 과거 리벳공법의 건조방식은 작업자의 숙련도에 의해 부재의 정확도가 다소 떨어져도 문제가 없었으나, 용접공법은 부재의 정확도가 후행공정의 생산성을 지배하여 매우 중요

** NC(Numerical Control)의 발달로 마킹과 절단이 하나의 작업으로 됨(인력으로 절단부위를 마킹하고 절단하는 방식에서, 수치제어를 통한 기기로 마킹 없이 절단 하거나 필요 부위에 마킹을 동시에 실시)

< 가공공사의 공정 >

전처리 → 마킹 → 절단 → 굽힘 → 조립공사

□ 강재처리

○ **(개념)** 강재적치 및 전처리* 공정을 의미한다.

* 강의 생산 시 압연·냉각을 반복하며 이때 분사된 물로 인해 산화철(Mill Scale)이 생성되고 압착되어 표면에 잔류함. 이에 따라, 공장투입 전 ①산화철을 제거하기 위해 표면처리 및 ②운반과정에서 발생한 손상·변형의 교정하고, 방청조치로 가벼운 도장인 ③Shop Primer Painting을 실시

** 산화철: 가스절단과 용접작업을 어렵게 하고 도장품질을 저하시키는 원인임 / 강재의 손상·변형: 절단 및 취부(가용접) 등의 작업을 힘들게 하여 생산 효율을 저하

○ **(강재적치)** 판재 및 형강재의 2개 종류로 나누어, 해상 및 육상운송을 고려하여 적치량, 적치면적을 최소화 하기 위한 검토가 필요하다.

- **(강재하역)** Crane 및 Lifting magnet*를 이용하여 하역

* 판재는 전자석을 이용하여 붙여서 들 수 있도록 하며, 형강재는 Lifting magnet 이용 시 낙하의 위험이 있어 Wire 또는 Clamp를 사용

- **(강재선별)** 하역된 강재는 표면처리가 필요한 것과 필요 없는 것으로 구분하고, 가공공정에서 운영되는 부재의 관리단위(Lot)와 작업순서를 고려하여 분류하고 적치됨

* Lot: 블록단위보다는 크고 동일한 작업을 기준으로 소요되는 자재를 묶은 단위

○ **(전처리)** 강재표면처리, 손상·변형교정, 도장 및 예열·건조를 실시한다.

- **(강재표면처리)** 강재표면에 존재하는 산화철 및 각종 이물질을 제거

< 강재표면처리 기법 >

❶ Shot Blast: 연소재(Shot)*를 노즐분사 또는 원심분사 시켜, 강제표면을 때려 산화철 및 이물질 등을 제거하는 방식 * 연소재: Steel Wire Cut, Grit 등을 이용
❷ 산세처리: 아연도금(방청을 위한 Galv'd 처리) 전처리 등에 사용되며, Shower 방식 등을 사용 (약한 산성으로 녹이는 작업)
❸ Sand Blast: Shot Blast이전에 사용된 방식으로 작업성이 낮아 현재 미사용

- **(변형교정)** 프레스(Press) 및 Roller 등을 이용하여 변형 교정
- **(도장)** 강재표면처리에 따라 일정기간 방청을 목적으로 실시하는 도장이며, Shop Primer로 부르고 선체 기본도장의 일부로 취급

< Shop Primer 종류 >

❶ 유기 Zinc rich primer: Epoxy 수지와 아연말을 배합 한 것으로 방청성와 내열성이 우수하여 주로 사용함
❷ 무기 Zinc rich primer: 아연말 + K산화합물(Silicate)의 결함물로 방청성, 내열성이 우수하지만 상도(Primer 이후 도장)와의 부착성에 선택성이 있음
❸ Non Zinc primer: Epoxy 수지와 산화철 및 Cromate안료, Aluminum분 등을 배합한 것으로 부착성, 내약품성은 우수하나, 방청성이 다소 부족
❹ 특수 Zinc primer: 무기 Zinc 도료와 유기계 Shop Primer 장점을 합쳐서 만든 것으로 방청성, 내열성이 우수하고 무기·유기 도료와 적용성도 높음
❺ Wash primer: 부착성이 좋으나 내열성이 낮아 손상되기 쉬워 전처리 필요

- **(예열·건조)** 도장 이후 열의 대류·복사에 의한 방식으로 예열·건조를 실시하며, 고온에 의한 도막손상에 주의 할 필요

□ 마킹

○ **(개념)** 절단, 굽힘 및 조립작업에 필요한 선과 기호를 강재에 기입하는 작업으로 능률성 향상을 위해 정확하고 간단명료해야 한다.

○ **(종류)** 마킹의 종류는 수(手) 마킹에서부터 기술발달에 따라 다양한 방식으로 변화되어 왔으며, 종류는 다음과 같다.

< 마킹의 종류 >

❶ 수 마킹: 손으로 수행하는 재래식 방식으로 수학적인 표현이 곤란한 소부재, 곡부재 등에 일부 적용하고 있음(Steel 테이프, 먹줄, 펀치 및 끌 등을 이용)

❷ 투영마킹: 1/10 축척현도*로 작성된 필름도면을 확대 투영기로 투영하여 암실내 강판위에 상을 나타내고 손으로 마킹하는 방법(Photo marking이라고도 함)

* 과거에는 생산설계 없이 현도작업을 통해 생산했으나, 현재는 생산설계를 실시함에 따라 선수미 곡선부 또는 Anchoring mock test를 위한 국부적인 공정에 활용

** 현도는 원척현도 및 축적현도로 구분되며, 원척현도는 실물크기로 형을 만드는 것이고, 축척현도는 1/10 scale의 도면으로 처리하는 방식

❸ 전자사진 마킹(EPM:Electro print marking): 투영마킹법을 개선하여 투영된 화상을 강판표면에 인화하는 방식

❹ NC 마킹: NC(Numarical control, 수치제어)제어에 의해 필요한 형상을 그리는 방법으로 보통 절단기능을 겸하고 있어 NC절단기에 마킹토치를 붙여 사용

* 마킹은 펀치마킹, 페인팅 등도 가능하나, 통상 아연계 분말을 분사하여 예열불꽃으로 인화하는 방법을 사용

* Kerf: 절단 시 소재가 소모되며 그로인해 발생하는 절단폭을 Kerf라 하며, Nesting 시부터 마킹 단계까지 반드시 고려되어야 함(도면상에서는 절단시 두께가 미미한 선으로 표현되지만 실제 강판 절단 시 절삭폭이 존재함에 따라 고려 필요)

** Nesting: 생산된 규격강판을 이용해 소부재를 형상에 맞추어 절단하게 되는데, 강판 위에 해당 소부재의 배치에 따라 잔재의 양이 결정됨으로 최소화할 필요

□ 절단

○ **(개념)** 강재로부터 부재를 따내기 위한 절단 작업이다.

○ **(종류)** 가스, 용접, 분말, 플라즈마, 레이저, 워터제트 및 기계절단 등이 있고 상세 내용은 다음과 같다.

< 절단의 종류 >

❶ 가스절단: 산소-에틸렌 절단(폭발위험↓), 산소-아세틸렌 절단(폭발위험大, 단기간 절단), 산소-프로판 절단(폭발위험↓, 절단까지 시간은 오래 걸리나, 절단 시작 시 시간 빠름)

❷ 분말절단: 비철금속 등을 절단하기 위한 방법으로 용재(Flux)를 압축공기 등과 함께 분사하고, 예열불꽃과 연소반응을 이용하여 절단부를 고온으로 만들어 산화시키며 산화물과 함께 동시에 제거

❸ 플라즈마 절단: 비전도체의 절단(비이행형은 모재를 전극으로 사용하지 않아 비전도체의 절단 가능)을 위해 플라즈마*를 이용한 절단

* 자연상태에서 전기적으로 중성을 띄우고 있는 기체가 많은 양의 에너지를 얻게되면 원자와 전자가 유리되어 극성을 갖게 되는데 이러한 상태를 플라즈마라 함

** 기체상태의 공기, 산소, 수소 등에 아크방전을 발생시키면 부분적으로 플라즈마화 되는데 열적·물리적 방법으로 수축하여 고온(20,000~30,000℃) 형성 후 강재를 녹이고 고압가스로 불어내는 방식으로 절단(고밀도, 고온, 고운동 방식임)

❹ 레이저절단*: 통상 5~7mm 정도의 강재에 적용되고, kerf양은 0.2~0.5mm 정도로 절삭폭이 좁은 장점이 있으나, 선박건조시 사용하지는 않음

* 물질에 에너지를 가하면 전자가 높은 에너지준위로 이동하고 안정적인 상태와의 차이만큼에 해당하는 에너지를 빛으로 발하게 됨. 이 빛을 증폭, 집광하여 고밀도화 한 뒤 원하는 곳에 국부적으로 용융시키고 고압가스로 불어내는 방식임

❺ Water jet절단: 물을 2,000~5,000Kgf 초고압으로 가압 후 0.1~0.5mm 미세노즐로 분사하여 절단하는 방식으로 열변형은 없으나, 고압을 사용하는 방식으로 위험 및 소음이 발생하며, 고가의 장비가 요구됨

* 연질 재료는 절단시 물로만 절단하고, 경질재료의 절단시에는 연마재(Garnet, Silica 등)를 첨가하여 절단

❻ 기계절단: 기계적으로 눌러서(Sheering) 자르거나 썰어서(Sawing, 톱질) 자르는 방식

* Tip. 프레임 플레이너(Flame planer): 실제 조선소에서 절단 시 사용하는 대표적인 방법이며, 여러개의 절단 토치를 동시에 직선으로 된 레일을 따라 움직이는 가스절단 장치임. 주로 선체 중앙부 외판, Deck 등 직진도가 중시되는 부재의 절단 시 활용 → 효율적인 절단이 가능하고 복잡한 개선 형상도 하나의 공정으로 처리

< 프레임 플레이너 사진 >

[그림출처] http://www.kingarc.com/ show.asp?prodcode=FP

○ **(변형방지)** 용융을 통한 절단 시 발생하는 변형에 대한 방지법은 가열법, 구속법, 수냉법 및 브리지 활용 등이 있다.

< 절단시 변형방지 방법 >

❶ 가열법: 절단선과 대칭되는 부위에 동일한 열량을 가열하여 변형을 억제하는 방법으로 실제 대칭 절단하는 방식으로 사용

❷ 구속법: 부재에 외력을 가하여 구속 후 절단하여 변형을 방지

❸ 수냉법: 절단토치 뒤를 따라서 물을 뿌려 열확산을 막아 변형을 억제하는 방법. 급랭에 따라 재질이 변질될 수 있으나 용접부의 경우에는 용접열에 따라 어닐링 되어 문제해결

❹ 브리지(Bridge): 강재에서 절단될 부분을 완전히 분리시키지 않고 부분적으로 남겨두어 설치 후 Cutting 하는 방식임

* 브리지 목적: 절단변형방지, 절단도중 부재 낙하방지, 절단 후 강재변형에 따른 용접토치 이동 방해, 부재 이동시 변형방지

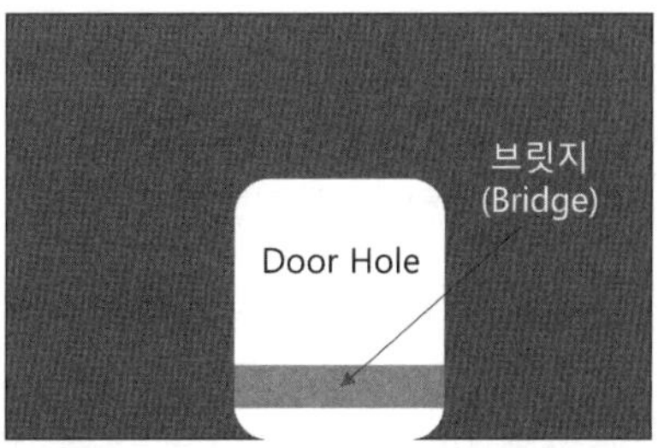

< 브릿지 적용 예시: Door Hole에 적용된 Bridge >

□ 굽힘

○ **(개념)** 판재나 형강재를 곡면이나 곡선으로 굽히는 작업이다.

○ **(종류)** 열원의 사용여부에 따라 냉간가공과 가열 성형가공으로 구분된다.

- **(냉간가공)** 상온에서 기계적 힘을 가하여 재료에 소성변형을 일으키는 방식으로 벤딩롤러, 유압프레스 등을 활용
- **(가열성형가공)** 강재에 국부적 가열 후 급냉 시키고 이때 발생하는 국부적인 수축을 이용하여 굽히는 방식

< 가열성형 원리 >

❶ 선상가열법: 강판을 국부적으로 가열하고 주위를 물로 냉각시키면, 가열부(A)는 팽창하게 되는데, 그 팽창은 냉간부(B)에 의해 억제되어 판두께 방향으로만 팽창함

이때, 고온으로 된 강재는 압축에 대한 항복점이 낮아지므로 그 팽창응력이 항복점까지 도달하게 되면 팽창된 부분은 상당량의 소성변형을 일으키게 됨

그 후 물로 가열된 표면을 냉각시키면, 가열부(A)는 표면부터 소성변형이 있는 채로 냉각되어 압축력에 대한 항복점이 다시 상승하게 되고 냉각이 계속됨에 따라 가열부(A)의 수축으로 중립축 하단 냉간부(B)에는 인장응력 발생

이로 인해 판은 중립축에 대한 굽힘모멘트가 발생하여 최종적으로 굽힘 발생(판두께가 두꺼워야 효과적이며, 10mnm 이하의 박판은 적용 곤란)

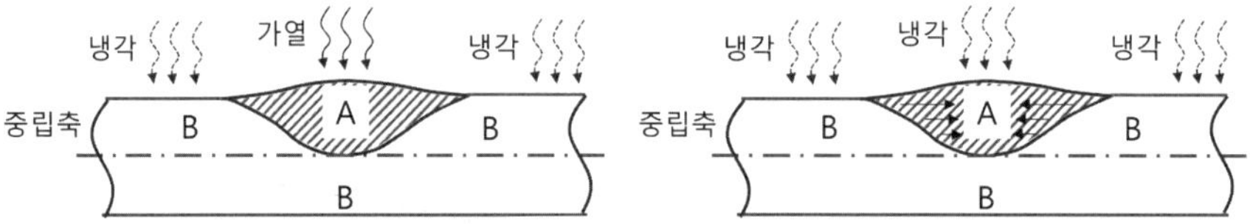

<가열과정> <냉각과정>

❷ 점가열: 강판을 점의 형태로 가열하는 방법. 판의 뒷면까지 열전도를 시킨 후 판 두께에 걸쳐 가열팽창 및 냉각수축을 통해 주위 전체를 끌여당겨 판의 면적을 축소시키는 효과 발생 (강판의 굽힘 효과는 미미하며, 주로 변형교정에 사용)

❸ 열간가공: 강재를 부분적으로 가열하고 유압기기 등을 통해 외력을 가하여 수축을 보다 크게 하는 방식(주로 Web 등 높이가 큰 프레임이나, Longi의 굽힘에 효과적으로 판의 중앙부는 좁은 폭으로 가장자리는 넓은 폭으로 가열하여 작업)

< 가열방식의 종류 >

종류	특징
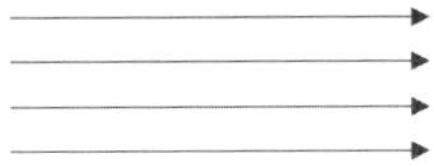 선상가열	► 가장 기본적인 가열방식
 송엽가열	► 전 방향으로 균등한 수축력을 작용하여 변형을 교정하는 방식
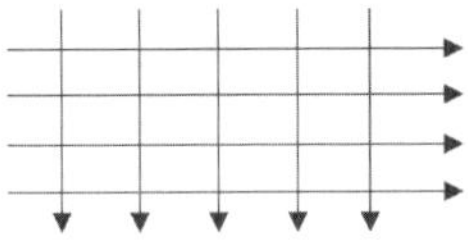 격자가열	► 대변형을 교정하기 위해 사용되며, 수축량이 가장 큰 교정방식
 점가열	► 격자가열 방식과 같이 수축률이 크나, 주로 박판*에 사용되는 방식 * 박판에 격자가열시 좌굴변형 등 발생 우려
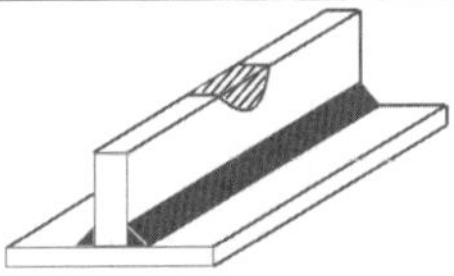 삼각가열	► 형강재*의 굴곡 및 변형을 교정하기 위해 부분적인 수축을 발생시키는 방식 * 일정한 단면을 갖추고 길이가 긴 부재

□ 운반 및 정리

ㅇ 가공공정 전반에서 강재 또는 부재를 운반하거나 정리하기 위한 방법으로 주요 방법은 다음과 같다.

❶ 크레인: 천장주행 크레인, 문형 크레인, L형 크레인, Hoist 등

* Lifting 방식: 자성체에 대해 Magnet(전자석)을 이용한 방식과, 비자성체에 Vacuum을 이용한 방식이 있음

❷ 컨베이어: Roller type, Disk type*, Chain type 등이 있음

* Disk type: Roller 대신 Disk를 촘촘히 배열한 방식

❸ 운반차: 대차*, 트레일러, Fork lift(지게차) 등

* 대차: 화물을 적재하여 Rail 위를 주행하는 장치, 재료 이동에 사용

2-4-3 조립공사 [부-II-0]

□ 개념

○ 앞선 가공공정에서 다수의 강재(판재 및 형강재)를 가공하여 제작한 각 부품을 조립 정반 위에서 소-중조립을 통해 대형화 하는 공정이다.

○ 이후, 대형화된 부품을 조합하여 블록(BLK)을 제작하고, 다시 블록들을 결합한 대형 블록을 도크 또는 선대 등에서 탑재하여 선박의 외형을 완성하는 일련의 과정이다.

< 조립공정의 유형 >

① 가공 → 소조립 → 중조립 → 총 조립(P.E) → Dock 조립
② 가공 → 소조립 → 대조립 → 총 조립(P.E) → Dock 조립
③ 가공 → 소조립 → 중조립 → 대조립 → Dock 조립
③ 가공 → 소조립 → 대조립 → Dock 조립

※ Assey: Assembly(대조립) & Sub-assembly(중·소조립)

< Assembly의 개념 >

► 블록건조방식의 목적은 Dock 공사량 감소(Dock 회전율↑)를 위해 지상 조립정반 위에서 선체를 분할하여 제작하려는 것으로 Dock라는 한정된 공간이 아닌 지상에서 최대한 조립하고 Dock에서는 진수전 짧은 기간만 사용하려는 것이 목적임

► Assembly의 장점은 다음과 같음

❶ Dock 작업기간 단축

* Dock는 진수를 위한 것으로 공정상 반드시 필요하나, 지상의 공장대비 공간이 제한되어 있어 각 호선에 대한 Dock 내 공사기간을 줄이면 조선소 전체 효율이 상승

❷ 넓은 지상에서 작업이 가능하여 공정 관리감독이 용이(작업자 배치가 용이함)

❸ 공간의 제약이 작아 작업환경이 양호하고, 기계화 자동화로 능률이 상승

❹ 고소작업이 감소되어 안전에 기여

❺ 현장용접 감소로 용접변형 및 잔류응력이 감소

❻ 블록도장 실시로 Dock내 도장작업 감소

► Assembly시 주의 점

: 평블록과 곡블록으로 구분이 필요하며, 통상 블록이 대형화 될수록 건조상 유리하나, 과도하게 큰 경우 조립공정의 정반 회전율이 감소하고, 운반·탑재시 Lifting 및 보강을 위한 부재 작업이 필요함으로 적정 크기가 요구

< Sub-assembly의 개념 >

► 블록을 가공 후 바로 조립하는 것보다, 작은 부품으로 조립 후 블록을 만들게 되면, 기계화 자동화를 통해 정반의 회전율을 높일 수 있어 적용

□ 조립공작법 계획수립

○ **(개념)** 조립공작법을 계획하는 것은 프라모델 등의 조립설명서를 만드는 작업에 비유할 수 있으며, 실세 선박을 어떤 단위로 분할하여 블록을 만들고 어떻게 조립할 것인가에 대한 계획의 수립이다.

* 수주 시점에서 보면 후행에 있는 공정이나, 사실상 블록공법을 전제로 한다면, 상세설계단계에서부터 조립공작법에 대한 계획의 산물인 Block Division, DAP 및 WSD가 필요하기 때문에 계약 후 기본설계단계에서 확정되어야 함

< 주요 개념 >

❶ Block Division: 블록분할 도면으로 선박을 어떻게 분할하여 조립할 것인지에 대한 것으로, 각 블록의 분할위치 및 탑재순서 등이 표기되어 있음

* 대형상선은 통상 900여개의 블록으로 분할하며, 3자리 숫자로 각 블록의 번호를 부여하여 관리하고, 탑재순서는 기관실 하부 BLK를 기점으로 함
(BLK NO.만 알면 선박의 어디에 해당하는 BLK인지 알 수 있음)

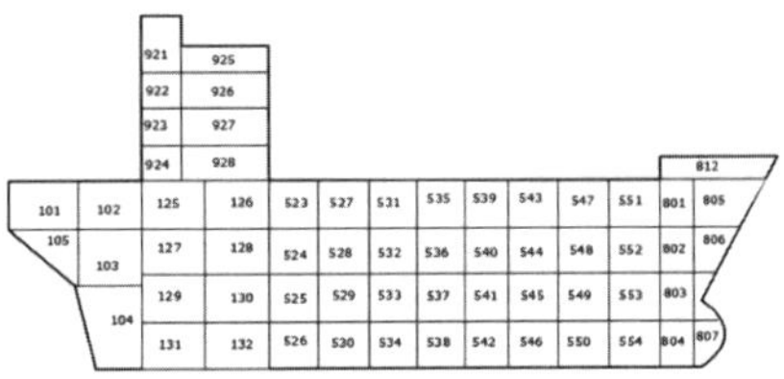

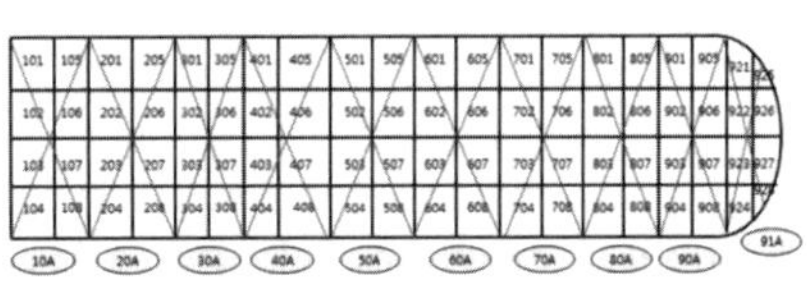

BLK 몇 개를 묶어 P.E BLK No. 부여

[그림출처] https://m.blog.naver.com/PostView.naver?isHttpsRedirect=true&blogId=sure79&logNo=220301297275

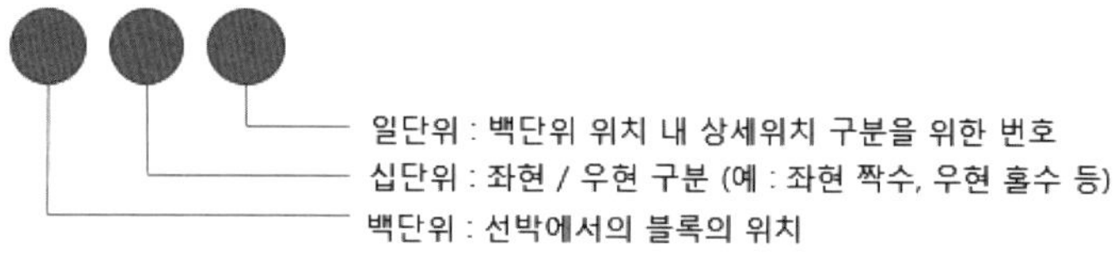

< 블록 Coding 체계 예시 >

※ Zone Division: 블록이 탑재되고 나면, 사실상 블록의 구분은 의미가 없으며, 후행공정의 효율적 관리를 위해 보다 큰 구역인 Zone을 설정하여 활용

❷ DAP(Detailed Assembly Procedure): 블록 세부조립절차서로 부재에서 블록으로 조립되기까지의 선각에 대한 상세한 조립방법이 표기

❸ WSD(Welding Sequency Diagram): Block Division과 DAP를 기반으로 하는 의장 공사 요령서라 할 수 있으며, 선각 위에 기계, 배관, 철의장 및 전장품 등의 설치 Stage, 설치 시 주의사항 등이 총망라되어 있음

< 조립공작법 계획수립과 건조공정의 흐름 >

	구조	의장
	구조기본설계	의장기본설계 (배관, 철의, 전기)
BLOCK DIVISION	↓	↓
DAP, WSD	구조상세설계 및 강재발주	의장 각 공종별 상세설계 및 기기장비재 발주
	↓	↓
	구조생산설계	의장 각 공종별 생산설계 및 의장품 발주
	↓	↓
소조, 중조, 대조, 블록, P.E, 탑재	통상 DAP에 따라 소-중-대조립 STAGE 별 전후 작업공종을 활용하여 자재번호 Coding	통상 기기장비재는 별도로 기자재 번호를 Coding하고, 의장품은 다음의 Coding 체계를 활용 "BLK No. 3자리 + 설치위치 + 공종"
		↓
Dock 및 안벽 (ZONE DIVISION 활용)		Dock 의장공사, 안벽의장 공사 및 선상시운전 병행
		↓
		시운전

* Tip 1. 기기장비재는 엔진 등의 주기관에서 보기류, 각종 갑판장비 및 각종 밸브에 이르기까지 기기장비를 의미하고, 의장품은 해당설비의 설치를 위한 각종 배관 Support, Cable Tray 및 선내 교통장치(Handrail, ladder 등) 등을 의미함

** Tip 2. 기기장비재는 통상 규모가 크거나 특징이 뚜렷하나, 의장품은 규모가 작고 모양이 비슷하여 자재를 식별하기 위한 Coding이 중요(예시: 825TF인 경우 825번 BLK의 T(TOP, 상부)에 설치하는 F(철의장재)임을 의미함)

○ **(종류)** 선각공사를 중심으로 블록분할, 기준선 계획, 각부 결합요령 및 탑재요령을 살펴보면 다음과 같다.

- **(블록분할 계획)** 블록의 크기, 형상, 중량은 단순한 조립 측면만 아니라 조선소가 가진 시설장비의 사양과 공법을 감안하여 조립물량 및 선행의장을 극대화하여 Dock공사가 최소화 되도록 검토해야 함
- **(기준선 계획)** 조립의 정도(정확도)를 맞추기 위해 조립 시 기준선을 설정해야 하며, 통상 블록상호 위치관계를 결정하는 블록기준선과 블록 내 부재의 상호 위치를 결정하는 조립용 기준선이 있음

* Tip. 기준선은 LBD방향으로 최소한 1개를 선정해야 하며, 통상 적절한 버톡라인, 워터라인 및 프레임을 기준선으로 선택

< 블록기준선 선정시 주의사항 >

❶ 기준선이 1개인 경우, 대략 블록의 중앙을 지나도록 함
❷ 관계 블록 상호간에 공통된 것으로 선정
❸ Seam line(용접선)에 근접하지 않도록 할 것(기준선이 불분명해 짐)
❹ 가능한 한 간단한 치수로 표현

- **(각부 결합요령)** 정확하고 용이한 결합을 위해 판끝 연장(Margin)을 적용하나, 최근 건조기술의 발달로 수축 여유치 예측의 정확도가 높아 적용하지 않는 추세임
- **(블록탑재 요령)** Dock 또는 선대에 블록을 탑재하는 주요요령은 다음과 같음

< 블록탑재 요령 >

❶ 선형유지를 용이하게 할 것(선체 변형이 없도록 반목 배치 등)
❷ 블록간 결합이 원활하도록 선행단계에서부터 각 블록의 정도를 관리
❸ 통상 블록간 결합 이후 의장 System간 연결을 함에 따라 사전에 고려 필요

□ 예열

○ **(목적)** 모재와 용착음속 사이에 온도의 변화를 원만하게 하여 열영향부의 품질(경도↓, 인성↑)을 향상시켜 용착강의 균열을 방지하기 위함이다.

○ **(적용)** 예열이 필요한 개소와 예열온도 및 방법은 다음과 같다(통상, 상세내용은 WPS에 표기되고 이에 따라 시공됨).

> ▸ 필요개소
> ❶ 대형주강품을 강판에 용접 할 경우, ❷ 30mm 이상의 후판 용접시(구속이 큰 경우), ❸ 균열발생의 염려가 있는 개소, ❹ 한랭(0℃↓)한 기후에서 용접할 경우, ❺ 크랙부 보수 용접시
> ▸ 예열온도는 통상 150~200℃ 정도, 균열방지 목적은 50~60℃ 적용
> ▸ 예열방법은 산소-아세틸렌, 산소-프로판, 전기유도가열 방법 등을 사용

□ 가용접(취부)

○ **(목적)** 조립할 대상을 정규 형상으로 유지함과 동시에 본용접의 준비과정으로 용접시 능률 및 품질향상이 목적이다.

○ **(주의사항)** 가용접은 가능한 한 최소한으로 하고, 본용접 시공 중 수축변형에 의해 가용접부에 균열이 발생할 수 있는데 이때 반드시 따내기 작업 실시 후 본용접을 하여 용접품질을 확보해야 한다.

□ 결합(본용접)

○ **(용접순서)** 일반적인 경우 용접시공의 순서는 다음과 같다.

> ❶ 용접수축은 자유단에서 발생하도록 함
> * 굽힘이나 각변형은 구속하여 용접하나, 면내 수축은 가능한 한 구속하지 않음
> ❷ 수축량이 가장 클 것으로 생각되는 조인트를 먼저 용접하고 수축량이 적은 것은 마지막에 함
> ❸ 판의 맞대기 용접을 먼저하고, Seam을 뒤에 용접함
> * Butt 용접 시 Seam의 개선에 맞게 치핑 후 용접

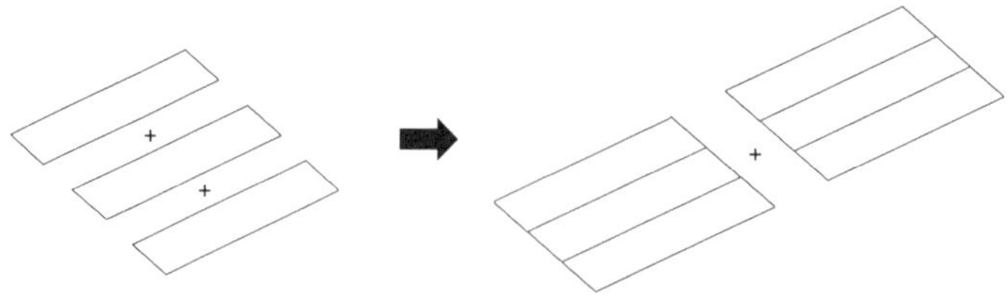

❹ 판의 맞대기 조인트와 교차하는 T형 조인트의 필릿용접은 맞대기 조인트 용접 후 필릿 용접을 함

❺ 블록중심으로부터 전후, 좌우, 상하 대칭으로 용접을 진행

❻ 블록과 블록의 조인트가 일직선이 아닌 경우, 맞대기 전후 150~300mm정도의 Seam 용접을 남겨(마킹 부분) 두었다가 ❷의 요령으로 실시

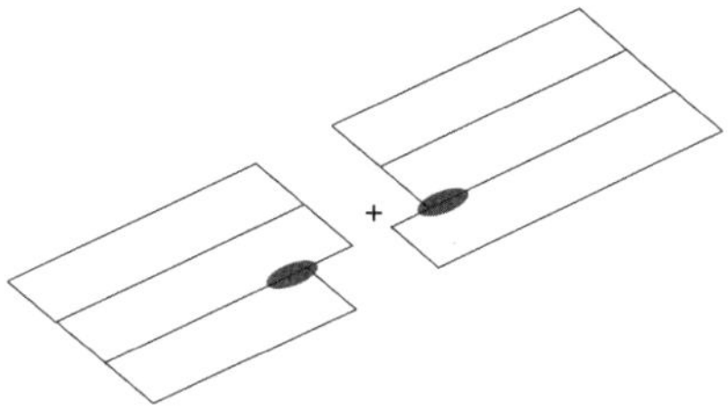

○ **(주의사항)** 본용접 시 일반적인 주의사항은 다음과 같다(기본적으로 WPS에 관련 사항을 정리함).

❶ 모재 재질을 확인하고 용접봉을 선택

❷ 용접면을 청결하게(수분, 녹, 도료 등을 제거)하고, 다층용접인 경우 각 용접 패스사이에 이전 용접의 슬랙을 제거

❸ 적절한 용접방법, 운봉법 등을 이용하여 용접(전류, 용접속도 등 고려)

❹ 용접봉 이음(교체시) 개소는 결함을 일으키기 쉬우므로 슬랙 제거에 유의

❺ 용접의 시점은 용입이 나쁘고, 종점은 균열 발생가능성이 높아 운봉에 유의

❻ 한랭(0℃↓)한 경우 예열 실시

❼ 바람이 강한 날은 아크가 끊어지기 쉽고, 비오는 날은 반대측이 젖어 있기 마련임으로 주의

❽ 용접선이 겹치는 경우, 스캘럽(Scallop)을 적용하여 회피

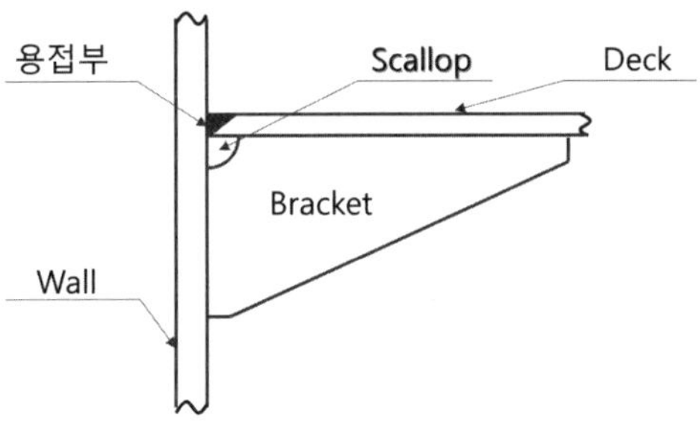

❾ 한랭할 경우 가급적 용접을 중단하지 않음

❿ F.P welding(완전용입)의 경우, Back gauging 후 용접할 것

□ 결합 후 보수

○ **(개념)** 본용접 후 각종 결합 또는 운반을 위해 이용한 Lifting Lug, 발판피스 등을 제거하고 이에 따른 보수 조치가 필요하다.

< 용접 후 보수 작업 >

❶ 언더컷 발생시: 가는 지름의 용접봉으로 살붙임 처리 ❷ 오버랩 발생시: 불량부 치핑 후 필요시 살붙임 처리 ❸ 균열 발생시: 양 끝에 스톱 홀 시공 후 용접개선 용 치핑을 거쳐 육성 ❹ 외판 부착물 제거: 돌출부는 치핑, 언더컷은 치핑 후 살붙임 처리

□ 공장설비

○ **(공장)** 소조립 공장과 대조립 공장으로 구분하고 다음 공정을 수행한다.

▸ 소조립 공장 : 판재간 용접에서부터 판위에 Stiffener, Bracket 등을 취부용접하는 것까지 다양한 공정을 수행 * 취부기, 포지셔너, 로봇용접 및 발전기 등이 필요 ▸ 대조립 공장 : 블록제장공정으로 평판BLK, 곡면BLK, 입체BLK(Camber가 있는 BLK으로 평판 및 곡면BLK의 중간 성격) 공정으로 구분가능 * 평판자동용접기, Longi, Trans 삽입 장치, Liner welder 등이 사용

○ **(설비)** 조립은 가공된 부재를 각각의 기준선에 맞추어 조립하는 것으로 조립하기 쉬운 상태로의 배열이 필요하며, 이때 지그(Jig) 등의 설비가 요구된다.

▸ 지그 사용의 장점 ❶ 아래보기 용접 등이 가능하여 작업이 용이하며, 생산능력이 향상 ❷ 블록의 변형이 작고, 정밀도가 향상됨 ❸ 검사 및 체크가 용이 ❹ 공작법이 단순화 되어 안전한 작업이 가능 ❺ 생산공정 관리가 편리

► 지그의 종류

❶ 수직 Support 조절식 지그(Pin Jig): 곡면 BLK 조립시 주로 사용하며 상하 조절이 가능한 지그를 일정한 간격으로 설치한 것(통상 공장건설시 콘크리트 타설전 설치)

❷ 클램핑 거더: 맞대기 용접(판 이음), 필릿용접시 변형을 방지하기 위해 거더의 양측을 클램핑하는 설비

❸ 포지셔너: 용접물을 자유로이 회전하여 용접부를 용접하기 쉬운 위치로 둘 수 있는 작업대

► 공구의 종류

: 계측공구, 절단공구, 요철공구, 용접공구, 취부공구, 연삭공구, 기타공구

* Tip. 조선소에서는 통상 공구를 일괄적으로 모아서 관리하며, 필요시 불출하여 사용하는 방식으로 운영. 작은 Litfting lug와 같은 치구류는 모아두고 자유롭게 사용하기도 함

□ 탑재준비

○ 블록의 조립과정에서 후행공정을 위한 발판과 블록이동을 위한 보강재 및 Lifting lug 설치 등 Dock 공사를 가능한 한 최소화하기 위한 준비작업이다.

- **(블록보강)** 운반 중 블록의 변형 및 낙하 등을 방지하기 위해 Lifting plan을 감안하여 충분한 보강 필요

  * 현장 탑재 시 방해되지 않도록 하고, 탑재 후 철거가 쉽도록 하며 Lifting을 위한 부재를 반복 사용할 수 있도록 규격화하고 표준화** 할 필요

  ** Tip. 실제 조선소에서는 표준치구집 등을 만들어 각종 Lifting lug 등을 표준화하여 사용

- **(운반피스 부착 및 블록반전)** 블록 lifting 시 블록의 무게중심, lifting 와이어 각도 및 lifting lug 하부의 국부강도 등의 고려 필요

- **(발판피스의 선정 및 부착)** 후행공사 시 고소작업* 등을 고려하고, 현장공사의 작업 조건을 감안하여 발판피스(족장) 설치

  * 통상 블록작업은 Deck Base(Deck가 지면방향으로 놓인 상태)에서 작업하지만, 탑재 이후 정규상태가 되면 Deck 하부는 고소작업이 되기 때문에 조립공정에서 발판 설치 필요

- **(기타작업)** 블록의 정밀도 유지를 위한 피스부착, 블록도장, 블록 조인트 부근의 의장품 고박* 후 탑재 등의 작업이 있음

  * 가능한 한 블록 조인트 부위의 의장품 설치는 기피하지만, 불가피하게 블록 간 연결 배관피스 또는 Handrail 및 Ladder 등이 존재하는 경우, Deck 블록이 설치되는 후행공정에서 해당 공간으로 인입이 어렵기 때문에 블록탑재 전 설치 인근 위치에 고박

2-4-4 탑재공사 (부-Ⅱ-0)

□ 개념

ㅇ 각 조선소의 설비여건 및 작업 용이성 등을 고려하여 적절히 분할된 크기의 블록이 가공 및 조립공정을 통해 생산되면 Dock로 이동 후 일정한 순서에 따라 쌓아져 선박이 되는데 이를 탑재공정이라 한다.

< 탑재공정 흐름 >

선체지지 → 탑재 전 공사 → 탑재작업 → 선형결정짓기 → 다듬질 → 발판설치 → 검사

□ 주요공정

① **(선체지지)** Dock내 건조를 위해 선체의 중량을 효과적으로 분산시켜 지지할 수 있는 받침목을 배치하는 과정

* 반목(Trestle)이 주요지지 부재이며, 지주는 보조수단임. 작업 및 통행을 고려하여 선저에서는 1.2~1.8m 이상, 측벽에서는 최소 600mm 이상의 공간 확보 필요

② **(탑재전공사)** 블록탑재 전 완료해야 하는 모든 공사(선행의장, 도장 및 선형 발판가설 등)

③ **(탑재작업)** 탑재 크레인으로 Dock나 선대에 블록 탑재 수행

* 통상 기관실 선저블록을 탑재기점으로 하여 선수미 방향으로 탑재 진행

④ **(선형결정짓기)** 탑재되는 각 블록의 상호위치 및 부재간 이음을 바르게 조정하여 정확한 선형을 결정짓는 단계

* 폼 셋(Form Set) 또는 쉽 라이트(Ship wright)라고도 함

⑤ **(다듬질)** 부재간의 이음을 정확하게 맞추기 위해 블록간의 이음을 다듬질하는 것으로 여유가 있는 곳은 맞춤절단을 하고, 잔류응력 및 변형이 발생한 곳은 수정작업을 수행

⑥ **(발판설치(족장))** 탑재공사는 대부분 고소작업으로 안전하고 원활한 수행을 위해 발판, 난간 및 사다리 설치* 필요

* 고소작업 최소화를 위해 사전의 충분한 검토를 거쳐 선행가설 및 설치·제거가 간편하도록 설계 필요

⑦ **(검사)** 주로 선체구조 및 용접부에 대해 행해지며, 외관검사, 비파괴검사, 수압(또는 기압)검사, 누설검사 및 강도검사 등을 수행

□ 주요공법 [참조: 대한조선학회.「선박건조공학」, 동명사 (2007). 212~220쪽]

○ **(전개방식에 따른 분류)** 일반적으로 설치상태의 안전성이 있는 블록을 기점으로 선수미, 좌우 및 상하 3개 방향으로 전개하며, 전개방식에 따라 다음과 같이 분류된다.

① **(층식건조법)** 선수미 방향의 전개방식으로 선저부분을 전개한 후, 다음으로 횡벽, 종벽 및 외판부로 전개하는 건조방식

- **(장점)** 탑재초기 다수의 인원 투입이 가능하여 잉여 작업원이 작고 일정기간 내 동일 작업자가 같은 작업을 수행하여 작업의 평준화 및 기계화가 용이하므로 전체적인 효율이 상승

- **(단점)** 상하 방향의 공정이 늦어 Tank검사, 의장관계 검사 등의 지연으로 공기 단축이 곤란하고 선체의 변형 등을 야기 할 수 있음

< 층식건조법 개념도 >

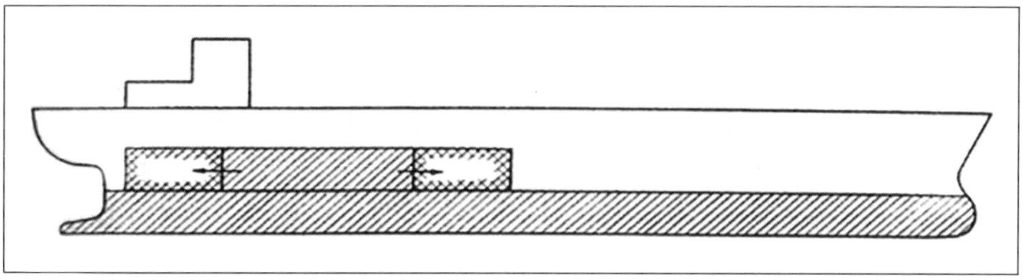

② **(상형건조법)** 상하 방향 전개에 주안점을 둔 것으로, 선저에서 상갑판 까지 1구획 단위로 구성하여 탑재를 진행하는 방식

- **(장점)** 용접에 의한 선수미 방향 교정작업이 적고, 1구획 단위로 조기에 검사 착수가 가능하며, 탑재초기 면적을 크게 사용하지 않아 타호선의 Dock 사용이 가능

- **(단점)** 탑재초기 다수의 인원이 투입되지 못하고, 작업개소 및 공종이 다양하여 인력관리가 어려움

< 상형건조법 개념도 >

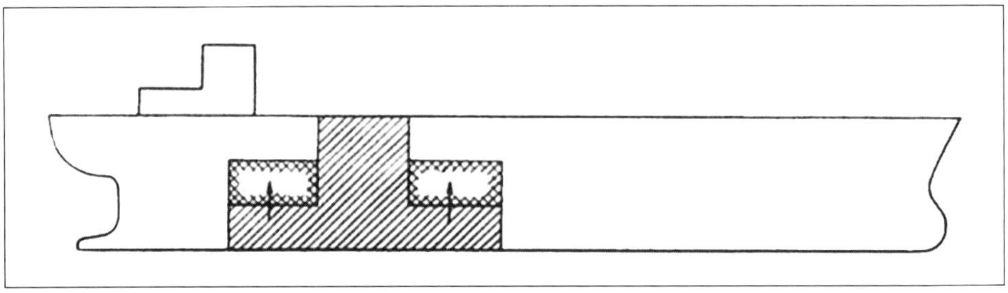

③ **(사다리꼴[피라미드식] 건조법)** 층식 및 상형건조법의 중간적인 형태로 선저부분을 탑재하여, 작업원의 초기 흡수를 신속히 함과 동시에 격벽, 외판 및 상갑판 순으로 탑재하는 방식(가장 많이 사용되는 방식)

< 사다리꼴건조법 개념도 >

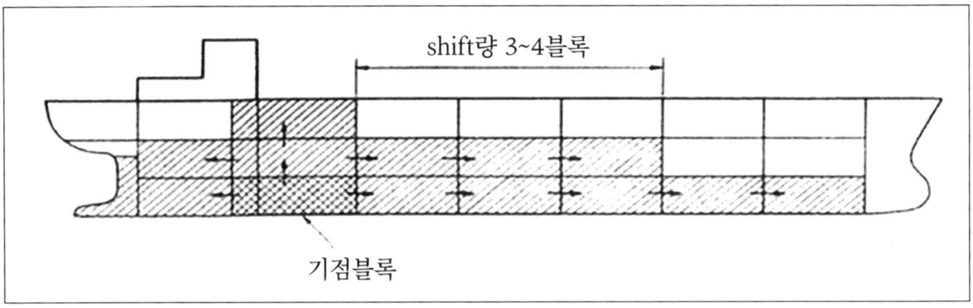

④ **(다점건조법)** 건조기간 단축을 위해 기점을 2개소 이상 설정하는 방식으로, 기점이 많은 경우 기점 블록 간 연결의 어려움을 감안하여 통상 기점은 2~3개소로 함

< 다점건조법 개념도 >

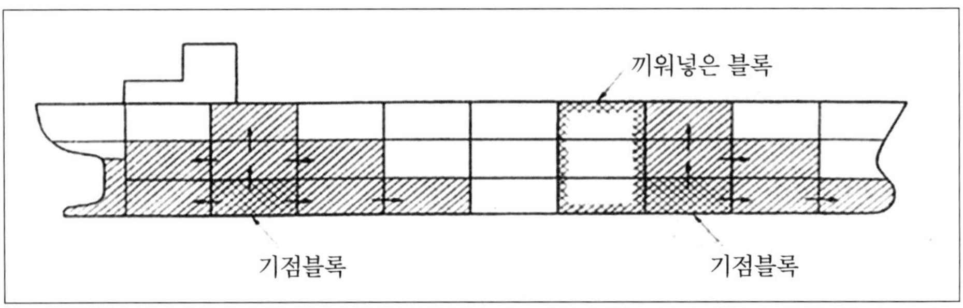

○ **(연속건조방식에 따른 분류)** Dock 및 선대의 회전율을 높여 생산성을 높이기 위한 방식으로 지속적인 공법의 개발이 이루어지고 있다.

① **(세미텐덤식)** 1척분 이상의 길이를 가진 Dock 또는 선대에서 전선(全船)과 병행하여 다음 호선의 선미부를 함께 건조하고, 전선 진수 후 선미부를 정규 설치장소로 이동하여 이를 기점으로 탑재하는 방식

- **(특징)** 기관실, 펌프룸 내의 조기의장이 가능하고, Dock의 회전율이 높아지며, 대조립 공정의 작업 평준화와 작업원의 분산배치 가능

< 세미텐덤식 개념도 >

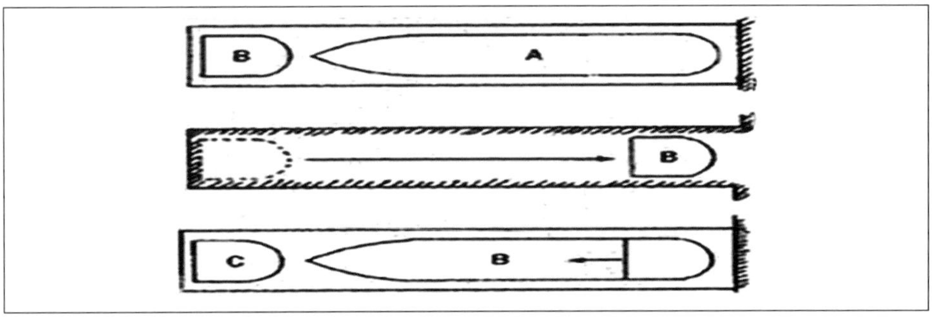

② **(양개독방식)** Dock의 양단 및 중간에 게이트를 설치하여, A선의 진수와 상관없이 B선의 작업을 진행하며, A선 진수 후 중간 게이트를 이동하여 B선의 남은 부분과 C선의 선미구획을 동시에 건조

- **(특징)** Dock 2개를 갖는 효과를 가지며, 설비효율 및 공정 평준화에 유리하나, 양개독 구축을 위한 고비용이 소요됨

< 양개독방식 개념도 >

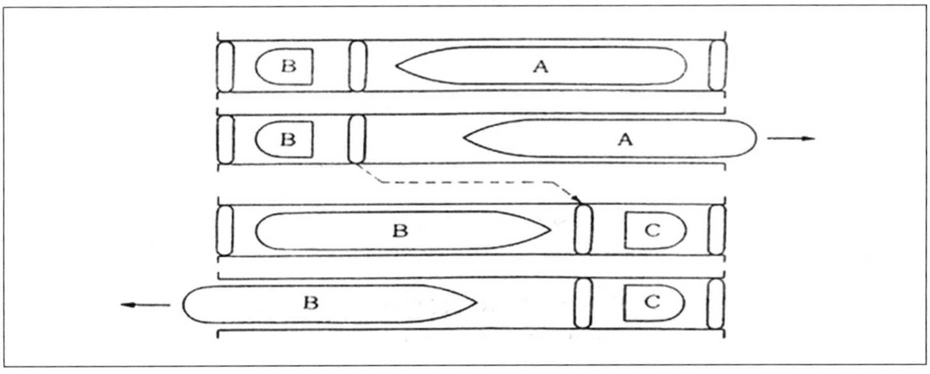

③ **(압출식 연속 건조)** 탑재점 위치를 고정하고, 완성부 선체를 순서대로 밀어내는 방식으로서 독특한 건조방식의 하나임

- **(특징)** 옥내 탑재로 실외작업에 의한 기후영향을 배제 할 수 있고, 설비·기계 등의 사용 가능성이 높아 작업의 고능률화가 가능함. 다만, 선체를 밀어내기 위한 설비가 요구되어 설비 구축비용 大

< 압출식연속건조 개념도 >

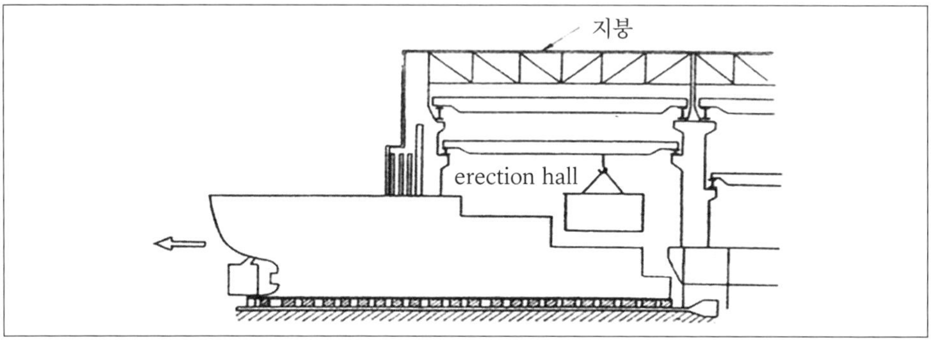

④ **(다스테이지 건조)** 스테이지를 여러 개로 확보하여 동시에 여러 척을 건조하는 방식으로 진수 후 바로 시운전에 들어가는 방식. 마치 Dock 내부를 컨베이어와 같이 활용하는 방식의 건조방법

- **(3 스테이지 방식)** 종래에 Dock 후 안벽공정을 모두 Dock 내부에서 완료시키기 위해, 선미건조, 선수건조 및 평행부 건조로 의장공사를 3개의 스테이지로 나누어 건조하는 방식

* 각 스테이지 피치를 조절할 수 있어 공정관리가 원활하고, 작업장소의 고정화 및 작업의 전문화 등이 가능

< 3 스테이지 개념도 >

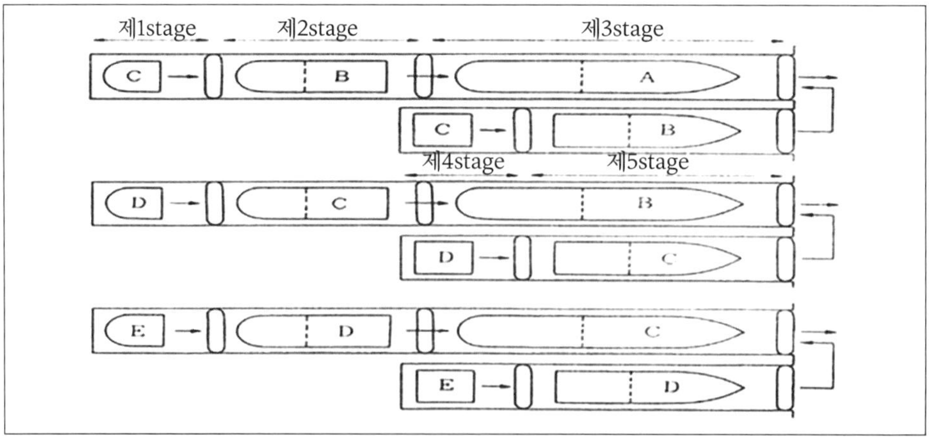

- **(5 스테이지 방식)** 3 스테이지 방식과 개념은 같으나, 선수부와 선미부를 별도의 Dock에서 건조하고, 최종공정으로 선수미를 결합하는 방식

⑤ **(P.E 방식)** 조립 스테이지와 탑재 스테이지 사이에 P.E-Stage를 두어, 그 곳에서 조립 된 BLK를 Dock내 탑재지점 까지 이동하는 방식

* 종래 Dock에서 수행하는 작업을 지상에서 실시함으로써 작업환경을 개선할 수 있음에 따라 안전성 및 능률성이 향상됨

** Rotus Sys. (PE BLK를 회전격납 장치를 이용하여 탑재하는 방식)과 Gamma Sys. (PE BLK를 트렌스포터를 이용하여 이동 후 탑재크레인으로 탑재하는 방식)이 있으나 통상 Gamma Sys. 적용

⑥ **(분할건조법)** 건조 선박이 Dock보다 클 경우 분할하여 건조하는 방식

- 선수부를 별도로 건조하여 Dock 또는 해상에서 결합하거나, 선체 중앙부 부근에서 분할하여 해상에서 결합하는 방식이 있음

2-4-5 진수 (부-II-0)

□ 개념

○ 선박을 처음으로 물에 띄우는 공정으로 선박건조의 Key Event 중 하나로써 선대 진수 및 Dock 진수 등이 있다.

○ 특히, 선대진수는 선체 밑의 여러 받임목이나 지주로 지지되고 있는 선체를 단시간에 수중으로 활주시킴에 따라 급격한 응력이 작용하고 전복의 위험성이 있어 주의가 필요하다.

< Key Event의 개념 >

- ► 조선업 특성상 주요공정마다 주문주로부터 건조비를 받게 되는데 이때 사용되는 계약상의 주요공정의 흐름은 다음과 같음
- ► Contract(계약) → Steel Cutting(건조에 사용되는 첫 강재를 자르는 일) → Keel laying (용골거치, 첫 블록을 Dock에 거치하는 일) → Launching(진수) → Delivery(인도)
- ► 세계 경기에 따른 선박운임 및 선복량 등의 여건에 따라 계약조건은 변경되나, 선박운임이 낮고, 선복량이 많아 발주가 적은 경우, 계약은 주문주에게 유리하게 진행되어 공사 말미에 대부분의 공사 대금을 받는 Heavy Tail 방식으로 진행

□ 종류

○ **(Dock 진수)** Dock 내에 해수를 주입하여 선박을 진수하는 방식으로 비교적 가장 손쉬운 방법이다.

- 다만, 대규모 Dock 건설비용이 소요되고, 해수 주입 중 선체가 부양되는 과정에서 과도한 Trim & Heeling이 발생하지 않도록 주의가 요구되며, 해수 주입으로 진수 시 경비 및 시간이 과다 소요됨

< Dock 진수 >

Dock 진수	Floating Dock 진수

[그림출처] www.gmdshipyard.com
https://sailor.news/port-news/the-largest-dock-in-the-baltic-states-owned-by-the-western-shipyard-member-of-blrt-grupp-accepts-the-first-ship-for-repairs/

○ **(선대진수)** 해안가에 경사진 선대를 이용하여 선박이 자중으로 미끄러지며 진수되는 방식으로 중소 조선소에서 많이 사용된다.

< 선대진수 시 각 구성설비 및 요건 >

❶ 선대: 건조 작업장으로 충분한 길이 및 폭이 요구됨 ❷ 진수대: 고정대(선대의 반목위에 고정되는 대) 및 활주대(고정대 위를 미끄러지는 대로 선체와 함께 미끄러짐으로 선체와의 고정 필요)로 구성 ❸ 포핏: 활주대와 선체를 완전히 고정시키기 위한 것으로 침목 및 웨지 등이 있음

- **(세로진수)** 통상 선수를 육지로 하고, 선미부터 진수되도록 하며, 가급적 선대경사를 완만히 하여 진수 시 충격을 최소화해야 함

< 세로진수 시 선미부터 진수하는 이유 >

❶ 통상 선미부터 진수할 경우 부력 발생이 빠름(선미선형이 선수선형보다 비대) ❷ 몰입부 부양시 육상측 지점에는 강한 반력이 형성되는데 이에 대해서는 선수구조가 슬래밍 등이 감안되어 있어 선미구조에 비해 더 적합 ❸ 진수시 프로펠러 및 타의 손상 위험성이 적고, 건조시 선미측이 경사진 선대의 하부에 위치 함에 따라 프로펠러, 타 등의 설치가 손쉬움

- **(가로진수)** 선체를 해안에 평행하게 건조하여 가로방향으로 활강하며 진수하는 방식으로 수심이 얕아 세로진수가 곤란할 경우 적용됨

< 선대진수 >

세로진수	가로진수

[그림출처] http://www.turkishmaritime.com.tr/new-expedition-cruise-ship-launched-in-croatia-37772h.htm
https://www.wearethemighty.com/mighty-tactical/ship-launching-looks-insane/

○ **(기타진수)** 통상 중·대형선은 선대 또는 Dock 진수를 채택하고, 소형선은 다음과 같이 다양한 방식으로 진수된다.

① **(기중기를 이용한 진수)** 주로 소형선에 적용

② **(승강기에 의한 진수)** 충분한 용량의 엘리베이터와 가로 × 세로 레일을 적용한 진수방식

③ **(롤러진수)** 중공원통을 사용하여 진수하는 방식

④ **(대차식 진수)** 선대에 부설 된 레일 위를 대차로 활주하는 방식

⑤ **(볼 진수)** 강판 위에 볼을 설치하고, 그 위에 활강대가 활강할 수 있도록 하는 진수 방식

< 기타진수 >

기중기를 이용한 진수	롤러식 진수	대차식 진수

[그림출처] http://www.koreaheayang.co.kr/index.php?mid=pkport01&listStyle=list&page=2&document_srl=24719
https://www.qdpneumaticfender.com/marine-rubber-airbag/

2-4-6 의장공사 (적-II-0, 이-II&III-0)

□ 개념

○ 건조공기 단축, 건조비 절감, 높은 품질 및 성능 유지를 목표로 가능한 한 지상공사, 선행의장이 되도록 하는 것이 중요하다.

○ 다양한 의장공법이 있으나 대표적으로 블록 의장법(선행의장), Unit의장, 청공의장법 및 구획의장법 등이 사용된다.

□ 종류

○ **(블록의장)** 블록건조 공법의 적용에 따라 선각조립 공정 시 의장품을 함께 설치하는 방식으로 선각공정에 맞추어 의장품의 적기 투입이 필수적이다(블록의장에 따라 고소작업 감소와 용접자세의 능률화로 효율이 상승).

○ **(유닛의장)** 구성단위별로 의장품을 Unit화 하여 조립하고, 블록 또는 Dock에 직투(바로 공급)하여 탑재하는 의장방식이다.

- 블록의장 대비 의장공사와 선각공사를 분리할 수 있어, 공정의 분배가 가능하고, 효율을 높일 수 있으나, 공정상 블록의장보다 의장품 발주 시기가 빨라 세심한 관리 필요

* 통상 기관실 기기류, 선실의 욕실 및 Main Deck 상부 배관 등에 적용

○ **(청공의장)** Deck 블록이 덮히기 전 의장품을 탑재하는 방식으로 탑재 시 하부 블록의 간섭 등 제약이 있는 반면 Deck 블록이 덮힌 뒤 의장품 설치를 위한 Hole Repair 작업이 필요 없다.

* 통상 발전기, 보일러, 갑판장비의 HPU 및 Panel 등의 설치에 적용

○ **(구획의장)** 종래에 장치별(공종별)로 많은 공종이 같은 시기에, 같은 장소에서 혼재되어 작업하는 방식을 개선한 공법이다.

- 공종별 도면을 작성하여 설치하는 방식에서 하나의 도면에 그 구획에 설치되는 모든 의장품을 표기하고, 자재 수급과 배분을 구획단위로 하여 설치하는 공법

* 작업원의 다기능화에 따라 작업능률이 다소 감소할 수 있으나, 전체 설치 품목을 한눈에 확인하여 공종 간 간섭 또는 설치 오류 등을 최소화할 수 있고, 공정관리 측면에서 용이

제2절 FRP

7. FRP 건조일반(부-Ⅱ-0)

: 대형선과 달리 소형선은 대부분 FRP로 건조된다. FRP는 소재 측면에서 가볍고, 부식이 되지 않는다. 건조시 용접과 같은 고기량의 작업자 없이 적층을 통해 건조가 가능하며 수리 역시 간편하다. 단점으로는 적층시 사용되는 수지액으로 인해 화재에 취약하고, 장기간 사용시 적층된 Layer 사이에 박리가 일어나기도 한다. 그리고 재활용 기술이 보편화되어 있지 않아 환경오염의 원인으로 지적되기도 한다.

8. 소재특성(부-Ⅰ-3)

: 유리섬유 원사를 통해 제작된 중간산물인 촙매트와 로빙 크로즈(촙매트 대비 두께를 형성하는 역할) 그리고 이를 붙이기 위한 본드인 수지액이 FRP선박의 주요 원자재라 할 수 있다. 건조방법은 수지액을 이용하여 촙매트 일정간격으로 겹쳐서 적층하고, 그 위에 로빙 크로즈를 동일한 방법으로 적층한다. 이와 같이 촙매트와 로빙 크로즈의 Layer(각 Layer는 연속성이 확보되어야 한다)를 교차로 적층하여 구조강도를 만족하는 두께를 만들어 낸다. 용골에는 필요시 나무와 같은 심재를 함께 사용하기도 한다.

9. 몰드제작(부-Ⅰ-3)

: FRP건조시 강선건조와 대비되는 가장 큰 특징은 몰드라고 할 수 있다. 유리섬유를 반복적으로 적층하고 경화시켜서 외형을 형성하게 되는데 이때 필수적으로 형틀(몰드)이 필요하게 된다. 몰드는 통상 목형을 만들어 그 위에 FRP적층 및 경화를 거쳐 목형으로 부터 분리하여 완성하게 된다.

10. 건조공정(부-Ⅱ-0)

: FRP선박의 건조는 외판의 최초 도장이자 탈형을 손쉽게 하는 갤코트를 몰드에 도포하는 것으로부터 시작된다. 이후 외판적층을 거쳐 보강재 및 격벽을 적층하여 선체를 완성하고 탈형한다. 선체 내에 주기관 및 각종 의장공사를 시행하고, 상갑판 및 상부구조물의 제작을 선체와 유사한 방법으로 병행한다. 선체 내부의 공사가 완료되면 상갑판 및 상부구조물을 설치하고, 전기공사를 비롯하여 선체에서 상부구조물로 이어지는 잔여 의장공사를 수행하는 것으로 건조가 마무리 된다.

11. 진수(부-Ⅱ-0)

: 대형선이 도크진수 및 선대진수를 기반으로 하는 반면, FRP선박은 선대진수와 크래인을 이용한 진수 방식을 사용한다.

< 선박의 필수기능에 관한 기능구조분석도 >

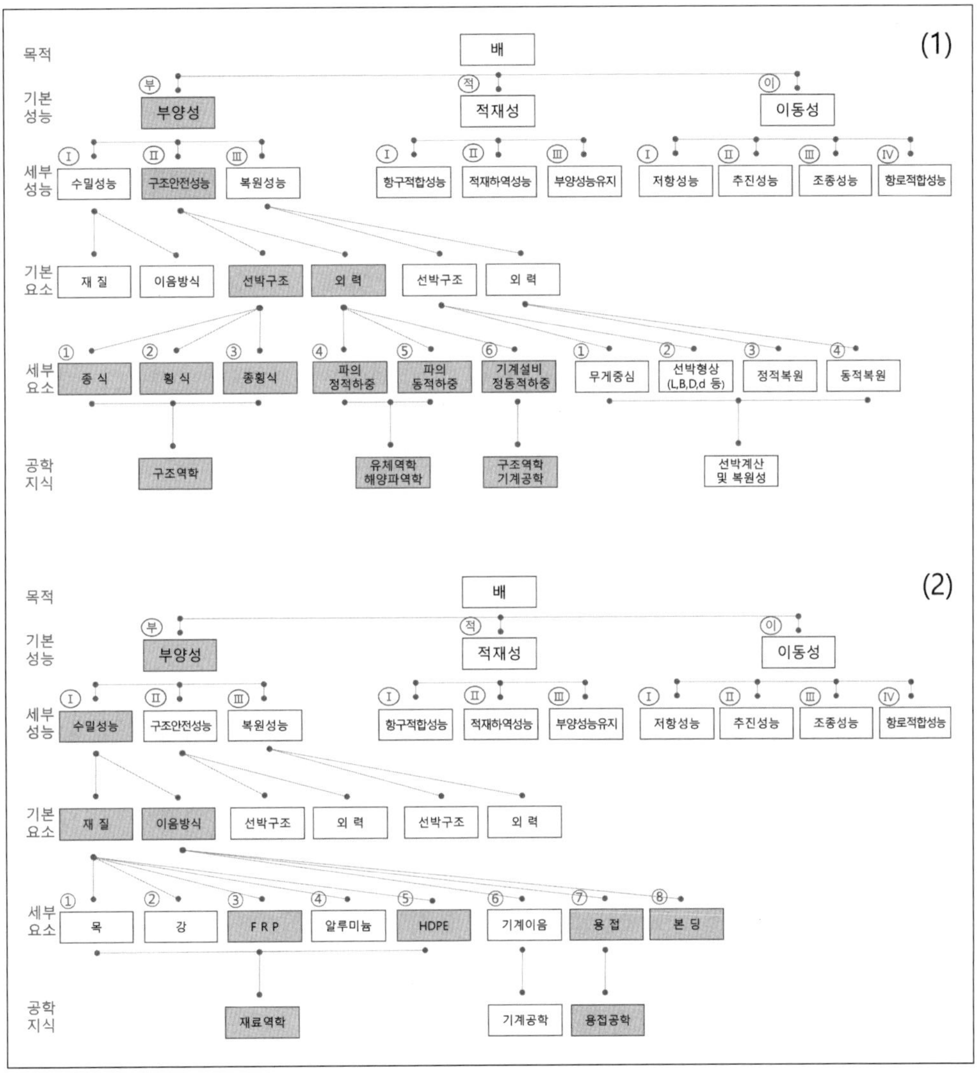

2-4-7 FRP 건조일반 (부-II-0)

□ 개념

○ **(현황)** FRP*재질은 주로 소형선박에 사용되고, 선종으로는 어선과 레저선 등에 활용되고 있으며, 알루미늄 및 HDPE 등 새로운 선질이 적용되고 있으나 소형선박의 대다수는 FRP로 건조된다.

* FRP(Fiber glass Reinforced Plastic): 유리강화섬유

** Tip. 선박의 개념을 확장해서 보면, 상선에 사용되는 Life boat, Rescue boat 또는 Work boat 등에도 FRP 건조방식이 적용되고 있음

○ **(특징)** 선박몰드(형틀)만 가지고 있다면, 적층을 통해 강선에 비해 쉽게 건조 및 수리가 가능하며, 밀도가 작아 침몰의 위험이 낮고, 전기적인 방식관리가 필요 없다.

- 다만, 건조·수리 과정에서 미세플라스틱이 발생되고, 화재에 취약*하며, 용접에 비해 이음부 강도의 연속성을 확보하기가 어려움

* Tip. FRP소재의 화재 취약성에 대해 엄밀히 말하면 FRP 자체가 불에 탄다기보다 적층 시 사용되는 본드인 수지의 발화점이 낮아 화재발생 요인이 됨

□ 조선소

○ **(구성)** 강선건조 조선소에 비해 설비는 간단하며, 공정 흐름에 따라 구성은 다음과 같다.

① **(자재적치 공간)** 촙메트, 로빙크로즈 및 수지 등의 자제 적치와 재단을 위한 공간이 필요

② **(몰드*)** FRP선박 건조시 핵심설비로 FRP를 적층할 수 있는 형틀이라 할 수 있으며, 사실상 선형은 몰드에 의해 결정된다고 할 수 있다. 강선건조에서 살펴본 현도기술이 동일하게 적용

* 통상 목재를 활용하여 선체주부의 형상을 만들고, 이 위에 FRP적층을 통해 선체와 동일한 형틀을 만드는데 이를 몰드라 함

③ **(Hoist 및 Crane)** 몰드로부터 선체를 분리(탈형)하여 후행공사를 위해 반목위로 이동하거나, 진수를 위해 이동시 반목으로부터 트레일러 등으로 상차하기 위해 사용

④ **(진수설비)** 통상 Tower Crane 형태의 고정식 크레인 또는 크레인 차량 등이 있고, 이동식 크레인을 이용한 진수방식을 주로 활용

⑤ **(각종공구)** 의장품 용접을 위한 간단한 용접설비, 적층 시 사용되는 롤러, 적층된 FRP 절단을 위한 그라인더 등의 공구가 필요

○ **(배치)** 이상적인 경우는 시운전 및 인도를 감안 해안가에 접하고 자재 수입에서 시운전까지 최적의 동선으로 공장을 배치해야 한다.

- 하지만, FRP건조는 몰드단위로 개별호선이 건조됨에 따라 작업원 운용이 명확하고, 비교적 동선이 간단하여 조선소 배치의 중요성보다는 공간의 확보가 중요함
- 이상적인 공간확보는 진수를 위한 공간을 기점으로 후행공정을 위한 옥외공간과 적층 및 몰드관리를 위한 옥내공장을 갖추는 것임

2-4-8 소재특성 (부-Ⅰ-3)

□ 개념

○ FRP선질은 유리강화섬유와 수지(본드)를 반복하여 적층하는 과정으로 소재특성을 파악하기 위해서는 각 구성에 대한 이해가 필요하다.

① **(필라멘트)** 한 가닥으로 이루어진 유리 섬유

② **(스트랜드)** 필라멘트를 50~200가닥을 묶어 놓은 상태

③ (YARN) 스트랜드를 여러 가닥으로 꼬아 놓은 형태*

* Mooring rope 등 각종 로프에도 동일하게 적용되는 개념으로 원사를 꼬아 소선을 만들고, 다시 소선을 여러 가닥 꼬아서 최종적인 로프를 만드는 방식임

④ **(유리로빙)** 스트랜드를 꼬지 않고 다발 형태로 감아 놓은 것

⑤ **(촙매트)** 스트랜드를 적당한 길이로 절단하여 매트모양을 무방향으로 성형한 것

⑥ **(로빙 크로즈)** 스트랜드 또는 유리로빙으로 제작한 평직물

⑦ **(수지액)** 촙매트와 로빙 크로즈를 한 장 한 장 붙이기 위해 사용되는 본드로 액상 불포화폴리에스테르수지임

⑧ **(겔코트)** FRP선체 표면의 미관과 보호를 위한 수지이며, 공정상의 기능은 몰드로부터 선체를 탈형하기 위한 것으로 적층 이전에 도포(통상 0.3~0.5mm 사이의 두께로 도포)

□ FRP 특징

○ **(적층)** 적층은 촙매트와 로빙 크로즈를 반복하여 적층하되, 촙매트는 매끈한 표면처리와 도장을 감안하여 표면에 적층하고, 로빙크로즈는 두께감이 있는 직물로 강도 증가를 목적으로 내면에 적층한다.

- 강선과 동일하게 선체 각 개소는 필요 최소두께(Rule Scantling)*를 만족하여야 하고, 소재의 검증은 통상 시편검사를 통해 검증

* 적층: "M + (M+R+M) × n회 + M"의 형태로 표면은 촙메트(M)를 적용하고, 내부에는 Rule Scantling을 감안 촙메트(M)와 로빙크로즈(R)를 교차하여 n회 적층

< 적층방법의 종류 >

❶ 수(手)적층법: 유리섬유재에 수지액을 침투시켜 수작업으로 성형하는 방법 ❷ 스프레이적층법: 브러쉬로 수지액을 도포하는 수적층법과 달리 스프레이 적층장치를 사용하여 유리섬유재와 수지액을 동시에 분사시켜 성형하는 방법 ❸ 진공적층법: 섬유재를 비닐 등으로 밀폐하여 진공을 형성한 후 수지액을 주입하여 성형하는 방법

- FRP는 복합소재임에 따라 적층과정에 의해 물성치에 영향을 받게 되어, 적층 시 각별한 주의가 필요하며 주의사항 등은 다음과 같음

< 적층시 작업환경 >

❶ 적층용 수지액에 적정한 온도조건(10~30℃) 및 습도(60~80%)에서 적층 ❷ 구조강도 확보를 위해 구조용 목재를 사용할 경우, 충분히 건조된 것으로서 섬유의 경사, 마디, 부식 그 밖의 결함이 없고 그 사용목적에 맞는 성질을 가진 것을 사용 ❸ 구조강도 확보를 위해 경질플라스틱 심재를 사용할 경우, 내유(耐油), 내(耐)스티렌, 내수(耐水), 비흡수성의 것으로서 폴리에스테르수지와 접착성이 양호한 것을 사용 ❹ 충분히 경화가 되지 않은 성형품은 경화가 저하될 우려가 있는 환경조건에 두지 않고, 적외선 등을 통한 경화 촉진시 국부적인 가열은 기피

< 적층시 주의사항 >

❶ 경화제 및 촉진제의 배합비는 적층 작업장의 온도, 습도 등의 환경조건 및 수지의 특성을 고려할 필요 ❷ 적층전 몰드 표면을 깨끗이 소제하고, 겔코트를 균일하게 도포하며 도포면에는 먼지 등이 부착되지 않도록 주의 ❸ 유리섬유재의 배열은 할 수 있는 한 이음부가 적도록 하여야 하고, 이음부의 겹침폭은 50mm 이상으로 하며 인접층과의 겹침중심선 거리는 100mm 이상일 것 ❹ 수(手)적층 시 유리섬유재에 수지액을 충분히 적신 후 기포 제거용 롤러 등으로 기포*를 제거하되 과도하게 제거하여 부분적으로 수지과다 또는 결핍이 생기지 않도록 균일하게 시공 * 기포발생시 강도저하가 발생하고 물이 침투하여 적층된 층에 박리 발생 가능

❺ 적층은 원칙적으로 아래층의 경화가 현저히 진행되지 않은 상태에서 다음 층의 적층을 진행함. 두꺼운 외판을 적층하는 경우 등 공정상 연속 적층이 곤란한 경우, 해당 적층 부분에는 파라핀이 들어있지 않은 수지액을 사용하여 과잉수지층이 없도록 주의

❻ 구조부재는 선체외판의 적층 경화가 완료되지 않은 상태에서 일체로 성형할 것 (구조부재를 별도로 성형하여 접합하는 경우는 별도의 이음방식 기준을 따름)

❼ 최종층 표면은 공기를 차단(비닐 등 활용)하여 수지액의 경화가 충분히 진행되도록 조치

❽ 수지액에 충진제를 혼입하려면 충진제가 수지의 성상에 악영향을 주지 않도록 주의하고 가급적 혼입을 지양

❾ 로빙클로스의 합계중량은 유리층중량의 25~65% 이내로 함

❿ 적층 성형품에 Hole을 시공하는 경우, 유리섬유 단면이 노출되지 않도록 주의

○ **(재료시험)** 강은 제철소에서 생산시 소재의 성질을 보증하는 Mill Sheet로 관리되지만 FRP는 복합소재로써 실제 선박를 구성하는 외판 등을 적층 후 재료시험을 통해 소재를 검증한다.

< 선질별 물성치 비교 >

구분	기준	FRP	PE	강	알루미늄	비고 (>의 좌측일수록 좋음)
건조	밀도 (g/cm^2)	2.61	0.96	7.85	2.66	부피당 질량으로 가벼운 정도의 척도 강 > 알루미늄 > FRP > PE
	녹는점 및 발화온도 (℃)	415~437 (발화 온도)	130 (녹는점)	1500 (녹는점)	570 (녹는점)	화재의 취약성을 나타내는 척도 (FRP는 열경화성수지로 가열시 녹지 않고 불에 탐) 강 > 알루미늄 > FRP > PE
	UV protection	나쁨	매우 좋음	매우 좋음	매우 좋음	자외선 손상에 견디는 정도 강, 알루미늄, PE > FRP
	부식 등 해수반응도	매우 나쁨	매우 좋음	매우 나쁨	매우 나쁨	해수로 인한 부식이나 화학적 반응에 대한 정도 PE > 강, 알루미늄, FRP
	항복강도 (N/mm^2)	141	21~27	235	122	동일 규격(두께)일 때 강도 강 > 알루미늄 > PE > FRP

구분	기준	FRP	PE	강	알루미늄	비고 (>의 좌측일수록 좋음)
운용	선체중량	보통	아주 좋음	나쁨	좋음	건조시 선체무게의 경향 PE > 알루미늄 > FRP > 강
	화물적재량	보통	좋음	좋음	아주 좋음	밀도 및 항복강도를 감안한 화물적재량 경향 알루미늄 > 강, PE > FRP
	마력대비 효율	보통	아주 좋음	나쁨	좋음	선체중량을 고려한 효율(마력) 경향 PE > 알루미늄 > FRP > 강
	유지보수	매우 좋음	매우 나쁨	보통	나쁨	재질특성, 국내 용접사 및 설비현황을 고려한 경향 FRP > 강 > 알루미늄 > PE
환경	재활용 가능성	매우 나쁨	매우 좋음	매우 좋음	매우 좋음	선체재질의 재활용 가능성 (FRP는 열경화성수지로 열을 가하면 녹지 않고 산화됨) 강, 알루미늄, PE > FRP
	미세 플라스틱 발생여부	매우 나쁨	나쁨	매우 좋음	매우 좋음	재활용, 유지보수 및 부식 등의 특성을 고려한 경향 강, 알루미늄 > PE > FRP

- 재료시험 방법은 인장, 굽힘 등의 일반적인 시험방법과 동일하며, 규정에서 요구하는 최소 항복응력값 이상이 확보되어야 함

2-4-9 몰드제작 (부-Ⅰ-3)

□ 개념

ㅇ **(목적)** FRP는 사실상의 강도를 담당하는 유리섬유와 이를 접착하기 위한 수지로 구성되어 경화되기 전까지는 고정된 형태를 갖출 수 없다.

- 따라서, FRP가 경화되기까지 형태를 고정시킬 수 있는 형틀이 필요하고, 이러한 목적으로 제작되는 것이 몰드임

ㅇ **(역할)** 몰드 위에 적층 후 경화시켜 선체를 형성하기 때문에 실질적인 몰드의 역할은 선체의 선형을 결정짓는 것이다.

- 이러한 특성에 따라 FRP 선질의 한계는 몰드의 변경 없이 선형의 변경이 불가능하다는 것임

□ 몰드 제작방법

ㅇ 몰드는 말 그대로 형틀을 만드는 작업으로 제작방법에 제약은 없으나, 대표적인 방법으로 현도방식(나무로 Mock-up 제작)과 5축 가공기를 이용한 방법이 있다.

① **(현도방식)** Lines 정보에 따라 선체를 나무로 된 목형(수작업)을 만들고 그 내부에 FRP 적층을 통해 실제 사용 될 몰드를 제작하는 방식

* 현재 중소형 선박에 대부분 사용되는 몰드제작 방식으로 9.77톤급 기준 1억원 내외의 제작비용이 소요되어 잦은 선형 변경이 곤란한 이유임

② **(5축가공기)** Lines 정보를 컴퓨터에 입력하고, 5축가공기로 형틀을 만든 후 그 외부에 FRP 적층을 하여 실제 사용될 몰드를 제작

※ **(3D프린트)** 실제 적용사례가 확인되지는 않았으나, 대형 3D프린트를 이용하여 플라스틱재질의 선박이 건조되는 만큼 몰드제작에 활용 가능성은 높을 것으로 예상된다.

2-4-10 건조공정 (부-Ⅱ-0)

□ 개념

○ 선질이 달라도 기본적인 건조 흐름은 비슷하지만, 선체를 중심으로 볼 때, 강선은 판재 및 형강재의 연결(용접)에 중심이 있다면, 복합소재인 FRP는 얇은 유리섬유를 쌓아가는(적층) 과정의 연속이다.

○ FRP는 경화 후 형상이 결정되면 맞대기이음 등을 통해 형상변경이 가능하나, 한 번에 적층 된 것 대비 연결부의 물성치가 저하 될 수 있어 별도의 추가적인 이음 없이 한 번에 선체를 완성하는 것이 중요하다.

□ 주요 건조공정

○ 몰드가 확보된 경우, 통상의 FRP 선박의 주요 건조공정은 아래와 같은 순서로 진행된다.

① **(겔코트 도포)** 외판의 도장역할을 하고, 원활한 탈형을 돕는 겔코트를 몰드 위에 도포함

② **(외판적층)** 겔코트 상부에 촙매트를 연속(랩핑)하여 붙임으로서 몰드 전체에 걸쳐 1개의 층을 형성하고, 수지와 함께 로빙크로즈를 동일한 요령으로 붙이되, 외판의 설계 두께까지 반복하여 적층

③ **(보강재 및 격벽)** 외판적층이 완료되면 격벽과 보강재(Frame 및 Longi)를 외판 내면위에 적층

* 구조강도 확보를 위해 심재로 나무 등을 활용하기도 하며, 주의할 것은 필렛 joint에서 충분한 강도를 확보할 수 있도록 규정에 따라 적층 필요

④ **(탈형)** 크레인 등을 이용하여 몰드에서 선체를 분리하고, 반목 등의 거치장소로 옮기는 공정

<FRP 재단>	<몰드에 FRP 적층>	<탈 형>

⑤ **(주기관 및 의장공사)** 주기관을 비롯하여 상갑판 하부에 주요 장비와 의장품(배관 및 철의장 등)을 설치하는 공정

* Tip. FRP선박의 접지(Earthing) 방법: 선체 하부에 동판을 길이방향으로 설치하며, 해당 동판에 접지선을 연결하는 방식으로 적용

⑥ **(상갑판 및 상부구조물)** 선체주부와 별도로 적층된 상갑판을 선체주부와 연결하고, 그 위에 상부구조물(거주구)을 설치(필렛 Joint에 유의)

⑦ **(전기공사)** 전기 Cable은 가급적 끊어짐 없이 이어지는 것이 좋기 때문에 소형선박의 경우, 장비설치 후 전기공사는 마지막에 실시

* Tip. 대형상선의 경우, 공사 효율을 높이기 위해 각 블록마다 Cable을 설치하고, JB(Junction Box)를 이용하여 후행에서 연결하기도 함

⑧ **(마무리 의장공사 및 도장)** 목(木)의장 등 관련 마무리 의장공사 및 Final 도장을 통해 공사를 마무리 함

2-4-11 진수 (부-Ⅱ-0)

□ 개념

○ FRP 선박의 진수 역시 강선의 진수방법과 다르지 않으며, 선박규모에 따라 적용된다.

□ 진수방법

○ FRP 선박의 경우 통상 배의 길이 40m를 초과할 수 없기 때문에 중소형선에 맞는 선대진수 또는 크레인을 이용한 진수방법을 적용한다.

① **(선대진수)** 중형조선소 이상에서 선대를 갖추어 진수시 활용하고 있으며, 길이가 짧은 소형선박은 대부분 세로진수 형태를 취함

② **(크레인진수)** 사실상 대부분의 소형선박 진수 시 사용되는 방법으로 크레인 허용하중에 따라 가능 범위가 결정되나, 통상 총톤수 10톤 내외로 적용 가능하며, 이동식 크레인 차량을 이용함

제5장 시운전

1. 시운전 일반

: 지금까지 선박을 어떻게 만드는가에 대해 살펴보았다. 이제는 선박의 안전성과 효율성에 대해 어떻게 검증하는가에 대한 문제가 남는다. 선박의 계획된 성능을 검증하는 것이 시운전이다. 시운전은 전체 공정 중 실시시기에 따라 크게 선상시운전과 해상시운전으로 구분되며, 검사대상에 따라 기관부와 선체부로 구분할 수 있다.

2. 기관부 시운전

: 기관실 내 주기관(Main Engine) 및 보기류(Geneartor, Aux. Boiler 등) 등의 성능을 실제 운항 상태에서 검증하는 과정이다.

3. 선체부 시운전

: 기관부 시운전을 제외한 모든 시스템에 대한 시운전이다. 선박의 조종성능을 시험하는 Maneuvering test 및 각 의장시스템의 성능을 시험하는 것으로 구분 할 수 있다. Maneuvering test에서는 선회성능(Turning ability), 변침성능(Yaw checking ability, Zig-Zag test), 침로안전성능(Spiral tst) 및 정지성능(Stopping test)으로 구성된다.

4. 해양플랜트의 Commissioning

: 선박의 시운전은 특수목적선을 제외하고는 대부분의 요구기능이 비슷하다. 따라서 이를 구현하는 시스템도 유사하며, 검증 수단인 시운전 또한 정형화 되어 있다. 하지만 해양플랜트는 상선에 비해 다양한 목적이 있어, 각 프로젝트 마다 요구기능이 다르다. 상황에 따라 세계 최초로 적용되는 시스템을 검증해야 하기도 한다. 따라서 해양플랜트에서는 비정형화 된 시스템을 검증할 수 있는 체계를 갖추어야 한다.

2-5-1 시운전 일반

□ 개념

ㅇ 시운전은 선박의 성능이 건조사양서 등에서 요구하는 사양을 만족하는지 실선을 통한 검증의 과정이다.

ㅇ 통상 시운전(Sea trial)은 선박건조(안벽의장) 후 실시하는 것이나 성능 검증의 관점에서 선상검사(On Board test)를 포함하여 소개한다.

□ 종류 및 특징

ㅇ 선박의 성능 검증은 실시되는 시기, 검사대상 및 상선-해양플랜트에 따라서 차이를 보이며 종류 및 특징은 다음과 같다.

① **(시기에 따른 구분)** 인도까지의 공기단축과 효율적*인 검사진행을 위해 건조단계에서부터 검사(On board test)를 실시

* 선체의 경우, 용접부 결함 등을 파악하기에는 건조 후 보다는 블록공정(또는 그 이전) 등에서의 검사조건이 더 좋고, 배관수밀검사(Hydro test)의 경우, 블록 단위별 구간 검사 후 종합적인 검사를 수행하면 결함 발생 시 조기에 손쉽게 대응이 가능하여 효율적임

- 건조 후 종합적인 검사로서의 시운전(Sea trial) 수행 후 재검증이 필요한 경우 Confirm trial을 실시하기도 함

* Tip. LNG선 등의 가스선은 LNG Loading & Unloading 관련 test를 위한 Gas trail을 별도로 실시

② **(검사대상에 따른 구분)** 시운전은 크게 기관부와 선체부 시운전으로 구분되며, LNG 등의 가스선은 Gas trial을 별도로 수행

- 다만, 공통적인 특징은 부분적으로 검사를 실시했거나, 항내에서 실시할 수 없는 검사*를 해상에서 수행한다는 것임

* 안전한 시운전을 위해 가능한 한 모든 검사는 On-board test 검증을 거치나, 검사조건 자체가 본선 항주시 실시되는 검사(예: Life boat launching test 등)는 시운전 단계에서만 수행가능

** Tip. 모든 검사가 시운전까지 이어지는 것은 아니며 시운전 시 항내와 검사조건의 차이가 없을 경우 항내에서 완료(예: Acc. ladder는 사용조건이 항내와 시운전이 다르지 않아 시운전시 별도의 검사를 수행하지 않음)

③ **(상선-해양플랜트에 따른 구분)** 앞서 살펴본 방식은 상선에 적용되는 것으로 해양플랜트에서는 정형화 된 상선시스템과 달리 Project 별로 특별한 기능이 존재하여 보다 세분화 된 검사절차가 필요

- MC(Mechanical Completion)를 통해 기계적·물리적 설치상태를 검사하고, Pre-comm(Pre-Commissioning)을 통해 간단한 작동검사를 실시하며, 최종적으로 Commissioning으로 장비별 기능을 검증
- 기본적으로 시스템 단위로 검사가 실시되며, 해당검사를 위한 선행검사* 필요여부와 검사 시 안전성 확보** 등을 고려하여 시운전 일정 및 순서를 수립(실제 시운전에 따라 인도일정에 대한 성패가 좌우되기도 함)

* (예시) 공압으로 작동하는 Acc. ladder의 작동상태를 검사하고자 하나, 본선의 Compressed air system의 검사가 완료되지 않으면, (안벽측 압축공기를 통해 검사가 진행 될 수는 있으나) 최종적인 검사는 종료될 수 없는 구조

** 통상 Inter-lock이라고 하며, 특정검사 수행시 안전성 확보를 위해 선행되어야 할 검사가 존재하는 경우, 선행검사가 완료되지 못하면 해당 검사를 수행할 수 없음(예시: 특정 구역의 전기장비를 검사할 때 해당 구역의 환기가(폭발방지) 필요한 경우라면, Vent system 검사가 완료되기 전에는 해당 전기장비의 검사 진행 불가)

2-5-2 기관부 시운전

□ 개념

ㅇ 기관실 내 주기관(Main Engine) 및 보기류(Geneartor, Aux. Boiler 등) 등의 성능을 실제 운항상태에서 검증하는 과정이다.

* 선박에서 주기관은 추진을 위한 동력을 생산하는 기관을 의미하며, 동일한 Engine이라도 추진용은 주기관이 되고, 발전기용은 보기류로 구분됨

** 참조: SOLAS Chapter II Construction - Structure, subdivision and stability, machinery and electrical installation

□ 종류

ㅇ 대표적인 기관부 시운전의 종류 및 특징은 다음과 같다.

① **(Main Engine starting test)** 저장된 압축공기에 의해 Main Engine을 Starting 하는 시험으로 Air compressor를 작동하지 않고, 압축공기로 최소 몇 회 이상 시동 가능한지 확인하는 검사

* 통상 압축공기 탱크(Compressed air reservoir)가 2개 이상 요구되며, 자기역전식은 12회, 역전클러치(비역전식)은 6회 이상 압축공기로 시동될 수 있어야 함

< 시험방법 >

❶ 엔진조정실(ECR) 및 선교(Bridge)에서 제어 실행

❷ Test 시작 전 모든 Main air comp.를 정지하고, ECR에서 공기압력 표시계를 확인

❸ Engine 사양에 맞추어 압축공기 저장탱크의 압축공기를 Engine으로 보내고 시동이 불가능할 때까지 반복한 후 횟수와 시작 전후의 압력을 기록

❹ 압축공기를 통한 가동가능 여부를 저압경보(Low pressure alarm)로 확인하고, Test 종료 후 압축공기 저장탱크 내 압력, 용량 및 온도 등을 기록

② **(ME minimum revolution test)** ME가 꺼지지 않는 최소회전수를 확인하기 위한 검사로 FAT시 실시 하지만 본선 설치 후 추진시스템 전체에 대한 성능검증을 위해 최저회전수 확인

* 저속운항시 주기관이 얼마나 낮은 회전수로 운항 가능한지 알고 있어야 함에 따라 수행

< 시험방법 >

❶ ME RPM 계기판을 주시하면서 회전속도를 서서히 내려서 최저회전수를 찾고, 적절히 조타하여 엔진의 정지여부를 함께 확인

❷ 해당시험을 Ballast condition과 Loaded condition에서 각각 수행하여, 각각의 상태에서 조종할 수 있는 RPM을 확인

< FAT의 개념 >

- FAT(Factory Acceptance Test) 선박 설치 전 각 장비에 대한 예비검사로써, 정형화되지 않은 비형식승인품으로 중요도가 높고 각 호선에 따라 제작되는 설비에 대해 실시하는 검사로 제작사(Vendor)로부터 조선소 입고 전 성능 검증 실시
- Vendor 선정시 선주의 의견이 반영되나, 실제 계약은 조선소와 Vendor 사이에서 이루어져 조선소 입장에서는 해당 장비에 대한 시운전이라 할 수 있고 선박 설치 후 문제 발생시 책임소재를 명확히 하기 위해 세심한 주의 요구
- 대부분 조선소에서 기자재를 발주하지만 해양플랜트 등에서는 선주가 직접 발주 후 제공하기도 하며, 이에 각각 BFE(Builder Furnished Equipment)와 OFE(Owner Furnished Equipment)로 구분하기도 함

③ **(Endurance Test)** 항해 중 기관실 내 ME 및 각 기관의 운전상태와 Heat balance, Elec. load, 연료소모량 및 진동 소음 등을 파악하기 위해 일정시간 운전 후 해당 상태를 확인하는 검사

* Tip 1. IACS에서 100% power at rated engine speed에서 실시하도록 되어 있어, 조선소에서는 통상 Building Spec.에 NCR로 표기하나, 선주는 MCR로 실시함을 선호

** Tip 2. 통상 Aux. Boiler accumulation test, Fire & General alarm test 등과 같이 동시에 실시할 수 있는 검사를 함께 수행하여 시운전 공정을 줄임

< 주요계측 항목 >

► Heat balance(motor, heater 및 cooler 등)	► F.W generator capacity
► F.O, Steam 및 Air consumption	► Battery capacity
► Economizer evaporation	► F.O 및 L.O 누유여부
► F.W generator capacity	► 오작동 및 각종 진동·소음 상태

④ **(Fuel oil consumption measurement)** 연료소비량을 확인하는 검사로 시운전 중 Endurance test 또는 Speed test시 유량계를 이용하여 측정(주기관 FAT시 측정결과를 비교하여 활용)

* Tip. 시운전 중 Speed test와 함께 Fuel oil consumption measurement는 주요 Guarantee 사항임

< 시험방법 >

❶ 연속항해 중 상용출력(혹은 연속 최대출력의 3/4)으로 1시간 간격으로 2시간(혹은 4시간) 동안 실시 ❷ 정확한 검사를 위해 주기관의 운전과 관계없는 보기류는 사용 금지

⑤ **(Aux. Boiler accumulation test)** 보일러를 최대부하로 운전할 때, 관련 시스템 전체의 안전상태를 확인하기 위한 검사

- 보일러 운전에 필요한 관련 시스템의 증기공급을 제외하고 모든 시스템을 차단*한 상태에서 보일러 설계 압력이 110%를 초과하지 않고, 안전밸브(Pressure relief v/v)가 정상작동 하는지 확인

* 보일러의 최대부하를 확인하기 위해 보일러 운전과 무관하게 증기를 요구하는 시스템에 연결된 모든 증기배관의 Gate V/V를 차단

< 시험방법 >

► 보일러의 모든 Gate v/v를 차단한 상태에서 Safety v/v(Pressure relief v/v)가 분출된 후 일시적으로 증기의 압력이 저하되었다가 다시 증가하여 Safety v/v가 작동될 때 (Steam이 분출되는 시점이 보일러의 최대부하가 발생되었을 때임) 압력과 소요시간을 측정

2-5-3 선체부 시운전

□ 개념

ㅇ 선박의 기본성능을 포함하여 기관부를 제외한 구역의 시스템 및 장비 등에 대한 시운전으로 주요 시운전 항목에 대해 살펴본다.

* 참조: SOLAS Chapter II Construction - Structure, subdivision and stability, machinery and electrical installation & SOLAS Chapter III Life-saving appliance and arrangement & IMO RESOLUTION A.751(18)

□ 종류

ㅇ 선박의 기본성능과 관련된 시운전 항목과 선체부 주요시스템에 대한 시운전 항목은 다음과 같다.

① **(주 조타시험)** (Main steering gear test) 조타기 성능시험으로 만재흘수 상태에서 Design speed로 운항 중 한 현의 타각 35°에서 다른 현의 타각 30°가 되기까지 28초 이내 완료 가능 여부를 확인하는 시험

② **(비상 조타시험)** (Emergency steering gear test) 비상시를 가정한 조타기 성능시험으로 만재흘수 상태에서 Design speed × 1/2(주기관의 50% 부하상태) 또는 7knots 중 큰 값의 속도로 운항 중 한 현의 타각 15°에서 다른 현의 타각 15°가 되기까지 28초 이내 완료 가능 여부를 확인하는 시험

< 시험시 점검항목 >

- ▸ Steering gear의 유압계통 누유 여부
- ▸ Steering gear의 전기계통(유압펌프용 모터, panel 등) 정상작동 여부(과열, 전류 상태 등)
- ▸ 조타시 Steering gear의 Limit switch에 의한 조타정지 여부
- ▸ 선교와 조타실간 통신상태 확인(조타기는 선교 및 조타기실에서 조작가능 하여야 하고, 필요시 선교에서 통산장치로 명령하고 조타실에서 조정할 수 있는 체계를 검증하기 위해 통신 설비 점검)
- ▸ 타각 지시기의 정확도 점검

③ **(Maneuvering test)** 선박의 조종성능을 확인하기 위한 시험*으로 선회성능, 변침성능, 침로안전성능 및 정지성능을 시험(IMO 규정)

* 시험조건: Deep water & Clam Sea, Full load test speed condition에서 수행

- **(Turing ability)** 선박의 선회성능을 확인하는 시험으로 일정 타각의 조작에 따른 회전반경으로 평가

< Turing ability test 종류 - 통상 Design speed로 실시 >

❶ 초기 선회성능 시험(Initial turing ability test)

: 좌우현으로 각각 10도의 타각을 조작하고, 초기 침로에서 선수방위가 10도 변할 때까지 선박의 전진거리가 선박길이의 2.5배 이하가 될 것

❷ 정상 선회성능 시험(Normal turning ability test)

: 좌우현으로 35도(전타)의 타각을 조작하고, 초기 침로에서 선수방위가 90도 변할 때까지 선박의 전진거리가 선박길이의 4.5배 이하이고, 선수방위가 180도 변할 때까지 선박이 전진한 거리*가 선박길이의 5배 이하일 것

* 과거 군함성능의 주요 평가기준 중 하나로 전술직경(Tactical diameter)라 부름

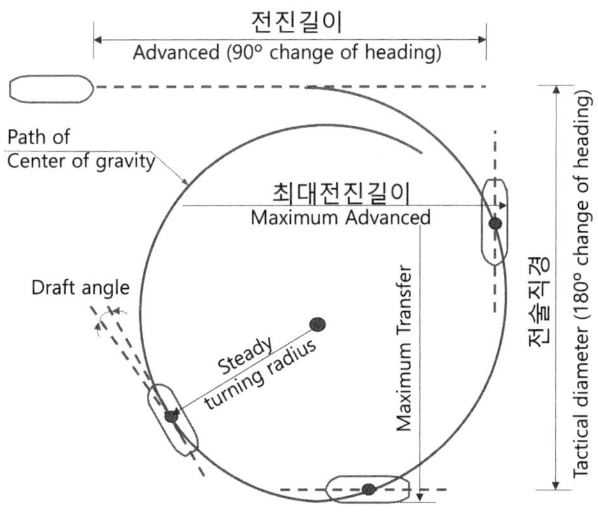

- (Yaw checking ablility) 변침성능을 확인하는 시험으로 타를 좌현(또는 우현)으로 조타 후 선수방위가 일정각 도달 시 우현(또는 좌현)으로 조타하여 선박이 얼마나 많이 Over-shooting* 하는지를 평가
  (Zig-Zeg test)

* 선박은 자동차 등과 달리 조향(조타)를 하여도 바로 회두하지 않고 얼마간 더 기존 진행방향으로 움직인 후 조타된 방향으로 변침하며, 이를 Over-shooting 각도라 하고, Over-shooting 각도가 작을수록 변침성능이 우수함

< Zig Zeg test 종류 >

❶ 10도-10도 Zig Zeg test

: 좌현(또는 우현)으로 10도의 타각을 조작하고, 초기 침로에서 선수방위가 10도를 향할 때 우현(또는 좌현)으로 10도를 조타하여 이때 Over-shooting 각을 평가

❷ 20도-20도 Zig Zeg test

: 10도-10도 Zig Zeg test와 평가 방법은 동일하나, 타각을 20도로 조작하는 것이 다르며 평가 기준은 아래와 같음

Overshoot Angle Criterion of Zigzag Maneuvers	
1	Zigzag 10°/10° Test
	ⓐ The value of the first overshoot angle in the zig-zag 10°/10° test should not exceed: 10° for Value of Length to Speed Ratio (L/V) < 10 seconds; (5 + ½(L/V))° for 10 < L/V < 30 seconds; 20° for 30 seconds or more < L/V. *[L(m)/V(m/s)=L/V(seconds)]
	ⓑ The value of the second overshoot angle in the zig-zag 10°/10° should not exceed the above criterion values for the first overshoot angles by more than 15°
2	Zigzag 20°/20° Test
	ⓐ The value of the first overshoot angle in the zig-zag 20°/20° test should not exceed 25°

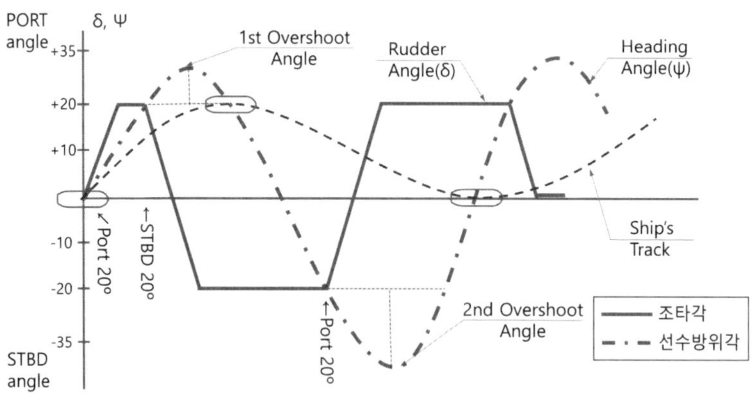

- (Spiral test) 침로안정성(보침성)을 확인하는 시험으로 좌우현의 점진적 타각 조작 시 침로가 불안정한 구간이 있는지를 평가

< Spiral test 개념 - 통상 Design speed로 실시 >

► 우현으로 20도, 15도, 10도 등으로 타각을 줄여가고, 이후 좌현으로 10도, 15도, 20도 등으로 타각을 점진적으로 키워가면서 선회시험을 실시

► 이때, 선박의 타각-선회각속도 그래프(나선형, Spiral형)를 그리고 그래프의 각도가 음의 구간을 갖는지 여부(이차함수 곡선을 갖는지 여부)를 확인함

► 해당 음의 구간(아래 우측 그래프의 나선 루프 폭 구간)에서는 어느 방향으로 회두할지 불안정하기 때문에 침로가 불안정한 상황으로 해당 구간이 없거나 작을수록 침로가 안정된 것이라 할 수 있음

침로가 안정된 경우	침로가 불안정된 경우	Ship's Track
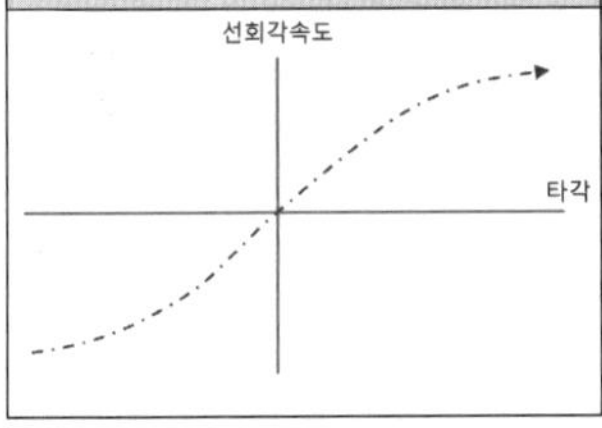	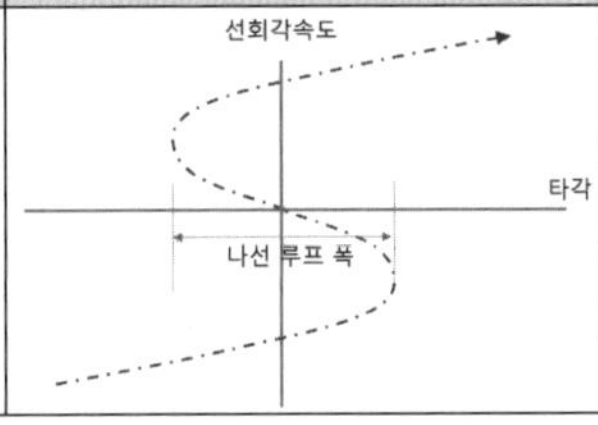	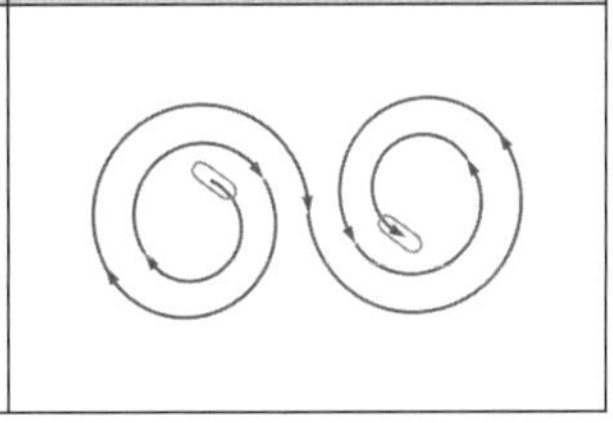

Crash astern ability

- (Stopping ability) 정지성능을 확인하는 시험으로 최대속력으로 전진하다가 역추진을 통해 선박이 완전히 정지할 때까지 거리를 측정하여 평가

< Stopping test 개념 >

► 최대 속도로 전진하다가 프로펠러를 가능한 최대 회전수로 역전시켜 선박이 완전히 정지할 때까지의 거리를 측정

► 정지시험 중에 타는 작동하지 않으며, 대부분의 선박은 시험 중 직진성이 저하되어 작은 외란에도 침로에서 벗어나게 되며, 해당 조건에서 전체적인 정지거리(Track Reach)가 선박 길이의 15배 이내일 것

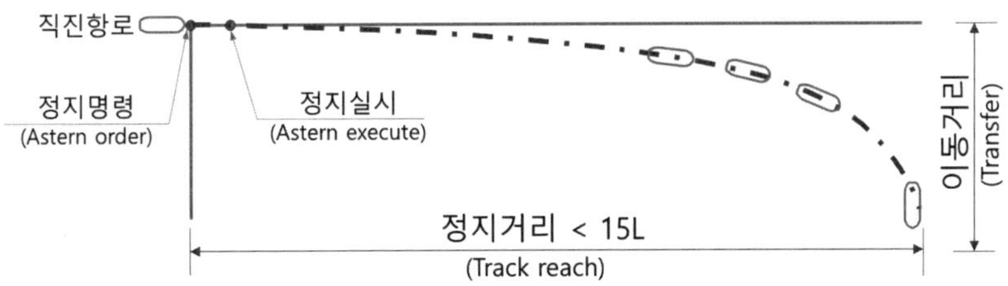

④ (선속시험 Speed test) 선박이 계약된 선속을 만족하는지를 확인하는 검사

* Tip 1. 예전에는 선속시험 구간의 시점과 종점에 부표를 띄우고 선박이 시점에서 종점을 통과하는 시간을 측정하는 방식으로 속력을 구했으나, 현재는 DGPS를 통해 속력을 구함

** Tip 2. 사실상 선속시험은 시운전 항목 중 안전과의 밀접도는 낮으나 Guarantee 사항으로 선주의 운항시 운송능력(화주와의 계약사항)과 직결되어 가장 민감함 사안임. 불만족시 선체 도장을 다시 실시하여 조도를 낮추거나, 프로펠러 등을 수정하여 선속을 맞춤(필요시 Confirm trial을 실시)

⑤ (Dead ship recovery test) 선박의 Dead ship 상태를 가정하고, 운항가능 상태로 복귀 할 수 있는 성능 검증을 위한 검사

* Dead ship 상태: 전체 기계장치(주기관, 보일러, 보기)가 작동하지 않는 상태로 이를 구동하기 위한 전원(배터리) 및 압축공기 역시 없는 상태. 다만 시동을 위한 비상발전기(Em'cy DG)는 가동되는 상태

< Dead ship recovery process >

► Dead ship 상태에서 주기관을 작동시켜 정상 운항상태가 되는 과정	
❶ Em'cy DG 기동 ❷ 비상전원 공급 ❸ Em'cy air comp 기동 ❹ Em'cy air reservoir 충전 ❺ 주발전기 기동	❻ 주전원 공급 ❼ Main air comp 기동 ❽ Main air reservoir 충전 ❾ 주기관(ME) 기동

⑥ (Black out test) 정전 시 발전기가 순차적으로 대체운영 되는지 여부와 비상발전기까지 일정시간 내에 작동하는지 확인하는 검사

* No.1 발전기 고장 → Stand-by No.2 발전기 → Stand-by No.3 발전기 → · · · → 비상발전기 순으로 작동하는지 여부와 45초 이내에 비상발전기가 작동하는지를 검사

⑦ (Fire fighting test) 소화능력을 확인하기 위해 소화펌프를 이용하여 해수를 펌핑하고, 기관실 등 선박전반에 충분한 압력 및 유량으로 공급되는지 확인

⑧ (IGS function test) 유조선 등의 화물창 내 안전성 검사로 화물유 탱크의 화재·폭발 방지를 위해 화물창 내 화유 상부에 산소농도가 8% 이하로 되도록 불활성 가스의 주입과 관련된 성능을 확인

⑨ **(Cargo operation test)** 유조선 등에 대해 해수*를 이용하여 선적·하역 능력을 확인하는 검사로 Cargo pump 및 Cargo stripping pump의 용량을 검증하고 선적·하역시 소요시간에 관한 계약사항 만족여부 확인

* 화물유 탱크에 적재 및 하역을 실제 기름으로 실시할 수 없기 때문에 해수를 이용하여 시운전 수행
** Tip. 컨테이너선은 안벽공정 등에서 각 Hold마다 컨테이너를 실제 선적하여 봄으로써 Cargo operation test를 수행

⑩ **(Cargo monitoring system test)** Cargo의 선적 및 하역 시 Tank내 모니터링 성능에 대한 검사로 Remote sounding 기능 등을 확인

⑪ **(Ballast system test)** 평형수 시스템의 능력을 확인하는 검사로 Ballasting & De-ballasting을 통해 Ballast pump 및 Stripping pump의 용량을 검증하고 Ballasting & De-ballasting 소요시간에 대한 계약사항 만족여부 확인

⑫ **(Anchoring test)** 해상에서 Windlass를 통한 투묘 시 제어능력, 회수 시 양승능력 및 Bellmouth(또는 Pocket) 격납상태를 확인하는 검사

* Tip. 투묘시 Let go down, 회수 시 Hosting이란 표현을 사용

< 시험방법 >

► 82.5m 이상의 수심에서 Anchor와 Anchor chain 3-shots(1shot - 27.5m × 3)의 양승 속도가 9m/min을 만족하는지 여부와 이때, Windlass 동력(유압 또는 전기장치)의 이상 유무 등을 확인

► 선주 요구(통상 계약사항으로 Building spec에 반영)에 따라 Deep sea anchoring을 하는 경우가 있고, 이 경우 82.5m가 아닌 120m의 수심을 적용하게 됨(→ 시운전을 위한 적정 수심을 찾는 것이 중요)

⑬ **(Life/Rescue boat launching test)** 비상시 구명보트를 통한 본선 탈출과 구조정의 사용성능 확인을 위해 보트의 Launching & Recovery 성능을 확인하는 검사

- SOLAS 등에서는 본선이 5knots 이내의 속도로 운항 중일 때, Life boat를 Launching 하여 본선으로부터 이탈 할 수 있도록 요구

⑭ **(Thruster test)** Thruster 성능 검사로 Thruster를 설치한 경우에 한정된 검사임

< 시험방법 >

► 선박정지 → Thruster 최대 추력 → 좌현(우현)방향 90°회전 → 선수미 방향 90°회전 → 반대로 작동 → 우현(좌현)방향 90°회전 ► 시운전시 풍향, 풍속 및 0, 15, 30, 60, 90, 60, 30, 15, 0° 각도 마다 소요시간, 유압펌프용 모터 전력과 유압계통의 압력 등을 계측

⑮ (Echo sounder check test) 측심기의 성능을 확인하는 검사로 음파의 반사속도를 이용하여 해저의 깊이를 측정하는 Echo sounder의 성능을 확인

* 선저에 설치되어 선체의 수직방향으로 음파를 발사하고, 음파가 해저 지표면에서 반사되어 돌아오는 시간을 계산하여 수심을 측정하는 방식

⑯ (Speed log test) 선속계의 성능을 확인하는 검사로 선박 운항 시 발사한 음파가 해저로부터 반사되어 오는 시간 차이를 통해 선박의 속도를 계측하는 방식

* 선박의 운항 중 선속을 나타내는 장비가 Speed log로써, 선저에 설치되어 있는 '소나'로 음파를 발사하여 해저면에서 반사되어 돌아오는 시간이 선속에 따라 변화하는 원리를 이용하여 계산

< Echo sounder 및 Speed log test 개념도 >

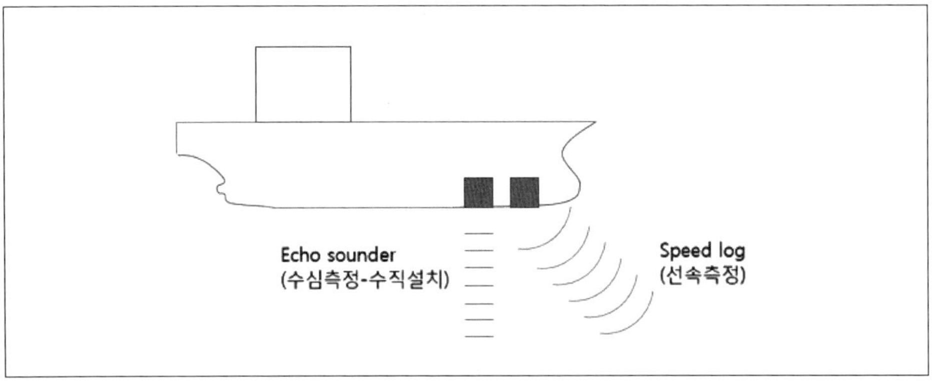

2-5-4 해양플랜트의 Commissioning

□ 개념

ㅇ 상선에서의 시운전은 해양플랜트에서 Commissioning의 개념으로 적용되며, 가장 큰 차이는 상선에서는 공정의 흐름에 맞추어 선상시운전(On-board test)과 해상 시운전(Sea Trail)으로 구분된다.

ㅇ 해양플랜트에서는 각 프로젝트 마다 특수하고 복잡한 System이 적용됨에 따라, 각 System을 중심으로 장비설치에서 운영까지 보다 세분화하여 검사를 수행한다.

□ Commissioning의 구분

ㅇ 해양플랜트에서 Commissioning은 MC(Mechanical Completion), Pre-comm(Pre-Commissioning) 및 최종검사인 Commissioning으로 구분되며, 각 공정의 내용은 다음과 같다.

① (MC) 기계적 또는 물리적 설치상태를 검사하는 것으로 해당설비의 간단한 외형 검사와 설치 위치가 적정한지 등을 파악하고,

- 용접부나 Bolting의 체결상태 등 장비의 설치상태를 검사하며, 배관의 후행 연결 부위* 등도 함께 검사

* 배관 내 이물질 유입 시 향후 장비 운용 시 장비손상을 야기할 수 있기 때문에 건조 시 배관 끝단의 플랜지는 항상 막아 두어야 함

** Tip 1. Preservation procedure: 위와 같은 배관 문제를 비롯하여 공사기간이 긴 해양플랜트 공사에서는 FAT 이후 본선 설치 시까지 장비의 특성에 따라 보관관리 절차가 마련되어야 하며, 해당 절차에 따라 엄격한 관리가 요구됨

*** Tip 2. Preservation procedure의 핵심은 통상 물리적 손상방지(이물질, 물 유입 등)와 화학적 손상방지(온습도 조절을 통한 방청)로 보호커버 적용, 보관장소의 내습방지, 주기적인 환기 및 배관연결부 관리 등이며, 전장 Panel 등은 손상위험을 최소화하기 위해 공정에 맞추어 FAT 이후 본선에 바로 설치하기도 함

② (Pre-comm) 기계장비 또는 각 System의 운용을 위한 사전점검이며, 배관 및 Cable 등의 연결상태 확인을 시작으로

- 정상적인 동력공급 등이 되는지를 확인한 후에 작동검사*를 실시하는 단계이며, 사실상 대부분의 설치가 완료된 상태에서 해당 System이 계약사항 등을 만족할 수 있는지를 확인하기 바로 전 단계임

* (예시) Crane의 경우에는 부하(load) 없이 Hoisting, Slowing 및 Luffing 등의 작동상태를 확인하고, Load test를 통해 해당 Crane의 SWL(Safety Working Load) 만족여부 등을 검사한 후 최종 Commissioning을 수행하는 방식으로 진행

③ (Commissioning) 실제 장비 또는 시스템의 성능이 계약사항 또는 Rule & Reg. 등을 만족하는지 확인하는 최종단계

- Performance 위주의 검사로 각 시스템의 성능을 점검함과 동시에 누유, 과열, 진동 및 소음 등의 이상여부를 함께 확인

  * (예시) Crane의 경우에는 부하상태에서 Hoisting, Slowing 및 Luffing 등을 작동하여 계약사항을 만족하는지와 이때 누유, 과열 등의 이상작동 여부를 확인

□ Commissioning의 적용

○ **(이행흐름)** 실제 조선소에서 Commissioning을 수행하는 절차를 개념화 해보면 역(逆)트리구조를 갖는다고 할 수 있다.

- MC단계에서 보면, 기계, 전기 및 배관 등으로 세분화 될 수 있고, 보다 상위 묶음의 기계, 전기 및 배관 등에 대한 Pre-comm 검사를 거쳐 최종적으로 Commissioning 성능검사로 귀결되는 구조
- 중요한 점은 역(逆)트리구조에 따라 하위 단계의 검사가 완료되지 않으면 다음 단계의 검사로 진행 될 수 없다는 것임
- 해양플랜트 공사에서 최적화된 Commissioning 일정을 수립하고 이행하는 것은 공사의 성패를 좌우하기도 하는 매우 중요한 단계임

○ **(오류처리)** 실제 건조과정에서는 많은 설치 오류*가 발생함에 따라 이에 대한 처리 방식을 이해할 필요가 있다.

  * Tip. 실제 조선소에서는 오류를 오작이라 부름

- 이 부분은 상선과 대동소이한 것으로 통상 심각한 오류를 NCR(Non-Confirmartive Report)라 하고, 비교적 간단한 오류를 Punch로 구분하여, 해당 오류는 별도의 안건으로 관리임
- 각 오류는 수정작업 후 다시 검사하여 종결 처리되지 않으면 다음 단계의 검사를 진행할 수 없음
- 통상, 각 조선소에서는 오류 발생 시 일정기간 내에 원인을 분석하여 RCA(Root Cause Analysis)를 실시하고, NCR 또는 Punch를 종결하도록 하고 있음

제3편
선박법규 및 선박검사

제1장 선박법규

제2장 선박검사

제1장 선박법규

1. 국제협약

: 제2편에서 기능구조분석을 기반으로 선박을 살펴보았다. 요구기능을 모두 만족한다고 할 때, 선박의 가치는 얼마나 더 안전하고 효율적인가에 따라 달라진다. 효율은 선주가 운임비 등을 고려한 경영측면에서 요구되는 것이 많다. 하지만 안전은 사고 시 보상을 고려하여 선주 역시 관심을 갖지만 사회적 파장을 고려하여 국제협약 또는 각국의 법령에서 규정하고 있다. 그러므로 선박건조에 영향을 주는 국제협약을 이해해야 한다. 선박관련 국제협약은 UN산하 IMO(국제해사기구)에서 담당하며 크게 해사안전, 해양오염방지 및 기타분야(톤수측정 등)로 구분할 수 있다.

2. 국내법령

: 국내에서는 제도적으로 선박, 어선 및 레저선으로 구분하여, 건조, 검사, 등록 및 운항 측면에서 관리한다. 관련 법령은 「선박법」, 「선박안전법」, 「어선법」, 「수상레저법」, 「낚시관리 및 육성법」, 「유선 및 도선 사업법」, 「선원법」, 「선박직원법」, 「해사안전법」 및 「어선안전조업법」 등이 있으며, 각 법령의 목적, 적용대상 및 상세내용 등은 국가법령정보센터(www.law.go.kr)을 통해 손쉽게 찾아 볼 수 있다.

3. 법령체계 및 기본개념

: 국제협약에 가입하면, 국내법으로 수용하게 되며 국내법은 직접적으로 우리생활과 연관된다. 각 법률의 세부사항은 헌법에 따라 대통령령(시행령), 총리령 및 행정부의 부령(시행규칙)으로 이관되고, 보다 세부적인 사항은 다시 행정규칙(고시, 예규, 훈령

및 공고)으로 이관되는 구조를 가진다. 통상 법률에서는 국민의 권리 및 의무에 관한 사항 및 헌법으로부터 위임한 사항을 다룬다. 시행령에서는 각 행정부처의 공통적인 사항, 권한의 위임 및 위탁에 관한 사항과 법률에서 하위법령으로 이관한 사항을 포함한다. 시행규칙은 각 행정부처별 소관사항, 기술적이고 세부적인 사항 그리고 각종 서류의 서식에 관한 사항을 규정한다. 「선박안전법」, 「어선법」 및 「수상레저법」 등과 같이 건조 및 검사에 관한 기준을 다루고 있는 법률에서는 대부분의 기술적인 사항은 행정규칙에서 다루고 있다. 각 법률은 본칙과 부칙으로 구성되며, 본칙은 다시 총칙, 실제규칙, 보칙 및 벌칙으로 구성된다. 총칙은 법률의 목적, 정의 및 적용대상 등을 다루고, 실제규칙은 법률의 목적을 달성하기 위한 세부적인 내용을 규정한다. 보칙은 위임·위탁을, 벌칙은 실제규칙을 이행하지 않거나, 적합하지 않은 경우 처벌과 행정처분 등에 관한 내용을 나타낸다. 끝으로 부칙은 법률의 시행에 관한 시행일, 적용례 및 경과조치를 규정한다.

4. 법령검색 및 활용

: 국내법령은 국가법령정보센터(www.law.go.kr)을 통해 현행법, 예고법, 연혁법 및 법령체계도 등을 손쉽게 확인할 수 있다.

3-1-1 국제협약

□ 개념

ㅇ 선박건조와 관련한 법규는 크게 국제협약에 기반한 국제기준과 국제기준을 각국이 수용하거나, 국제협약을 적용받지 않는 선박에 대한 관리기준인 국내기준으로 구분할 수 있다.

□ 국제기구 및 주요협약

ㅇ **(국제기구)** 국제기준은 사실상 UN 산하 국제해사기구(IMO)의 각 위원회에서 임무에 따른 국제협약을 제·개정하고, 협약 대상선박은 협약의 발효여부 및 각국의 가입여부 등*에 따라 적용된다.

* 협약은 조건에 따라 각국의 가입여부와 관계없이 적용을 받을 수 있으며, 대표적인 예가 비차별적 조항인 항만국 통제라 할 수 있음

** 항만국 통제(PSC: Port State Control): 각국의 가입여부와 관계없이 SOLAS 협약에 가입한 당사국의 Port에 입항하는 모든 선박은 협약 가입당사국에서 SOLAS협약의 만족여부에 대해 검사하고, 항만국 입항 등을 통제할 수 있는 개념임

- UN 조직 내에서 IMO의 위치와 IMO 구성 및 운영현황 등은 다음과 같으며, 선박건조 관련 IMO 산하 주요 위원회는 크게 MSC, MEPC로 각각 해상안전과 해상오염방지에 관한 국제협약을 담당

* 어선의 경우에는 IMO 외에도, 국제기구인 ILO 및 FAO의 협약에도 영향을 받음

< UN 산하 주요기관 현황 >

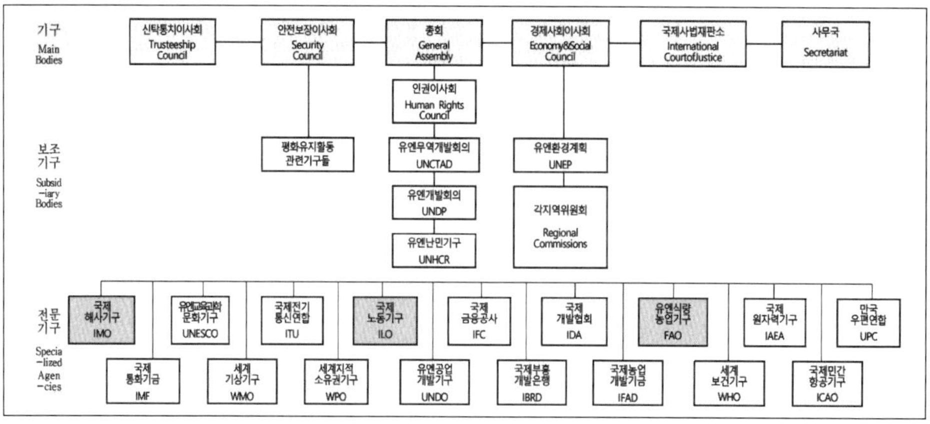

< IMO 관련 주요내용 >

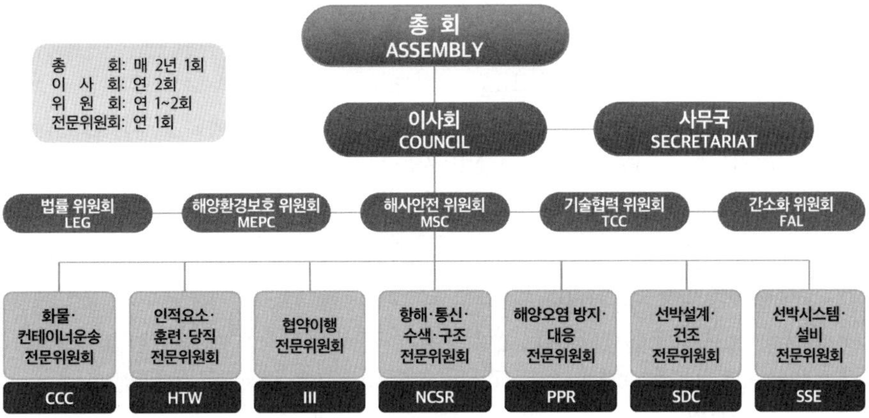

[그림출처] https://www.imokorea.org/imo/imo_summary.asp

► **(설립목적)** 해상에서의 인명, 선박, 화물의 안전 및 해양환경 보호 등을 관장하는 UN산하 전문국제기구로써, 조선·해운분야 국제규범의 제·개정 수행

► **(조직구성)** 총회, 이사회 및 5개의 위원회를 중심으로 구성되며, 각각의 역할은 다음과 같음

- **(총회)** 모든 회원국으로 구성되며, 기구 사업계획 승인, 예산 의결, 이사회 보고서 심의·의결 및 이사국 선출 등을 수행하는 최고 의결기구(2년마다 1회 개최)
  * 임시총회는 회원국 1/3 이상 요구시 통보 후 60일 이내 개최
- **(이사회)** 이사국*으로 구성되며, 사업계획, 예산안 및 전문위원회 상정안 검토 등을 수행하여 총회에 제출하는 기능을 수행(연 2회 개최)
  * 이사국은 주요 해운국(A 카테고리 10개), 주요 화주국(B 카테고리 10개) 및 지역 대표국(C 카테고리 20개)으로 총 40개국으로 구성되며 이사국 임기는 2년임
- **(위원회)** 실제 IMO 운영을 위한 기능별 조직으로 5개 위원회로 구성(연 1~2 개최)

구분	역할
법률위원회(LEG) Legal Committee	IMO와 관련된 법률문제 심의 * 해상사고로 인한 피해보상 등의 문제를 다룸
해양환경보호위원회(MEPC) Marine Environment Protection Commttee	선박에 의한 해양오염방지 및 규제에 관한 문제 심의
해사안전위원회(MSC) Maritime Safety Commttee	선박의 구조 및 설비 등 해사안전에 관한 사항 심의
기술협력위원회(TC) Technical Cooperation Committee	IMO의 기술협력 활동과 관련된 모든 문제 심의 * 개도국 등에 대한 원활한 협약 이행을 위한 기술지원 등
간소화위원회(FAL) Facilitation Committee	선박의 입출항 수속, 서류 및 절차 등 운송간소화 관련심의

- **(전문위원회)** MSC 및 MEPC 아래 Technical 한 전문적인 사항에 대해 7개의 전문위원회를 구성하여 운영(연 1회 개최)

구분	역할
화물·컨테이너운송 전문위원회 (Sub-Committee on Carriage of Cargoes and Containers, CCC)	포장 또는 산적고체형태로 운송되는 위험물, 컨테이너를 포함한 각종 화물의 제작, 적재, 고박 및 운송의 안전 관련 사항 담당 * 안전한 컨테이너에 관한 국제협약(CSC) 등 관련 코드 등
인적요소, 훈련 및 당직 전문위원회 (Sub-Committee on Human Element, Training and Watchkeeping, HTW)	선원의 훈련, 각종증명 및 당직기준에 관한 국제협약(STCW) 및 선원의 훈련·당직 및 증서발급 등 담당
IMO 협약준수 전문위원회 (Sub-Committee on Implementation of IMO Instruments, III)	해상안전과 해양환경 보호를 위해 각국이 동등수준으로 IMO협약과 관련법규를 준수할 수 있도록 선박의 안전운항 관리, 항만국통제(PSC), 기국의 협약준수사항 및 해난의 조사업무 등을 담당
항해·통신·수색·구조 전문위원회 (Sub-Committee on Navigation, Communications and Search and Rescue, NCSR)	항해안전과 관련하여 국제해상충돌예방규칙(COLREG), 해상인명안전협약(SOLAS)에 따른 항해안전에 관한 선박 통신, 조난 시 수색·구조에 관련된 전세계 해상조난 및 안전제도(GMDSS), 수색·구조에 관한 국제협약(SAR) 관련 규정 등을 담당
오염예방·대응 전문위원회 (Sub-Committee on Pollution Protection and Response, PPR)	해양오염방지협약(MARPOL 73/78) 및 대기오염방지를 위한 새로운 부속서, 평형수 관리협약, IBC, IGC, BCH 코드 등의 관련 규정 등을 담당
선박설계 및 건조 전문위원회 (Sub-Committee on Ship Design and Construction, SDC)	선박 및 해양구조물의 구조, 강도, 등에 관한 사항을 담당하며, 국제만재흘수선 협약(1966 LL), 1969년 선박톤수 측정에 관한 국제협약(1969 TONNAGE), 해상인명안전협약(SOLAS)의 구조 및 복원성 관련 규정 등을 담당 * 어선의 SOLAS에 해당하는 토레몰리노스협약을 담당
선박시스템 및 설비 전문위원회 (Sub-Committee on Ship System and Equipment, SSE)	선박 및 해양구조물의 각종 설비에 관한 사항을 담당하며 해상인명안전협약(SOLAS)의 기관 및 전기설비와 구명설비 등의 관련 규정 등을 담당

► **(회의절차)** IMO 회의 절차는 개회식, 의제채택, 의제토의 및 보고서 작성 순으로 진행되며 각 과정의 주요내용은 다음과 같음
- (개회식) 의장 및 부의장 선출
- (의제채택) 의제문서 채택 및 세부 논의를 위한 기술작업반 등 구성
- (의제토의) 의제 제안국의 제안배경 설명, 토의 및 동의여부에 대한 투표
- (보고서 작성) 의제결정 사항에 대한 회의 보고서 작성

※ IMO 외에 ILO의 선원노동협약 및 어선원노동협약에서는 선원의 노동인권과 관련하여 거주구의 면적 등을 규정함에 따라 IMO 외의 국제협약에서도 일부 선박건조에 영향을 주기도 한다.

○ **(주요협약)** 국제협약에 관한 주요개념 등을 살펴보고, 선박건조와 관련된 해사안전, 해상오염방지 및 운항에 관한 국제협약의 종류를 구분하여 정리해 보면 다음과 같다.

< 국제협약의 주요개념 >

► **(협약종류)** 협약은 세부적으로 협약, 협정, 의정서, 규약, 결의서 및 회람문서 등으로 세분화 할 수 있으며 각각의 개념은 다음과 같음

❶ **(협약, Convention)** 통상 국가간의 권리와 의무에 관한 합의라고 할 수 있음

* 조약(Treaty)은 협약, 협정 및 의정서 등을 포괄하는 개념임

❷ **(협정, Agreement)** 통상 기존의 협약에 대해 조속한 발효 등을 목적으로 발효 또는 가입 조건 등을 완화하는 형태

❸ **(의정서, Protocol)** 통상 기존의 협약에 대해 세부적이고 기술적인 사항에 대해 상당한 개정이 이루어진 것

❹ **(규약, Code)** 전문적이고 기술적인 사항을 중심으로 세부적인 내용을 다룸

❺ **(결의서, Resolution)** 협약개정 사항을 중심으로 주요결정 사항을 결의서 형태로 채택

* IMO 결의서 문서 체계: Res. + 담당부서 + 일련번호 + 회의 회차 / 예: Res. A. 998(24) / 부서코드: A - Assembly(총회), C - Council(이사회), MSC, MEPC 등 위원회는 동일표기

❻ **(회람문서, Circular)** 협약 관련 주요 공지사항(주요협약 개정사항, 기술기준 적용시점 등)을 당사국 등에 알릴 때 사용하는 형태

* IMO 회람문서 체계: 회의별 or 협약별 약어 + "/" + Circ. + 문서번호
예(회의별): MSC.1/Circ.1330, 예(협약별): STCW.7/Circ.14

▸ **(협약 체결절차)** 협약의 체결은 통상 협약의 실제 내용에 대한 작성 및 채택, 국가별 협약 비준, 협약의 효력 발생, 협약의 등록 및 공고 순으로 이루어짐

- **(협약 작성 및 채택)** 협약내용 작성 및 당사국간 교섭 → 협약 채택 및 회람
- **(협약비준)** 협약에서 해당 협약의 비준 방법(서명, 수락, 가입 등의 의사를 밝혀 해당 국제기구에 제출)을 규정하고 있고, 이에 따라 각국에서 비준
- **(효력발생)** 협약의 내용에 따라 즉시, 발효 전 또는 경과규정을 두어 효력발생
- **(협약 등록 및 공고)** UN사무국에 협약을 등록

▸ **(협약의 구성)** 협약은 크게 실제 조항(Articles)와 부속서(Annex or Appendix)로 구성되며, 목적 및 의무, 정의, 적용대상, 주요내용, 불가항력, 비준방법, 발효조건, 개정방법, 폐기방법, 수탁기관 및 언어와 기술적인 내용 등을 담음

- 실제 협약의 구성은 다양한 형태로 이루어지며, 그 예로 동일한 선박안전에 관한 협약이나 상선 등에 대한 SOLAS협약은 조항에 대부분의 내용을 담고, 부족서에 증서서식 등을 담고 있으나, 어선에 관한 Cape Town Agreement는 본문에 세부적인 기술기준을 담고 부속서에 실제 협약에 관한 내용을 표기

▸ **(IMO 협약의 적용기준)** 선박건조와 관련한 IMO협약의 적용기준은 통상 다음의 원칙에 따라 적용

- 선박구조와 관련된 내용: 발효일 이후 건조된 선박에 적용(용골거치일 기준)
- 현존선 소급적용 시: SOLAS-용골거치일 기준 / MARPOL-건조계약일, 건조일 또는 인도일 등을 적용
- 협약발효 기준일: 1월 1일 또는 7월 1일을 기준으로 적용
- 참고로, 미발효 된 협약은 개정안을 제출하지 않는 것이 원칙

< IMO 주요 국제협약 >

▸ 해사안전관련 협약

협약명칭	주요내용
해상인명안전협약(SOLAS 1974) International Convention for the Safety of Life at Sea, 1974	ㅇ 선박 구조, 설비 및 화물운송에 관한 기준 ㅇ 선박의 검사 및 증서의 발급에 관한 사항

협약명칭	주요내용
해상인명안전협약 1978 의정서 (SOLAS Protocol 1978) Protocol of 1978 relating to the International Convention for the Safety of Life at Sea, 1974	o 유조선의 안전 및 해양오염방지를 위해 '74 SOLAS를 개정 * 유조선 레이다 및 조타장치 이중설치 의무화
해상인명안전협약 1988 의정서 (SOLAS Protocol 1988) Protocol of 1988 relating to the International Convention for the Safety of Life at Sea, 1974	o 선박검사 및 증서발급기간의 통일을 위해 '74 SOLAS를 개정 * 협약증서 유효기간을 5년으로 통일
스톡홀름 협정 1996(SA 1996) (Stockholm Agreement 1996)	o 북서유럽 및 발틱해 항구 간 정기 운항하는 RORO 여객선의 복원성에 관한 특별 요건에 관한 1997년 지역 협정
국제만재흘수선협약(LL 1966) International Convention on Load Lines, 1966	o 안전 항해 확보를 위한 만재흘수선 지정
국제만재흘수선협약 1988 의정서 (LL Protocol 1988) Protocol of 1988 relating to the International Convention on Load Lines, 1966	o 선박검사 및 증서발급기간 통일을 위해 '66 LL*을 개정 * International Convention on Load Lines
해상충돌예방규칙(COLREG 1972) Convention on the International Regulations for Preventing Collisions at Sea, 1972	o '60 COLREG 대체 o 항법 및 선박의 등화와 형상물 규정 o 통항분리제도(Traffic Separate Scheme) 설정
안전한 컨테이너에 관한 국제협약(CSC 1972) International Convention for Safe Containers, 1972	o 컨테이너의 안전을 위한 구조·강도요건 규정
안전한 컨테이너에 관한 국제협약 1993 개정 (CSC 1993 amendments) International Convention for Safe Containers, 1993 amendments	o CSC의 조문, 부속서 개정
토레몰리노스협약 1977 Torremolinos International Convention for the Safety of Fishing Vessels, 1977	o 어선안전에 관한 국제협약으로, SOLAS 협약과 매우 비슷하나, 어선을 대상으로 하는 것이 차이

협약명칭	주요내용
어선의 안전에 관한 토레몰리노스협약 1993 의정서(SFV Protocol 1993) Torremolinos Protocol of 1993 Relating to the Torremolinos International Convention for the Safety of Fishing Vessels, 1977	ㅇ 77년 어선의 안전에 관한 토레몰리노스 협약(SFV협약)의 조속한 발효를 위해 발효 조건 및 설비규정 등의 기술기준을 완화
2012 케이프타운 협정 (Cape Town Agreement 2012) Cape Town Agreement of 2012 on the Impementation of the Provisions of the Torremolinos Protocol of 1993 Relating to the Torremolinos International Convention for the SAfety of Fishing Vessels, 1977	ㅇ 1993년 토레몰리노스 의정서에도 불구, 각국의 협약이 발효되지 않음에 따라 발효조건을 완화

► 해양오염방지 관련 협약

협약명칭	주요내용
해양오염방지협약 부속서 I / II (기름/산적유해액체) (MARPOL 73/78 Annex I / II) Annex I / II of Protocol of 1978 relating to the International Convention for the Prevention of Pollution from Ships, 1973	ㅇ 선박으로부터 기름 및 유해액체물질에 의한 해양오염의 방지를 위한 요건 규정
해양오염방지협약 부속서 III (포장유해) (MARPOL 73/78 Annex III) Annex III of Protocol of 1978 relating to the International Convention for the Prevention of Pollution from Ships, 1973(Regulations for the Prevention of Pollution by Harmful Substances Carried by Sea in Packaged Form)	ㅇ 선박으로부터 포장형태의 유해액체 물질에 의한 해양오염의 방지를 위한 요건 규정
해양오염방지협약 부속서 IV(하수) (MARPOL 73/78 Annex IV) Annex IV of Protocol of 1978 relating to the International Convention for the Prevention of Pollution from Ships, 1973(Regulations for the Prevention of Pollution by Sewage from Ships)	ㅇ 선박으로부터 하수에 의한 해양오염의 방지를 위한 요건 규정

협약명칭	주요내용
해양오염방지협약 부속서 V (폐기물) (MARPOL 73/78 Annex V) Annex V of Protocol of 1978 relating to the International Convention for the Prevention of Pollution from Ships, 1973(Regulations for the Prevention of Pollution by Garbage from Ships)	o 선박으로부터 폐기물에 의한 해양오염의 방지를 위한 요건 규정
해양오염방지협약 1997 의정서 부속서 VI (대기오염) (MARPOL Protocol 1997 Annex VI) Annex VI of Protocol of 1978 relating to the International Convention for the Prevention of Pollution from Ships, 1973	o 선박으로부터 대기오염 방지를 위한 요건 규정
폐기물투기에 의한 해양오염방지협약(LC 1972) Convention on the Prevention of Marine Pollution by Dumping of Wastes and Other Matter, 1972	o 폐기물 해양투기시의 처리방법에 관한 규정
폐기물투기에 의한 해양오염방지협약에 대한 1978년 개정(LC 1978 amendments) 1978 amendment to the Convention on the Prevention of Marine Pollution by Dumping Wastes and Other Matters, 1972	o '72 LC의 분쟁 해결 절차 관련 보완
폐기물투기에 의한 해양오염방지협약 1996 의정서 (LC Protocol 1996) Protocol of 1996 to Amend the Convention on the Prevention of Marine Pollution by Dumping of Wastes and Other Matter, 1972	o '72 LC의 해양투기 폐기물의 종류와 투기 기준 관련 보완
선박의 유해방오도료 시스템 사용 규제 국제협약 (AFS Convention 2001) International Convention on the Control of Harmful Anti-fouling Systems on Ships, 2001	o 선박방오도료(Anti-fouling paints)내 유해 유기주석(Organotins)의 사용을 금지하고, 향후 방오시스템 내에서 다른 유해한 물질의 사용 금지에 관한 협약

협약명칭	주요내용
선박평형수관리협약(BWM Convention 2004) International Convention for the Control and Management of Ships' Ballast Water and Sediments, 2004	ㅇ 밸러스트수 교환에 따른 유해 미생물 등에 의한 연안 해양환경 피해 예방을 위해 발라스트수 교환 관련 요건을 규정한 협약
선박재활용협약(SRC 2009) Hongkong International Convention for the Safe and Environmentally Sound Recycling of Ships. 2009	ㅇ 선박 해체시 유해물질에 의한 건강 보호, 환경오염예방을 위해 채택 - 유해물질 사용금지 또는 제한, 유해물질 목록작성, 선박해체시설 정부승인 의무 등 무분별한 선박해체 방지를 목적으로 총톤수 500톤 이상의 국제항해선박, 선박재활용(해체)시설에 적용

▶ IMO 운영 및 톤수측정 등 기타 협약

협약명칭	주요내용
국제해사기구 협약 (IMO Convention) Convention on the International Maritime Organization	ㅇ 총회, 이사회, 해사안전위원회, 법률위원회 및 해양환경보호위원회의 절차에 관한 규정
선박톤수측정협약(TONNAGE 1969) International Convention on Tonnage Measurement of Ships, 1969	ㅇ 선박톤수측정의 통일된 국제기준 - 총톤수, 순톤수, 재화중량톤수
국제해사위성기구에 관한 협약(IMSO C 1976) Convention on the International Mobile Satellite Organization(INMARSAT), 1976	ㅇ 해사통신을 목적으로 한 통신위성기구(국제해사통신기구) 설립에 관한 규정
국제해사위성기구에 관한 협약 2006 개정 (IMSO C 1976, 2006 amendments) Convention on the International Mobile Satellite Organization(INMARSAT), 1976, 2006 amendments	ㅇ IMSO의 감독범위 확대 ㅇ 2006년 개정안은 2008년 개정안으로 대체됨

협약명칭	주요내용
국제해사위성기구에 관한 협약 2008 개정 (IMSO C 1976, 2008 amendments) Convention on the International Mobile Satellite Organization(INMARSAT), 1976, 2008 amendments	ㅇ GMDSS (Global Maritime Distress and Safety System)에 대한 감독 및 LRIT (Long-Range Identification & Tracking) 조정자 기능과 임무 규정
국제해상교통간소화협약(FAL 1965) Convention on Facilitation of International Maritime Traffic, 1965	ㅇ 국제항해 취항선의 입·출항에 관한 서류 및 수속절차에 관한 국제적 통일기준 규정

► 항해상의 의무관련 협약

협약명칭	주요내용
선원훈련·자격증명 및 당직유지의 기준에 관한 국제협약(STCW 1978) International Convention on Standards of Training, Certification and Watchkeeping for Seafarers, 1978	ㅇ 선원의 훈련·자격증명 및 당직근무에 관한 최저기준 규정 ㅇ 선장, 항해사, 기관사에 대한 재교육규정
어선원 훈련·자격증명 및 당직유지의 기준에 관한 국제협약(STCW-F 1995) International Convention on Standards of Training, Certification and Watchkeeping for Fishing Vessel Personnel, 1995	ㅇ 어선원의 훈련·자격증명 및 당직유지 기준
해상수색 및 구조에 관한 협약(SAR 1979) International Convention on Maritime Search and Rescue, 1979	ㅇ 조난자에 대한 연안국의 수색 및 구조 의무화 ㅇ 구조조정본부 및 지부의 설치 등 수색·구조 체제의 확립 ㅇ 인접국가와 공동 수색·구조구역설정, 장비의 상호이용, 요원의 훈련에 관한 협정

► 책임 및 보상관련 협약(협약 명칭만 정리)

1	1969 유류오염손해에 대한 민사책임에 관한 협약(CLC 1969)	10	승객 및 수하물의 해상운송에 관한 아테네 협약 1976 의정서(PAL Protocol 1976)
2	유류오염손해에 대한 민사책임에 관한 협약의 1976 의정서(CLC Protocol 1976)	11	승객 및 수하물의 해상운송에 관한 아테네 협약 1990 의정서(PAL Protocol 1990)
3	유류오염손해에 대한 민사책임에 관한 협약의 1992 의정서(CLC Protocol 1992)	12	승객 및 수하물의 해상운송에 관한 아테네 협약 2002 의정서(PAL Protocol 2002)
4	유류오염손해보상을 위한 국제기금 설치에 관한 협약의 1976 의정서 (FUND Protocol 1976)	13	해사채권 책임제한협약(LLMC 1976)
5	유류오염손해보상을 위한 국제기금 설치에 관한 협약의 1992 의정서 (FUND Protocol 1992)	14	해사채권 책임제한협약 1996 의정서 (LLMC Protocol 1996)
6	유류오염손해배상을 위한 국제기금 설치에 관한 협약의 2000 의정서 (FUND Protocol 2000)	15	유독 유해 물질의 해상운송에 따른 손해 배상책임에 대한 국제협약 (HNS Convention 1996)
7	유류오염손해보상을 위한 국제기금 설치에 관한 협약의 2003 의정서 (Fund Protocol 2003)	16	유독 유해 물질의 해상운송에 따른 손해 배상책임에 대한 국제협약 2010 의정서 (HNS Protocol 2010)
8	핵물질의 해상운송에서의 민사책임에 관한 협약(NUCLEAR 1971)	17	2001 연료유 협약 (Bunkers Convention 2001)
9	승객 및 수하물의 해상운송에 관한 아테네 협약(PAL 1974)	18	난파물제거협약 (Nairobi WR convention 2007)

3-1-2 국내법령

□ 개념

○ 국제기준인 국제협약을 국내에 수용하거나, 국제협약 비적용 선박에 대해 자국의 안전관리 기준을 마련한 개념이다.

□ 주요법령

○ 선박관련 국내기준을 기능상으로 구분해보면 등록, 검사 및 운항에 관한 것으로 분류할 수 있고, 각각은 대상선박*, 법률 소관 부처** 등 여러 이유로 다양한 형태의 법률에 따라 관리된다.

* 국내법에 따른 분류는 크게 선박, 어선 및 수상레저기구 3가지로 분류됨

** 각 법률의 소관부처는 크게 해양수산부, 해양경찰청 및 행정안전부로 구분되며, 아래 소개되는 각 법률은 국가법령정보센터(www.law.go.kr)을 통해 확인 가능

① **(선박법)** 선박등록(말소 포함)에 관한 법률로써 등록을 위한 톤수측정과 등록에 따른 선박국적에 관한 사항을 규정하고 있음

* 법률은 세부사항을 법령체계에 따라 선박법 시행령(대통령령) 선박법 시행규칙(해양수산부령)으로 위임하고 있으며, '선박톤수의 측정에 관한 규칙'(해양수산부령)을 동 법률의 하위법령으로 함께 관리하고 있음. 보다 상세한 기준은 행정규칙(고시, 예규 및 훈령)으로 위임하며, 이하 법률도 동일한 구성임

② **(선박안전법)** 선박의 감항성 확보와 안전운항을 위해 건조 및 검사기준을 규정하고 있는 법률로 적용대상에서 어선과 수상레저기구를 제외함

* 법률은 세부사항을 법령 체계에 따라 선박안전법 시행령(대통령령) 선박안전법 시행규칙(해양수산부령)으로 위임하고 있으며, '선박의 검사 등에 관한 수수료 규칙', '위험물 선박우송 및 저장규칙' 및 '특수화물 선박운송 규칙'(해양수산부령)을 동 법률의 하위법령으로 함께 관리하고 있음

③ **(어선법)** 어선의 등록(말소 포함), 건조, 검사, 거래 및 연구에 관한 기준을 규정하는 법률로 일부 기준을 선박법 및 선박안전법으로 부터 준용하고 있으나, 어선만을 위한 독립적인 구조를 갖춤

* 법률은 세부사항을 법령 체계에 따라 어선법 시행령(대통령령), 어선법 시행규칙(해양수산부령)으로 위임하고 있음

④ **(수상레저법)** 수상레저기구의 등록 및 검사, 조종자격 및 운항시 안전요건 등을 규정하는 법률로 특이한 점은 일부 경우 소유자 선택에 따라 선박법(레저선) 또는 동법(수상레저기구)로 등록 가능

* 법률은 세부사항을 법령체계에 따라 수상레저안전법 시행령(대통령령), 수상레저안전법 시행규칙(해양수산부령, 실제 해양경찰청 담당)으로 위임하고 있음

⑤ **(낚시관리 및 육성법)** 선박 측면에서 법률을 살펴보면, 어선 중 일정기준을 만족하는 경우, 낚시승객을 태워 낚시어선업을 할 수 있도록 하되, 어선법 외의 일정 안전기준을 추가로 요구함

* 법률은 세부사항을 법령 체계에 따라 낚시관리 및 육성법 시행령(대통령령), 낚시관리 및 육성법 시행규칙(해양수산부령)으로 위임하고 있음. 특이사항으로 20년의 선령 제한기준을 마련하고 있음

⑥ **(유선 및 도선 사업법)** 선박 측면에서 법률을 살펴보면, 유선 및 도선에 대해 안전기준(선박안전법 기준준용 및 일부 안전요건 추가 요구), 선원자격 및 안전교육 등에 대한 기준을 규정

* 법률은 세부사항을 법령 체계에 따라 유선 및 도선사업법 시행령(대통령령), 유선 및 도선 사업법 시행규칙(행정안전부령)으로 위임하고 있음. 특이사항으로 선박안전법 적용유무 및 선질에 따른 선령 제한기준을 마련하고 있음

** Tip. 유선과 도선의 기능적 차이는 유선은 유락을 목적으로 특정 항로를 갖지 않고 운항하며, 도선은 도서간의 운송 등을 목적으로 특정 항로(출항지-목적지를 가짐)를 가지고 그 사이를 운항하는 것임

⑦ **(선원법)** 선장의 직무와 권한, 선원의 근로여건(계약, 임금, 근로시간, 휴가, 보건 및 복지), 이행사항 감독 등을 규정하고 있으며, 운항 측면에서는 선장의 직무(항해당직 등) 내용이 주요 조항임

* 법률은 세부사항을 법령체계에 따라 선원법 시행령(대통령령) 선원법 시행규칙(해양수산부령)으로 위임하고 있음. '선원근로감독관규정'(대통령령), '선원근로감독관직무규칙'(해양수산부령)과 '선원노동위원회규정'(대통령령) 및 '선원의 안전 및 위생에 관한 규칙'(해양수산부령)을 동 법률의 하위법령으로 함께 관리하고 있음

⑧ **(선박직원법)** 선박직원(선원)의 직무자격을 규정하는 법으로 선박 규모별 운항 시 항해사, 기관사, 통신사 및 운항사 등의 요구등급과 각 자격 취득을 위한 조건 등을 규정하고 있음

* 법률은 세부사항을 법령 체계에 따라 선박직원법 시행령(대통령령), 선박직원법 시행규칙(해양수산부령)으로 위임하고 있음

⑨ **(해사안전법)** 선박의 운항시 항로제한, 해상교통 안전관리, 선박 및 사업장의 안전관리와 선박의 항법 등에 대해 규정한 법률로 해상에서의 교통법규에 비유 할 수 있음

* 법률은 세부사항을 법령 체계에 따라 해사안전법 시행령(대통령령), 해사안전법 시행규칙(해양수산부령)으로 위임하고 있음

⑩ **(어선안전조업법)** 어선의 조업(해양작업)을 감안하여, 출입항신고, 조업·항행 제한 및 조업시 안전확보를 위한 조치 등을 규정한 법률로 어선에 대한 해사안전법에 비유 할 수 있음

* 법률은 세부사항을 법령 체계에 따라 어선안전조업법 시행령(대통령령), 어선안전조업법 시행규칙(해양수산부령)으로 위임하고 있음

3-1-3 법령체계 및 기본개념

□ 개념

○ 선박건조시 물리적 제약조건 외에도 법령, 협약 및 계약사항 등이 존재하며, 계약사항은 선주와의 계약관계에서 발생하는 것으로 필요시 협의를 통해 조정할 수 있다.

○ 하지만, 법령과 협약은 사회적 파급효과를 고려하여 요구되는 강제적인 안전 기준으로 반드시 만족해야 하며 이에 따라 법령의 체계 등에 대한 기본적인 이해를 갖는 것은 중요한 부분이다.

□ 법령체계

○ **(법령간 체계)** 우리나라의 법령은 헌법을 정점으로 하여 세부적인 내용을 하위법령이관하는 계층적인 구조를 가진다.

< 법령 상호간 계층체계 >

○ **(법령근거)** 각 법률의 세부사항은 헌법에 의해 대통령령, 총리령 및 각 행정부의 부령으로 규정할 수 있다.

* 「헌법」제75조: 대통령은 법률에서 구체적으로 범위를 정하여 위임받은 사항과 법률을 집행하기 위하여 필요한 사항에 관하여 대통령령을 발할 수 있다.

** 「헌법」제95조: 국무총리 또는 각 행정부의 장은 소관 사무에 관하여 법률이나 대통령령의 위임 또는 직권으로 총리령 또는 부령을 발할 수 있다.

*** 「헌법」제117조: 지방자치단체는 주민의 복리에 관한 사무를 처리하고 재산을 관리하며, 법령의 범위 안에서 자치에 관한 규정을 제정할 수 있다.

○ **(법률 등 범위)** 법률, 시행령(대통령령) 및 시행규칙(총리령, 부령)은 각각 적용범위(소관사항)을 달리한다.

< 법률 등의 적용범위 >

❶ 법률: 국민의 권리 및 의무에 관한 사항 / 헌법에서 법률로 위임한 사항 → 국민의 권리를 제약하거나, 의무를 부여하는 경우 반드시 법률에서 명시되어야 함 (특히, 벌칙 등의 사항은 법률에서 규정되어야 함) ❷ 시행령(대통령령): 각 부처의 공통적인 사항 / 권한의 위임 및 위탁에 관한 사항 / 법률에서 하위법령으로 이관하는 사항 중 중요한 사항 등 ❸ 시행규칙(총리령, 부령): 각 부처가 단독으로 수행하는 사항 / 일반적이지 않고 전문적, 기술적인 사항으로 부처간 논의가 필요 없는 사항 / 각종 서류의 서식 등에 관한 사항

○ **(법률구조)** 법률의 구조는 본칙*과 부칙**으로 구분되며, 본칙은 총칙, 실체규칙, 보칙 및 벌칙으로 구성된다.

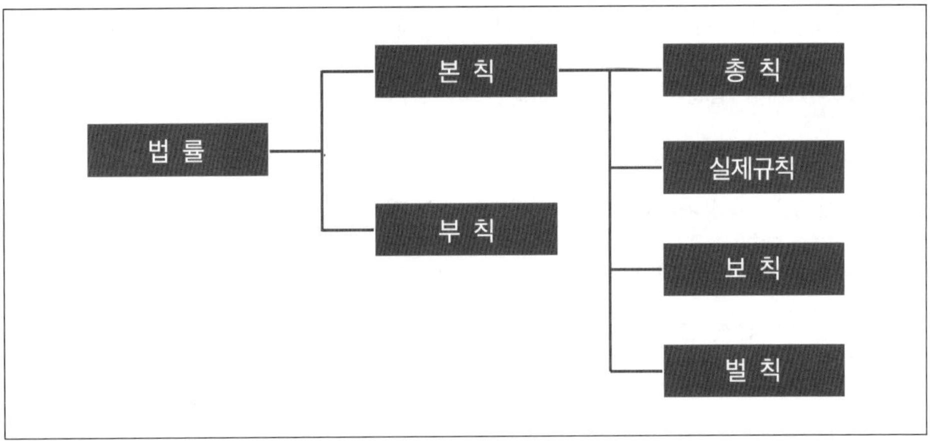

* (본칙구성) 법률의 크기에 따라 '편-장-절-관'으로 구성하며, 실제 내용은 '조' 단위로 작성하고, '조' 아래 세부내용은 '항(①②③···)' → '호(1,2,3···)' → '목(가,나,다···)'로 구분함

** (부칙구성) 부칙은 본칙의 '조' 단위로 구성함

< 법률구조 >

1. **민법**
[시행 2021. 1. 26.] [법률 제17905호, 2021. 1. 26., 일부개정]

⊟본문
⊞제1편 총칙
⊞제2편 물권
⊟제3편 채권
⊞▸제1장 총칙
⊟▸제2장 계약
⊟▸제1절 총칙
⊟▸제1관 계약의 성립
▸제527조 계약의 청약의 구속력
▸제528조 승낙기간을 정한 계약의 청약
▸제529조 승낙기간을 정하지 아니한 계약의 청약
▸제530조 연착된 승낙의 효력
▸제531조 격지자간의 계약성립시기
▸제532조 의사실현에 의한 계약성립
▸제533조 교차청약
▸제534조 변경을 가한 승낙
▸제535조 계약체결상의 과실

어선법

[시행 2020. 8. 28.] [법률 제16568호, 2019. 8. 27., 타법개정]

□ **제41조(검사업무 등의 대행)** ① 해양수산부장관은 공단 또는 「선박안전법」 제60조제2항에 따른 선급법인(이하 "선급법인"이라 한다)으로 하여금 다음 각 호의 업무를 대행하게 할 수 있다. 다만, 선급법인의 경우 제5호 및 제5호의2의 업무는 제외한다. <개정 2009. 5. 27., 2013. 3. 23., 2013. 4. 5., 2016. 12. 27., 2017. 10. 31., 2020. 2. 18.>
1. 제3조의2제1항에 따른 어선의 복원성 승인
1의2. 제14조에 따른 어선의 총톤수 측정 · 재측정
2. 제21조에 따른 어선의 검사
3. 제22조에 따른 어선의 건조검사, 어선용품의 예비검사 및 별도건조검사
4. 제24조제1항에 따른 어선 또는 어선용품의 검정
5. 제25조제1항에 따른 지정사업장의 지정을 위한 조사
5의2. 제25조제3항 또는 제4항에 따른 어선, 어선의 설비 또는 어선용품의 확인
5의3. 제26조의2에 따른 제한하중등의 확인 및 하역설비검사기록부의 작성
6. 제28조제3항에 따른 어선검사증서 유효기간 연장의 승인
7. 제37조제2항에 따라 준용되는 다음 각 목의 업무
가. 「선박안전법」 제12조제1항에 따른 국제협약검사
나. 「선박안전법」 제13조제1항에 따른 도면승인
다. 「선박안전법」 제41조제2항에 따른 위험물의 적재 · 운송 · 저장 등에 관한 검사 · 승인

⊟□ 부　칙 <법률 제11754호, 2013. 4. 5.> ⊟부칙(접기)
제1조(시행일) 이 법은 공포 후 6개월이 경과한 날부터 시행한다.
제2조(임시검사 생략에 관한 적용례) 제25조제4항의 개정규정에 따른 확인된 부분에 대한 임시검사의 생략은 이 법 시행 후 임시검사를 하는 경우부터 적용한다.

- **(총칙)** 해당 법률의 목적 및 정의 등 총괄적인 내용을 규정
- **(실제규칙)** 해당 법률의 목적을 달성하기 위해 세부적이고 상세한 내용을 규정
- **(보칙)** 해당 법률의 이행을 위해 필요한 위임·위탁 등의 내용을 규정
- **(벌칙)** 실체규칙에서 규정한 내용을 이행하지 않거나, 적합하지 않는 경우 등에 대한 처벌 또는 행정처분(과태료 등) 내용을 규정
- **(부칙)** 해당 법률 시행에 관한 내용인 시행일, 유효기간, 적용례*, 경과조치** 및 다른 법률과의 관계 등을 규정

* 적용기준이 모호하거나 복합한 경우, 적용례를 통해 명확하게 설명

** 특정한 기준이 신설되었을 때, 기존의 대상에 대해 적용여부를 설명하며, 통상 기존대상을 소급 적용하지 않을 때에는 '이 기준 시행 이전에 대상은 이 기준을 만족한 것으로 본다'는 등의 표현을 통해 적용여부를 명시

○ **(제정 및 폐지)** 규율하고자 하는 입법사항이 기존 법률의 개정으로 규정하기 곤란한 경우 제정을 하며, 법령의 효용이 다하거나 다른 법률과 통합되는 경우 폐지*한다.

* 폐지된 법률이라 할지라도 연혁법률로써 관리될 필요가 있기 때문에 폐지시 부칙 제1조(시행일), 제2조(법률의 폐지) 내용을 명시하여야 함

○ **(개정원칙)** 법률에서 행정규칙까지의 법규의 통상적인 개정방식으로 본칙은 흡수식, 부칙은 증보식으로 적용한다.

- **(본칙-흡수식)** 개정전 조문과의 충돌을 피하기 위하여 개정문은 남기고, 종전의 조문은 삭제하는 방식
- **(부칙-증보식)** 부칙은 시행일, 적용예 등 본칙의 상세한 적용기준을 규정함에 따라 History 관리를 위해 누적하여 기입하는 증보식 적용

* 통상 법률의 개정시 기존의 대상은 '부진정소급 적용원칙'에 따라 개정내용을 적용하지 않지만, 일부 경우 소급하여 적용하기도 함(세법 등은 소급적용의 대표 사례)

○ **(개정방식)** 개정방식은 전부개정, 일부개정 및 일괄개정 등이 있고 세부내용은 다음과 같다.

- **(전부개정)** 개정 조문수가 전체조문의 2/3 이상인 경우로, 내용이나 형식의 전반적인 개정이 요구되거나 법률의 핵심 내용이 변경되는 경우 적용하는 방식

* 주의사항: 전부개정시 기존 부칙은 모두 삭제(소멸)되고 실효됨에 따라, 효력을 유지해야 하는 부칙인 경우, 다시 전부개정법률안의 부칙에서 규정해야 함

** Tip. 전부개정과 폐지·제정의 차이: 전부개정은 개정전후 법률의 동질성을 강조하는 경우에 적용하고, 폐지·제정은 신구법간의 본질적인 내용의 변경시 적용

- **(일부개정)** 특정 1개 법률에 대해 전부개정이 아닌 경우에 해당
- **(일괄개정)** 관련성 있는 다수의 법률을 한 번에 개정하는 경우 적용

< 일괄개정 주요원칙 >

❶ **(법률 제명)** A법률의 제개정 또는 폐지에 따라 B,C 등의 다수 법률에 인과관계가 존재할 때와 인과관계 없이 병렬적 관계일 때 제명을 달리 적용

► (인과관계) 'A법 시행(제정 또는 개정)에 따른 B 법 등의 정비에 관한 법률안'

► (병렬관계) '~~를 위한 A법 등 일부개정법률안' 또는 'A법 및 B법 일부개정법률안' (예시: 우리말 순화, 기관명칭 변경 등 용어변경 등은 병렬관계)

❷ (개정 방법) 일괄개정은 같은 발령 형식별로 실시

► 대통령령은 대통령별로, 부령은 각 부처 소관부령별로, 행정규칙은 행정규칙 별로 일괄 개정 가능

❸ (조문 형식) 각 개정 대상 법령별로 조를 두고 개정지시문을 붙임
► 각 조마다 '(OO법의 개정)'과 같이 제목을 붙인 후 개정문 작성(아래 예시 참조)
제00조 (「A법」의 개정) A법의 일부를 다음과 같이 개정한다.
제00조 중 '□□공단'을 '△△공단'으로 한다.

○ **(개정관리)** 동일한 법규라도 개정으로 내용이 달라지기 때문에, 각 개정 법규마다 구분할 수 있는 관리체계 필요하며, 다음의 방식으로 관리된다.

- **(표기방식)** 법규명, 시행시점, 종류 및 연번 개정시점과 개정방식의 정보를 조합하여 표기함

법규명 + [시행 년월일] + [법규종류, 연번, 개정 연월일, 개정방식]
예) 선박안전법 [시행 2020. 8. 19.] [법률 제17028호, 2020.2.18., 일부개정]

- **(부칙표기 방식)** 부칙은 본칙과 달리 증보식이기 때문에 각 부칙마다 연번과 개정연월일을 표기함

부칙 + <법규종류, 연번, 개정 연월일>
예) 부칙 <법률 제17028호, 2020. 2. 18.>

3-1-4 법령검색 및 활용

□ 국내기준 검색 및 활용법(국가법령정보센터 활용방법)

ㅇ 국내 모든 법규(법률, 법령 및 시행규칙)와 행정규칙(고시, 예규 및 훈령) 그리고 조약에 관한 내용(현행 및 연혁법령) 등을 확인 할 수 있는 곳이 법제처가 관리하는 국가법령정보센터(www.law.go.kr, 어플 有)이다.

* 실제 서비스 되는 기능은 자치법규, 판례·해석례, 법령용어 검색 등도 가능하고, 일부법령은 영문으로도 지원

- **(현행법령 검색방법)** 사이트 접속 후 법령, 행정규칙 등을 선택하고, 원하는 법률 등을 키워드*로 검색하여 최신 규정을 확인

* 법령명, 법령본문, 조문내용, 조문제목 등을 선택하고 검색시 법령제목을 알지 못하더라도 해당 키워드가 포함된 모든 법률을 검색 가능

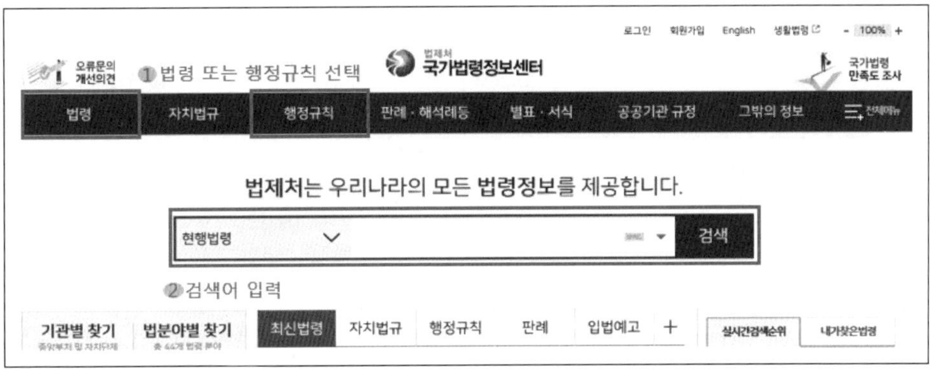

- **(연혁법령 등 검색방법)** 현행법령 검색 후 연혁법령, 외국어번역 등을 선택하여 연혁법령 및 외국어번역본 등을 확인 가능

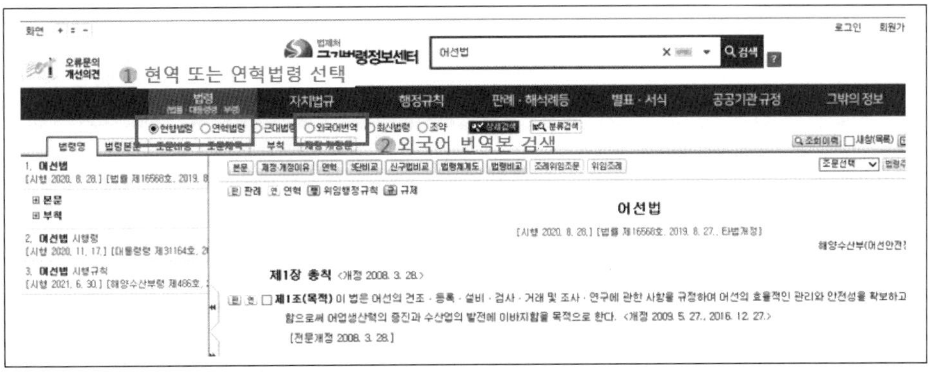

- (**제·개정 이유 확인**) 현행법령 및 각 연혁법령을 선택하고, 제정·개정 이유를 선택하여 제·개정 취지를 확인 할 수 있음

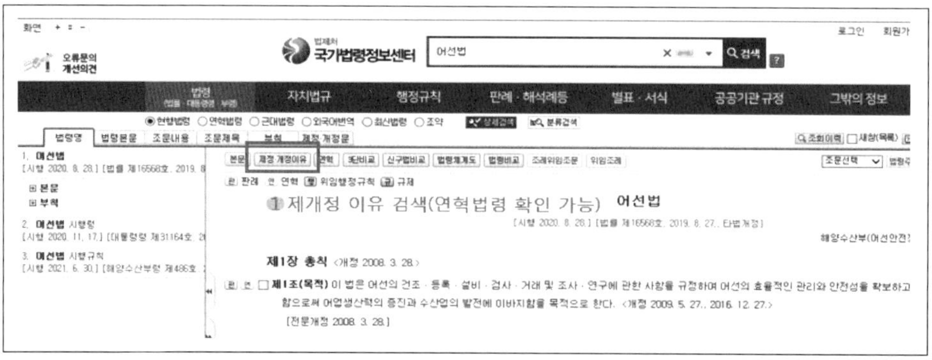

- (**법령체계 확인**) 모든 법률은 기본적인 사항을 법률에 담고 상세한 사항은 시행령, 시행규칙 및 행정규칙으로 위임하는 구조를 갖게 되는데, 법령체계도 선택 시 해당 법률의 전체 구조 확인 가능

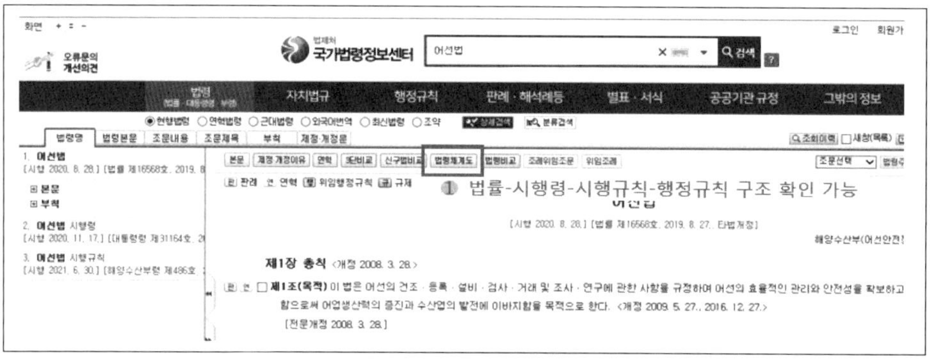

- (**법령비교**) 법률에서 시행규칙까지 위임구조를 한눈에 볼 수 있는 3단비교 기능과, 유사법률을 비교하여 볼 수 있는 법령비교 기능 有

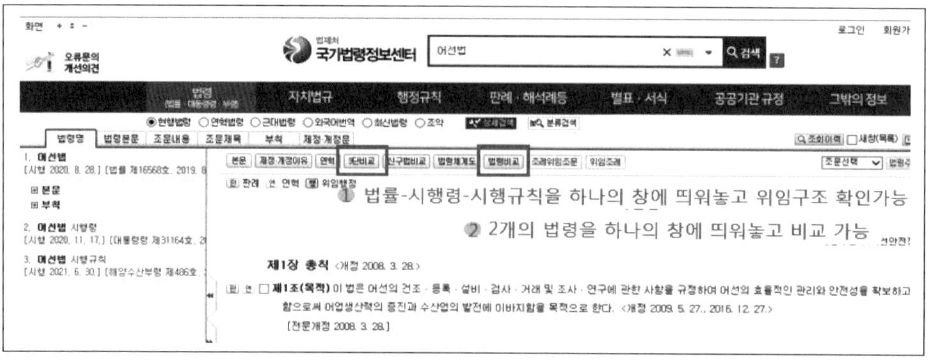

- **(조문검색)** 국가법령정보센터에서 법률 검색 후 좌측의 해당법률 선택 시 각 조문이 트리구조로 생성되어 조문명을 통해 손쉽게 법률의 주요내용과 조문을 검색가능

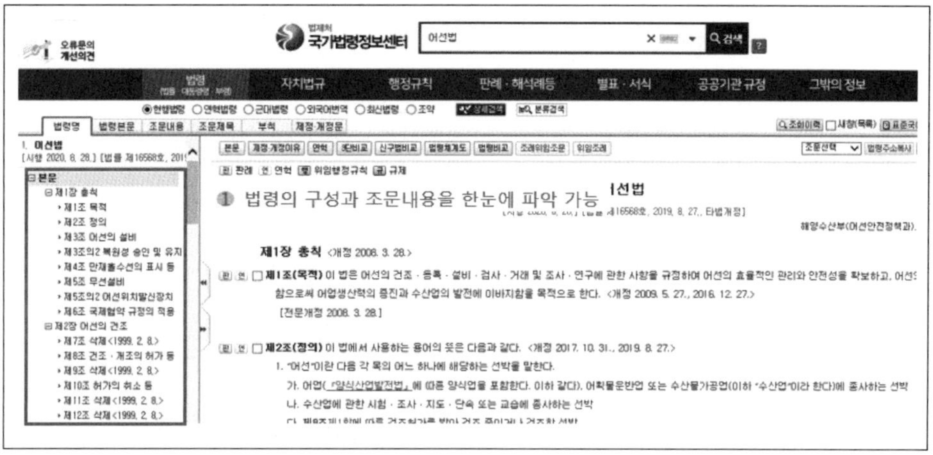

- **(기관별 검색)** 법률의 소관 기관별 검색 가능

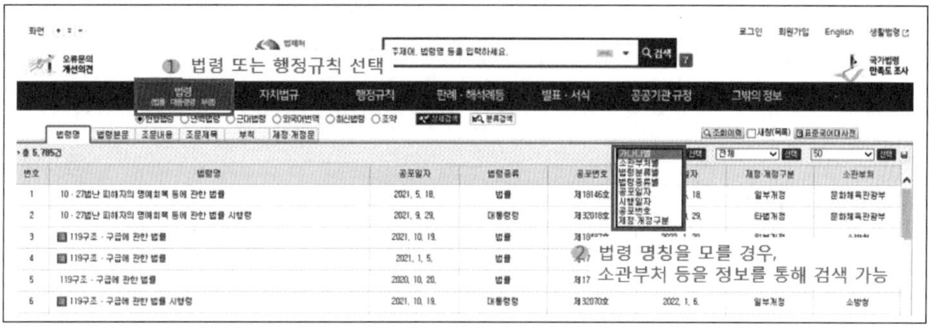

- **(다운로드)** 법률 검색 후 다운로드를 희망하는 조항을 클릭하고, 디스켓 아이콘 클릭 시 해당 내용을 파일로 다운로드 가능

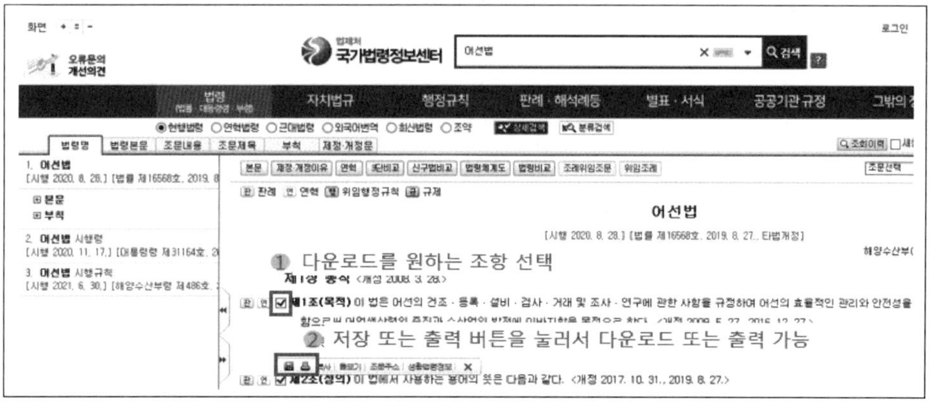

제2장 선박검사

1. 선박검사

: 국제협약과 국내법령에서 선박의 안전을 담보하기 위한 수단으로 선박검사를 규정하고 있다. 선박 자체에 대한 검사는 크게 기국검사 및 협약검사로 나눌 수 있다. 기국검사 및 협약검사는 관련 법률(또는 협약)에 따라 건조 시부터 정기적으로 검사를 받도록 하고 있으며(건조검사, 정기검사, 중간검사), 개조, 해양사고 또는 목적변경 등 특정 이벤트가 발생했을 때도 검사(임시검사, 특별검사)를 받도록 하고 있다.

2. 선박용품검사

: 선박에 탑재되는 설비 중 안전과 관련 된 설비는 그 안전성을 사전에 확인하여 설치하도록 하고 있다. 통상, 엔진과 같이 규모가 크고 각 선박에 따라 제작되는 품목은 예비검사를 통해서 제품별로 검사를 하고, 구명조끼와 같이 규모가 작고 같은 형식으로 한 번에 대량의 제품을 생산하는 경우는 형식승인 및 검정을 받는다. 또한 국내에서는 일정 자격을 갖춘 경우 최초검사를 면제해주는 지정사업장 제도를 함께 운영하고 있다.

3. 항만국검사

: 외국선박이 각 국의 항(Port)에 입항하는 경우, 선박안전과 관련하여 규정된 국제협약을 만족하는지 여부에 대해서 주관청의 담당 공무원이 실시하는 검사이다. 선박검사와 내용이 일부 중복될 수 있으나, 시행주최와 시기가 다른 것이 특징이다.

3-2-1 선박검사

□ 개념

○ 선박검사는 선박의 안전성을 담보하기 위해 법규 및 협약에 따라 실시하는 것으로 강제성이 있는 것이 특징이며, 강제성은 검사합격 여부에 의해 항구 또는 해역의 출입항 통제 등으로 관리된다.

○ 선박검사는 근거, 적용대상 및 목적 등에 따라 기국검사, 협약검사 및 항만국검사로 구분할 수 있고, 기국검사와 협약검사는 다시 본선검사와 선박용품에 대한 검사로 구분할 수 있다.

□ 기국검사 및 협약검사

○ **(개념)** 기국(旗國)검사는 선박의 등록관청에서 자국 선박에 대한 안전관리를 위한 안전기준의 만족여부를 확인하는 검사라 할 수 있다.

○ **(적용범위)** 선체부터 각종 설비에 이르기까지 선박 전반에 대해 검사를 수행하며, 통상 권리 및 의무에 관한사항을 법령*에서 규정하고, 세부적인 기술기준은 행정규칙(고시)로 규정하고 있다.

* 우리나라는 크게, 선박안전법, 어선법 및 수상레저안전법으로 구분 할 수 있음

** Tip. 법규는 법, 시행령, 시행규칙 및 행정규칙을 포괄하여 의미하고, 법령은 법, 시행령 및 시행규칙까지만 의미함

○ **(검사종류)** 선박검사는 건조 시 건조검사를 시작으로 등록 후 정기적인 검사와 개조나 수리 등에 따른 비정기적 검사로 구분된다.

① **(건조검사)** 선박 건조시 안전기준 만족여부를 확인하는 검사로, 수입선 또는 법령에 따른 선박의 종류(선박, 어선 및 레저선)를 변경하여 등록하고자 할 경우*에도 건조검사를 수행

* 별도건조검사: 건조검사에 준하는 검사로, 이미 건조된 선박이 수입되는 등의 경우에 건조 시 만족하여야 하는 안전기준의 충족여부를 검사

② **(정기적 검사)** 선박건조 이후 유지상태에 대해 안전기준 만족여부를 확인하는 것으로 5년 주기 정기검사와 정기검사 사이의 중간검사로 구분

- 중간검사는 다시 제1종 중간검사 및 제2종 중간검사로 구분되며, 제1종 중간검사는 사실상 선체 및 모든 설비를 검사함에 따라 상가검사(Dock 등 육지로 선박을 올려서 검사 수행)가 필요한 것이 특징
- 제2종 중간검사는 제1종에 비해 완화된 검사로 검사항목이 작기도 하며, 상가검사가 수반되지 않는 것이 가장 큰 차이 점임
- 검사의 주기는 정기검사 5년을 주기로 그 사이 3번의 중간검사를 수행하며, 제1종 중간검사를 2번, 제2종 중간검사를 1번 실시하고, (통상 기준일 전후 3개월 내 허용) 그 시기는 법령을 따름*

* 기본적으로 「선박안전법」에서는 제2종 중간검사를 정기검사 다음으로 규정하고 있고, 「어선법」에서는 2번째 또는 3번째 중간검사 시기 중 선택할 수 있도록 하고 있음. 또한, 각각의 법률에서 규모 및 선종 등에 따라 검사시기를 달리하고 있음

< 「선박안전법」에 따른 중간검사시기 >

구분	종류	검사시기
가. 여객선, 원자력선, 잠수선, 고속선, 수면비행 선박(여객용만 해당한다) 및 선령 30년 이상 선박으로서 선박길이 24미터 이상인 선박	제1종 중간 검사	검사기준일 전후 3개월 이내
나. 다음의 어느 하나에 해당하는 선박 1) 평수구역만을 항해하는 선박길이가 24미터 미만인 선박(가목의 선박은 제외 한다) 2) 삭제 3) 준설토 운반부선 및 부유식 해상구조물 4) 선박길이가 12미터 미망인 범선	제1종 중간 검사	정기검사 후 두번째 검사기준일 전 3개월부터 세 번째 검사기준일 후 3개월까지
다. 가목 및 나목에 해당하지 아니하는 선박	제1종 중간 검사	정기검사 후 두번째 또는 세번째 검사기준일 전후 3개월 이내. 다만, 선저검사는 지난번 선저검사일부터 3년을 초과하여서는 아니된다.
	제2종 중간 검사	검사기준일 전후 3개월 이내(정기검사 또는 제1종 중간검사를 받아야 하는 연도의 검사기준일은 제외한다)

비고
1. "고속선"이란 「해상에서의 인명안전을 위한 국제협약」에 따른 고속선을 말한다. 2. "선저검사"란 선박의 밑 부분에 대한 검사를 말한다.

* 검사기준일이란, 선박검사증서의 유효기간 시작일부터 해마다 1년이 되는 날을 의미하며, 사실상 최초 정기검사로부터 매 1년 되는 날을 의미함

< 「어선법」에 따른 톤급별 정기적 검사주기 >

구분	2톤 미만	2~5톤	5톤 이상	
			24m 미만	24m 이상
정기검사	5년			
중간검사	없음	2.5년	2.5년	매년

* 「어선법」에 따른 어선은 「선박안전법」에 따른 선박 대비 작은 규모이며, 규모에 따라 중간검사 시기를 차등 적용하고 있어 표로 요약하면 위와 같음(참고로, 「선박안전법」에서도 2톤 미만 선박은 중간검사를 면제하고 있음)

③ **(비정기적 검사)** 개조·수리, 해양사고 등의 사유가 발생한 경우, 수행하는 검사로 크게 임시검사, 임시항행검사 및 특별검사로 구분할 수 있으나, 법령에 따라 각각의 의미가 다소 차이를 가짐

- **(임시검사)** 통상 개조·수리 등 검사상태의 변경이 있거나, 해양사고로 중대한 변경이 발생한 경우 등에 실시하며, 안전기준이 강화되어 현존선에 소급적용* 되는 경우에 수행하기도 함

* 안전관리 정책에 따라 안전기준이 강화되고 시행일 이전 건조된 선박에도 소급적용하는 경우, 개정된 기준의 발효일로부터 지정된 특정날짜 이내에 임시검사 수행

- **(임시항행검사)** 수리 등을 목적으로 조선소까지 이동하거나, 건조 시 시운전 등을 위한 검사로 해당 선박이 항해목적 등을 고려하여 최소한의 항해능력이 확보되어 있는지를 검사

- **(특별검사)** 법령에 따라 가장 큰 차이를 보이는 검사로, 해당 법령의 특징에 따라 다르며 기본적으로 상기 검사 이외의 검사라 할 수 있음(「선박안전법」은 해양사고 발생시, 「어선법」은 목적 외 사용 시 실시)

* 「선박안전법」: 해양사고 발생 또는 유사사고가 지속적으로 발생하는 경우 실시

** 「어선법」: 어업 목적 이외로 사용되는 경우 실시하며, 어선은 규모가 작고 척수가 많아 해역조사, 유도선이 들어갈 수 없는 지역의 유도선 대체 등 사용범위가 넓어, 특별검사로 어선외의 공익목적으로의 사용을 허용(단, 해당기간동안 어선으로 사용 불가)

○ **(검사기관)** 법령에 따라 검사업무의 대행기관이 지정되며, 우리나라는 선급법인* (한국선급 및 프랑스선급)과 한국해양교통안전공단에 검사업무를 위임하고 있다.

* 선박보험 가입을 위한 선급의 선택은 선박 소유주의 선택이나, 의무화 된 기국검사는 위임된 검사기관만이 수행할 수 있음(주요선급은 상호검사를 인정하고 있음)

** Tip. 선급의 시작은 선박사고로 인해 빈번한 보험료 지급 문제가 발생하자, 보험가입을 위해 선박검사 전문기관인 선급의 검사를 받도록 한 것에서 시작

※ **(협약검사)** 협약검사는 국제협약에 따라 협약적용을 받은 선박에 동일수준의 안전관리를 위해서 실시하는 검사로 큰 개념에서는 기국검사와 크게 다르지는 않으나, 용어 등 미묘한 차이를 갖는다.

< 협약검사 종류 >

❶ 최초검사: 최초로 국제항해에 사용하는 경우 받는 검사(협약 적용시 받는 최초의 검사)

❷ 정기검사: 국제협약검사증서의 유효기간이 끝난 경우 받는 검사

❸ 중간검사: 국제협약검사증서의 두 번째 검사기준일 또는 세 번째 검사기준일 전후의 3개월 이내에 받는 검사(제1종 중간검사와 유사)

❹ 연차검사: 국제협약검사증서의 매 검사기준일 전후의 3개월 이내(❸의 중간검사를 받는 연도의 검사기준일은 제외)에 받는 검사(제2종 중간검사와 유사)

❺ 임시검사: 국제항해에 취항하는 선박으로서 기국검사의 임시검사와 동일한 사유 발생시 수행

3-2-2 선박용품검사

□ 개념

○ 선박(어선)용품* 검사는 기국검사(협약검사 포함)에 포함된 내용으로 선박에 설치되는 각종 장비에 대해 본선 설치 전 장비 자체에 대해 안전성을 검사하는 과정이라 할 수 있다.

* 법령에 따라 선박용품과 어선용품은 구분되어 관리되며, 선박용품의 품목이 더 많고 어선용품은 선박용품과 거의 유사하나, 어선의 특수성 등을 고려하여 어선용품으로만 지정된 품목이 일부 있음

□ 적용범위 및 검사종류

○ **(적용범위)** 국내법규 또는 국제협약에서 규정하고 있는 설비(법정설비) 일체를 대상으로 본선 설치 전 안전기준 만족여부를 검사한다.

○ **(검사종류)** 검사종류는 설비의 유형과 생산방식 등에 따라 '예비검사'와 '형식승인 및 검정'으로 구분*된다.

* 기국검사의 경우, 지정사업장 제도를 추가로 운영하고 있으며, 인력, 설비 및 자체 품질규정 등 법규에서 요구하는 사항을 만족하고 주관청으로 부터 승인 받은 경우, 최초검사를 면제 할 수 있는 제도로 본선 및 선박용품에 적용될 수 있음

① **(예비검사)** 각 선박에 설치되는 법정설비에 대해 개별적으로 안전기준 만족여부를 검사하는 것으로, 통상 주기관과 같이 규모가 크고 복잡하며, 각 호선에 맞게 제작하여 한 번에 대량으로 생산하지 않는 경우 적용

② **(형식승인 및 검정)** 통상 구명조끼, 구명뗏목 등과 같이 규모가 작고 간단하여, 같은 제품을 한 번에 대량생산하는 경우 적용

- **(형식승인)** 해당 법정설비의 모든 요구기준에 대해 지정된 형식승인시험기관의 시험을 통해, 만족하는 경우 그 형식에 대해 승인
- **(검정)** 형식승인을 받은 경우, 제품의 수량을 기준으로 전수 또는 표본을 추출하여 형식승인 기준 중 일부 기준의 만족여부를 확인하는 단계

* 형식승인 및 검정 절차: 제작자 → 형식승인시험기관 시험의뢰 → (합격시) → 형식승인 신청(선박용품-지방청, 어선용품-해수부) → 형식승인 → 검사대행기관 검정신청 → (합격시) → 검정필 확인 후 탑재가능

○ **(검사기관)** 기국검사와 동일하게 법령에 따라 검사기관이 지정되고 있다.

3-2-3 항만국검사

□ 항만국검사(항만국 통제, Port State Control[PSC])의 개념과 기준

○ **(개념)** 외국선박이 각 국의 항(Port)에 입항하는 경우, 선박안전과 관련하여 규정된 국제협약을 만족하는지 여부에 대해서 주관청의 담당 공무원으로 하여금 검사하도록 하는 것이다.

- 선박의 협약 만족여부 및 국제관계 등을 종합적으로 고려하여, 수리 등의 시정조치 요구에서 최대 출항통제*까지 가능

* 출항통제 측면에서 기국검사와 차이를 보이며, 기국검사는 검사를 합격하지 못하는 경우 검사증서의 유효성이 만료되어 출항통제 기관에 의해 출항이 정지됨

○ **(기준)** 항만국 검사 시 적용기준은 국제협약이 되며, 「선박안전법*」에서 규정하는 항만국 통제에 적용되는 국제협약은 다음과 같다.

* 어선은 어선안전에 관한 국제협약인 「케이프타운협정(Cape town agreement)」이 발효되지 않아 실제 항만국 통제에 있어 어선에 관한 기준은 없는 실정임

< 항만국 통제시 적용되는 국제협약 종류: 「선박안전법」 기준 >

❶「해상에서의 인명안전을 위한 국제협약」
❷「만재흘수선에 관한 국제협약」
❸「국제 해상충돌 예방규칙 협약」
❹「선박톤수 측정에 관한 국제협약」
❺「상선의 최저기준에 관한 국제협약」
❻「선박으로부터의 오염방지를 위한 국제협약」
❼「선원의 훈련·자격증명 및 당직근무에 관한 국제협약」

부 록

1. 필수 기초수학 항목
2. 필수 기초과학 항목
3. 필수 공학이론
4. 조선소 업무의 구성
5. 기술사 취득에 관한 안내
6. 어선관련 국내외 동향

부록 1. 필수 기초수학 항목

1. 삼각함수

주기함수는 어떤 주기를 가지고 함수값이 반복되는 함수이며, 삼각함수는 가장 기본적인 주기함수이다. 따라서 공학문제를 풀기 위해 일반적으로 규칙성을 찾고, 그 규칙성을 통해 문제를 해결하는데 활용 될 수 있다.

2. 미분방정식

미분방정식은 종속변수를 독립변수에 대해 미분한 도함수를 포함하는 방정식이다. 따라서 다양한 변수들을 식으로 표현하여 실제 현상에 대한 모델링을 수학적으로 표현할 수 있다. 공학문제에도 유용하게 사용되며, 많은 공학문제는 2계 편미분 방정식이 된다. 하지만 대부분의 2계 편미분 방정식은 해석적으로 풀 수 없다. 따라서 수치해석적 접근을 통해 연립방정식으로 쪼개서 풀이하게 되며, 이때 최종적인 해를 구하는 것은 역행렬을 사용한다. 미분방정식의 해는 일반적으로 독립변수를 시간으로 함으로서 시간에 대한 상태 또는 거동을 의미하게 된다.

3. 선형대수학

선형대수학의 범주 중 공학문제에 많이 활용되는 부분은 선형성, 행렬식 및 역행렬이다. 선형성은 입력과 출력 사이에 직선의 비례관계를 갖는 것이고, 수학적으로는 Additivity($f(x+y)=f(x)+f(y)$)와 Homogeneity($f(ax)=af(x)$)가 성립함을 의미하고 이는 각 식의 중첩이 가능함을 뜻한다. 미분방정식이 선형성을 갖는 경우 여러 개의 연립방정식으로 쪼개서 풀이를 하고, 효율적인 계산을 위해서는 여러 개의 방정식을 행렬 형태로 표현하여, 역행렬을 구함으로써 한 번에 모든 방정식을 풀 수 있다. 이에 따라 역행렬 계산 중심의 선형대수학의 학습이 필요하다.

4. 테일러 급수

공학은 알고 있는 정보를 활용하여 알지 못하는 정보를 예측 하는데 목적이 있다. 테일러 급수는 알고 있는 범위 내의 정보를 활용하여 해당 범위 밖의 정보를 추정할 수 있도록 하는 유용한 수단으로 학습이 필요하다.

5. 푸리에 급수 및 푸리에 적분

푸리에 급수는 모든 주기 함수(현상)에 대해 삼각함수를 이용하여 주기함수로 표현할 수 있다는 것에서 중요한 의미를 갖고, 푸리에 적분은 비주기 함수(현상)을 주기함수로 표현할 수 있는 수단임을 기억한다.

6. 수치해석

앞서 언급한 미분방정식을 풀 수 있는 범위는 제한적이다. 하지만 공학문제의 해결을 위해서는 대안이 필요하며 이러한 대안이 수치해석이다. 핵심개념은 정확한 해를 구할 수 없으나, 유의미한 범위 내의 오차를 허용하면 근사 해를 구할 수 있으며, 그러한 해를 구하는 방법이 수치해석이라 할 수 있다.

부록 2. 필수 기초과학 항목

제1장 물리

1. 스칼라와 벡터

어떠한 상태를 표현할 때 절대적인 크기만을 나타내는 것이 스칼라이고, 크기와 방향을 갖는 것이 벡터이다.

2. 단위

단위는 상태의 종류와 크기를 나타내는 상호간의 약속이며, 완전히 독립적인 기본단위가 있고 기본단위를 조합한 단위가 있다. 그리고 국가 또는 지역간 달리 규정하기도 하나, SI단위로 적용하는 추세이다.

< 기본단위: SI단위 기준 >

차원	기호	명칭	차원	기호	명칭
길이	m	미터	온도	K	캘빈
질량	kg	킬로그램	물질량	mol	몰
시간	s	초	광도	cd	칸데라
전류	A	암페어			

3. 단위환산법

사용하는 단위가 다른 경우 등 필요시 단위를 바꾸어야 하며, 기본적인 내용이나 단위환산 오류로 치명적인 결함이 발생하기도 한다. 단위환산의 중요성을 고려하여 알기 쉽게 풀어쓴 단위환산 방법을 참고자료로 붙인다.

4. 운동의 법칙

운동법칙은 물리적 현상의 원리 또는 패턴을 설명하는 것으로 공학문제의 해결을 위한 단초가 되며, 뉴턴의 1~3법칙을 학습해야 한다.

- ► **(제1법칙 관성의 법칙)** 물체가 정지 또는 같은 속도로 운동하고 있다면 그 상태를 계속 유지하고자 한다.
- ► **(제2법칙 힘의 법칙)** 힘은 질량과 가속도에 비례한다. (F=ma)
- ► **(제3법칙 작용반작용의 법칙)** 물체에 힘을 가하면 반대방향으로 같은 크기의 힘을 작용한다.

5. 일과 에너지

공학에서는 대상의 위치나 운동상태 등이 유의미한 값이고, 이러한 상태를 바꿀 수 있는 원동력이 에너지며, 상태를 바꾸는 행위를 일이라고 한다. 따라서 일과 에너지는 같은 의미이다.

< 기본개념 >

기호 단위
- ► **(질량, m, kg, 스칼라)** 물체의 고유값

  * (주의) 무게는 중력가속도가 고려된 값으로 지구나, 달 혹은 그 밖의 우주공간에 따라 값이 다르지만 질량은 항상 같다(참고: kgf로 표기 된 경우, f는 중력가속도 g라고 볼 수 있음)

기호 단위
- ► **(속도, v , m/s, 스칼라)** 물체의 이동거리를 소요된 시간으로 나눈 값

기호 단위
- ► **(가속도, a , m/s^2, 벡터)** 속도의 시간당 변화량

기호 단위
- ► **(힘, F , kg*m/s^2, 벡터)** 질량과 가속도의 곱

기호 단위
- ► **(일, J , (kg*m/s^2)*m, 벡터)** 힘과 힘의 방향으로 이동한 양을 곱한 값

기호 단위
- ► **(일량, W, [(kg*m/s^2)*m]/s, 벡터)** 시간당 일의 양

< 일과 에너지전환 >

❶ 위치에너지 = mgh (m: 질량, g: 중력가속도, h: 기준점으로 부터의 높이)

❷ 탄성에너지 = $\frac{1}{2}kx^2$ (k: 스프링상수[N/m], x: 기준점으로 부터의 거리)

* 탄성에너지 = $\int_0^x (kx)dx$ = $\frac{1}{2}kx^2$

❸ 운동에너지 = $\frac{1}{2}mv^2$ (m: 질량, v: 속도)

* 운동에너지 = Fxd = (ma)xd = $m[\frac{v_{나중} - v_{처음}}{t}][\frac{1}{2}(v_{처음} + v_{나중})t]$ = $\frac{1}{2}mv^2$

F: 힘[N], d: 이동거리[m], t: 시간

► 각 에너지는 다른 형태의 에너지 또는 일로 전환 가능

6. 질량보존, 운동량보존, 에너지보존 법칙

보존법칙은 자연현상의 원리를 과학적으로 표현한 것이다. 보존된다는 것은 변화하기 전후의 총량이 유지된다는 의미이다. 따라서 공학에서 문제해결을 위한 수단으로 사용되며, 실제 공학 문제에서는 수학적인 등식으로 표현하여 알고 있는 상태의 정보로 특정 상태를 예측할 수 있도록 한다. 보존법칙은 질량보존, 에너지보존, 운동량보존, 각운동량 보존이 있다.

참고 단위환산

□ 목적

○ 앞서 '단위'에 대한 주제에서 살펴본 바와 같이 같은 차원의 단위라 할지라도 국가별로 달리 사용될 수 있다.

○ 또한, 기본단위가 조합된 단위를 활용하거나 과학 또는 공학문제의 풀이과정에서 단위 간의 곱샘이 발생하는 등 단위환산의 이해가 필요하다.

□ 단위환산 방법

○ 등식 또는 부등식의 양변에 같은 값을 더하거나(혹은 빼거나) 아니면 곱하거나(혹은 나누거나) 하여도 결과는 동일하다.

○ 단위환산도 동일한 원리를 적용할 수 있으며, 단위자체를 하나의 '항'으로 보고 같은 값을 곱하거나 나누어 줌으로써 단위환산이 가능하다.

□ 단위환산 예시

○ 대기압을 예시로 하여, 단위환산과 단위의 곱셈 및 나눗셈을 설명한다.

* 대기압 = 0atg = 1atm = 1.0332ata = 1.0332kg/cm^2 = 10.332mAq
= 1.013bar = $1.013 \times 10^5 N/m^2$(Pa) = 0.1013Mpa = 760 mmHg

- 예로 bar를 파스칼(Pa) 단위로 환산한다. 단위환산의 핵심은 단위를 무차원화하여 1로 만드는 것이고, 단위의 곱셈과 나눗셈은 각 단위를 하나의 항으로 볼 수 있다는 것이 원리임

① 1.013bar = $1.013 \times 10^5 N/m^2$(Pa) ------- (1 / 1.013bar)를 양변에 곱함
② 1 = (1.013×10^5 Pa / 1.013bar) ------- 무차원화 되었고, 1은 등식 또는 부등식 양변에 곱하여도 결과가 동일
③ bar를 Pa 단위로 환산시 (1.013×10^5 Pa / 1.013bar)를 곱함
(예시) 10bar = ?Pa
→ 10bar × (1.013×10^5 Pa / 1.013bar) = ?Pa × (1.013×10^5 Pa/1.013bar)
→ 10bar × (1.013×10^5 Pa / 1.013bar) = ?Pa × 1
→ 10bar × (1.013×10^5 Pa / 1.013bar) = ?Pa
→ 10 × (1.013×10^5 Pa / 1.013) = ?Pa
→ 10 × (1.013×10^5 / 1.013)Pa = ?Pa

제2장 화학

1. 물질의 상태

물질은 구성하고 있는 기본단위(분자, 원자)의 활동정도에 따라 고체, 액체 및 기체로 구분된다. 물리에서 대상물질이 외부환경에서 어떻게 거동하는가에 대해 분석한다면, 화학은 대상물질의 내부적 변화에 대해 분석한다. 조선공학에서 화학 관련 내용이 사용되는 것은 공조냉동설비 등에 제한적으로 사용되어 왔으나, 최근 환경규제 관련으로 LNG와 같이 친환경 추진연료에 대한 중요성이 부각되고, 해양플랜트의 정유 프로세스 등에 사용되는 점을 감안 할 때 학습이 필요하다.

2. 순수물질과 혼합물

순수물질은 전체가 같은 입자 종류를 갖는 화합물을 말하며, 화합물은 두 가지 이상의 원소(더이상 분해되지 않는 물질)가 일정한 비율로 결합한 것을 말한다. 혼합물은 2가지 이상의 화합물이 섞여 있는 것으로서, 1가지 상으로 존재하면 균일혼합물, 2가지 이상으로 상을 갖는다면 불균일혼합물이다.

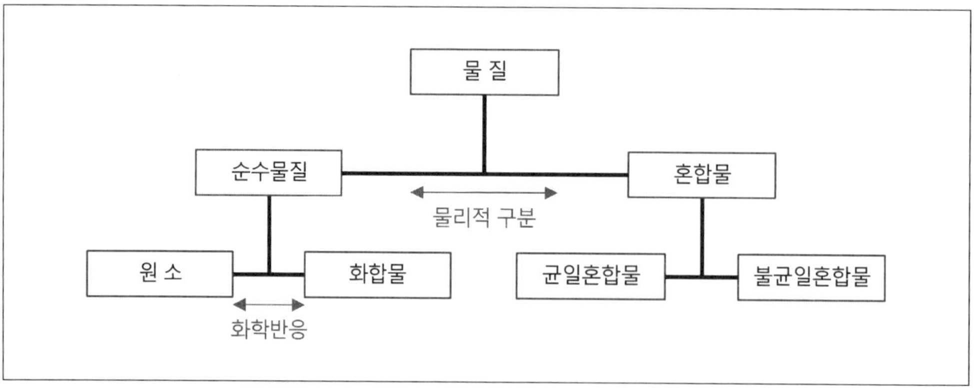

3. 원소, 원자 및 분자

원자는 물질을 구성하는 최소단위로써, 원소가 원자의 종류라고 하면, 원자는 개수를 의미하며, H_2O인 경수 원소는 2개(H.O), 원자는 3개(H 2개, H 1개)가 된다. 분자는 2개 이상의 원자가 결합하여 고유한 성질(특성)을 갖는 묶음 단위이다. 원자와 분자에 관한 주요 이론과 그 배경은 다음과 같다.

< Dalton의 원자론 - 질량보존 및 일정 성분비의 법칙 >

❶ 물질은 더 이상 쪼개질 수 없는 작은 입자인 원소로 구성 ❷ 같은 원소의 원자는 모두 동일한 성질을 갖고, 한 원소의 원자는 다른 원소의 원자와 구분됨 ❸ 화학반응으로 원자를 다른 종류의 원자로 바꿀 수 없음. (원자는 화학반응으로 변화하지 않음) ❹ 화학반응은 원자들이 교환되어 다른 화합물을 이루는 것 ► 질량보존법칙: 화학반응 전과 후에 물질의 전체 질량은 항상 같다. ► 일정 성분비의 법칙: 화합물을 구성하는 원자의 종류와 숫자는 일정하다. ► 배수비례의 법칙: 두 가지 이상의 원소들이 화합물을 생성할 때는 간단한 자연수비로 결합한다. (두 가지 이상의 원소들이 화합물을 생성할 때는 각 원소의 질량비는 일정하다.)

4. 원자와 이온

물질의 최소단위인 원자는 다시 원자핵과 전하로 구성되고, 원자핵은 양성자와 중성자로 이루어 진다. 대부분의 질량은 양성자와 중성자가 차지하며, 전하는 가지고 있는 에너지 크기에 따라 원자핵으로부터 일정한 거리를 유지하며 불규칙하게 운동한다, 가장 최외곽에 있는 전자의 수에 의해 원자의 특성이 영향을 받는다. 관련하여 원자의 결합에 대한 오비탈(Orbital) 이론이 있다.

5. 원소의 주기성

원자량의 증가 순서대로 원소를 배열하고, 최 외곽 전자수에 따라 동일한 특성을 갖는 그룹(족)을 묶어 1~18족으로 분류한다. 이것이 원소주기율표이고, 원소의 주기성을 압축적으로 표현한다. 각종 화학식을 이해하는 바탕이 된다.

6. 화학결합

화학결합(Chemical bond)은 분자 내에서 원자들이 인력(양이온과 음이온 간 인력)에 의해 결합되어 있는 것이다. 결합방식으로 이온결합 및 공유결합 등이 대표적이다.

7. 산화와 환원

산화는 산소와 결합하거나 전자를 잃으면서 에너지를 방출하는 현상이다. 환원은 이에 대한 역반응이며 선박에서 친환경 연료의 필요성이 높아지는 상황에서 산화와 환원 반응을 기초로 화학식을 이해할 필요가 있다.

제3장 전기

1. 전하

물질은 양전하와 음전하로 이루어지고 평형상태에서 극성을 띄지 않는다. 하지만 외적 변화에 따라 음전하는 이동을 함으로써 극성을 가지게 된다. 이와 관련된 핵심개념은 다음과 같다.

❶ 전하는 양전하와 음전하로 나뉘며, 같은 전하끼리는 밀어내고, 다른 전하 간에는 인력이 존재한다.
❷ 전하 사이의 힘은 거리의 제곱에 반비례한다.
❸ 전하는 항상 보존된다.
❹ 음전하만이 이동한다.
▸ 쿨롱의 법칙: 전하 사이에 작용하는 힘(정전력)은 두 전하의 전하량의 곱에 비례하고, 거리의 제곱에 반비례한다.

2. 전위차와 전위

전위차는 두 지점 사이의 전위의 차이를 말하며, 예를 들면 한쪽 지점에 음의 전하가 다른 지점의 음의 전하보다 많다고 하면 그만큼의 전위차이가 발생했다고 할 수 있다. 전압 또는 전기압력이라고도 불린다.

3. 전류

앞선 설명의 전기압력이란 이름에서 볼 수 있듯이 전하는 유체와 같이 높은 곳에서 낮은 곳으로 이동하게 된다. 이러한 흐름을 전류라 한다.

4. 저항

저항은 전기의 흐름(전류)을 방해하는 성질을 말하며, 도체의 단면적이 작을수록, 길이가 길수록, 온도가 높을수록 저항은 증가한다. 전압은 전류와 저항의 곱이라는 상관관계를 가진다.

❶ 전압[v] = 전류[I] × 저항[R]
❷ 동력[W] = 전압[v] × 전류[I]
❸ 전력량[W·h] = 동력[W] × 시간[h]
※ 도체에 전류가 흐르면 저항에 의해 열이 발생한다[1kw = 0.24 kcal/s]

5. 전기회로

전압과 저항(실제 우리가 사용하고자 하는 전구나 모터가 저항이 된다.)을 이용하여 전기회로를 구성하며, 저항을 어떻게 배치하는가에 따라서 전기회로의 특성이 달라진다. 직렬로 연결하면 각 저항에 동일한 전류가 흐르고, 병렬로 연결하면 각 저항에 동일한 전압이 발생한다. 세분화하면 △접속과 Y 접속이 있으며, △접속 등은 기기장비의 Starting 시 소요전력을 줄이는 방법으로 사용된다.

< 전기회로 구성시 주요원리 >

❶ 전류평형의 법칙(키로히호프 제1법칙): 전기회로의 한 점에 흘러들어오는 전류의 총합과 흘러나가는 전류의 총합은 같다.
❷ 전압평형의 법칙(키로히호프 제2법칙): 임의의 폐회로망에서 기전력의 합은 그 폐회로망 내의 각 저항에 의한 전압강하의 합과 같다.

6. 자기장과의 상관관계

자기장은 자기력이 미치는 장(Field)이며, 자기장 내의 도체에 전류가 흐르면 힘이 발생한다. 이것을 전자기력(또는 전자력)이라 한다. 이러한 원리가 모터의 작동원리이다. 또한 반대로 자기장 내에서 도체를 움직이면 기전력(전압)이 발생하는데 이것이 전자유도이다. 전자유도의 원리가 발전기의 핵심원리이다.

자기장 내의 도체에 흐르는 전류를 변화하면, 코일 자체의 유도기전력(전압)이 발생하는데 이러한 현상을 자기유도라 하며, 두 개의 코일을 갖추고 한쪽 코일의 전류를 변화시킬 때, 다른 한쪽의 코일에 기전력(전압)이 유도되는 것을 상호유도라 한다.

❶ 플래밍의 왼손법칙: 전자기력(F, 엄지), 자기장방향(B, 검지), 전류(I, 중지)는 각각 직교하는 방향의 관계를 가진다.
❷ 페러데이 법칙: 유도기전력의 크기는 코일의 감은 횟수와 단위시간 당 자속변화에 비례한다.
❸ 렌쯔의 법칙: 유도기전력의 방향은 자속의 변화를 방해하는 방향으로 발생한다.
❹ 자기유도: 코일의 전류변화 → 기전력 발생시킨다.
❺ 전자유도: 자기력 변화(코일수/회전수) → 기전력 발생시킨다.
❻ 상호유도: 한쪽 코일의 전류변화 → 다른 한쪽 코일의 기전력 발생시킨다.

7. 직류와 교류

직류(D.C Direct Current)는 시간에 따른 전류의 크기와 방향이 일정한 전류이고, 시간에 따라 전류의 크기와 방향이 바뀌는 것이 교류(A.C Alternating Current)이다. 각각의 특징으로 직류는 극성이 변하지 않아 전자파가 발생하지 않는다(통신유도 장애 낮음)는 것이고, 교류는 변압이 쉬워 송전시 유리한 점이 있고 원하는 전압을 얻기 쉽다.

교류는 주기적으로 변화하기 때문에 다음과 같이 직류와 동등한 일을 하는 것을 규정한 실효값 등의 개념을 갖는다. 또한 이러한 개념의 연장선에서 시간에 따른 위상의 차이로 인해 실제 전력으로 사용 될 수 있는 유효전력과 그렇지 못한 무효전력으로 구분한다. 교류전류를 사용할 경우, 이러한 문제를 해결하기 위하여 시간 차이를 두고 동일한 교류전류를 흘려보내는 3상 방식을 적용한다(동일한 3개의 단상 교류전류를 위상차이를 두고 흘려보냄).

<직류와 교류 차이>	<유효전력과 무효전력>
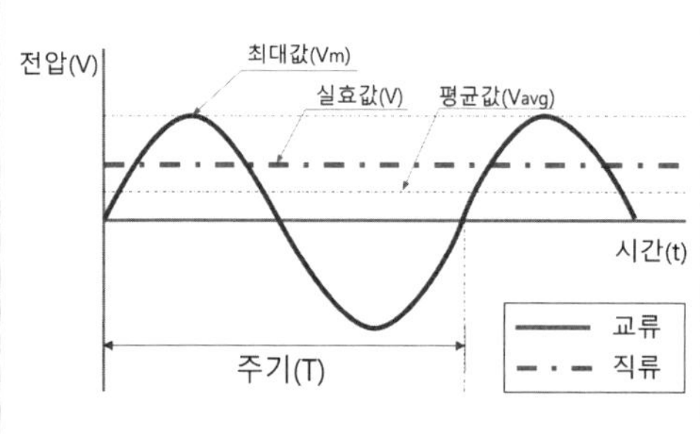	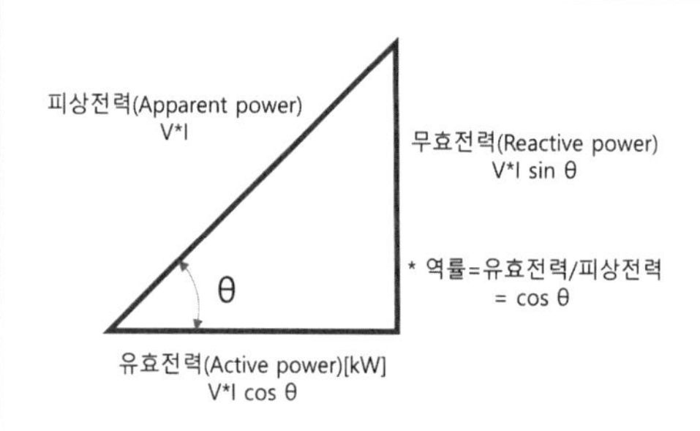

8. 발전기와 전동기

발전기는 자계 속에서 도체를 회전시킴으로써 자기력의 변화를 통해 기전력을 발생시킨다. 전동기는 자계 속에 위치한 도체에 전류를 흘려 회전력을 발생시키는 장치이다. 발전기와 전동기는 전자기유도와 플래밍의 왼손법칙에 따라 동일한 원리를 갖는다. 전동기를 회전시키면 발전기와 동일한 역할을 할 수 있다. 참고로 변압기는 상호유도 원리를 이용하여 전압을 변화시킨다.

부록 3. 필수 공학이론

제1장 공학일반

1. 1차 모멘트(도심, Centroid)

1차 모멘트는 대상물체의 대표값 또는 평균값을 의미하며, 도형인 경우 면적의 중심이, 질량을 가진 경우 무게중심이 된다. 정역학에서는 자중이, 동역학 등에서는 물체에 작용하는 힘이 무게중심에 작용한다고 가정하기 때문에 힘의 작용점을 구할 때 활용된다. 재료역학에서는 보가 굽힘을 받을 때 인장이나 압축이 발생하지 않는 단면인 중립축(단면의 중심)을 구할 때 활용됨에 따라 1차 모멘트를 반드시 이해해야 한다. 참고로 폭이 같다면 면적의 중심과 무게중심은 다르지 않으며, 2차원 평면에 균일 폭을 적용하면 면적중심과 무게중심이 같음을 알 수 있다(역학계산시 균일한 두께를 갖는 경우, 두께를 무시하고 2차원 평면으로 대상을 가정하여 계산하여도 같은 결과를 갖기 때문에 2차원 평면으로 가정한다. 다만, 두께가 다르거나 밀도가 다른 경우에는 해당 구간을 분할하여 각각의 1차 모멘트를 구하고 다시 전체 대상에 대해 1차 모멘트를 구하여 실제 대표값을 찾는다.).

주의할 점은 1차 모멘트는 임의의 기준선으로부터 평균값을 나타내기 때문에 직교좌표계를 적용할 경우, x,y 방향 각각에 대한 1차 모멘트를 계산해야 대표 점(point)으로 특정할 수 있다.

매번 1차 모멘트의 정의를 통해 값을 구하는 것은 비효율적이며, 기본도형에 대해 1차 모멘트 값 공식을 암기하여 활용하고, 형상이 복잡한 경우 대상을 기본도형으로 분할하고 각각의 1차 모멘트 값을 활용하여 전체 대상의 1차 모멘트를 구한다.

► 1차 모멘트 정의

$$\bar{y} = \frac{1}{A}\int y\,da\ [m]$$

► 1차 모멘트 공학적 의미: 무게중심 또는 면적중심 등 대푯값을 의미

► 1차 모멘트 수학적 의미: 평균값을 의미

$$\bar{y} = \frac{1}{A}\int y\,da \Leftrightarrow 평균 = \frac{\sum_{i=1}^{N}(계급값_i \times 도수_i)}{도수의\ 합}$$

$\therefore$ 계급값 = y, 도수 = da, 도수의 합 = A

► 기본도형에 대한 1차 모멘트

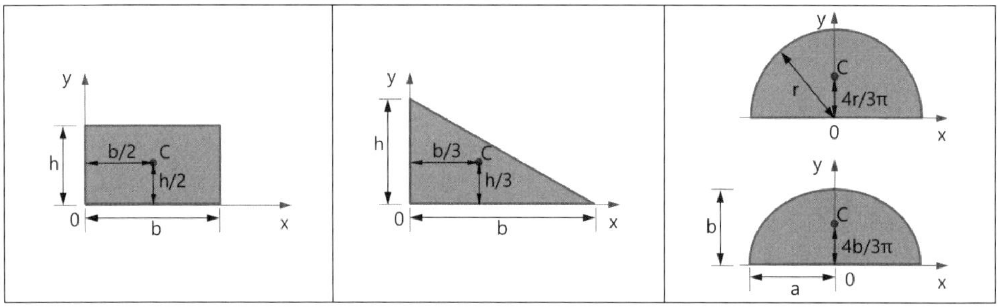

► 기본도형을 활용한 기타형상의 1차 모멘트 계산

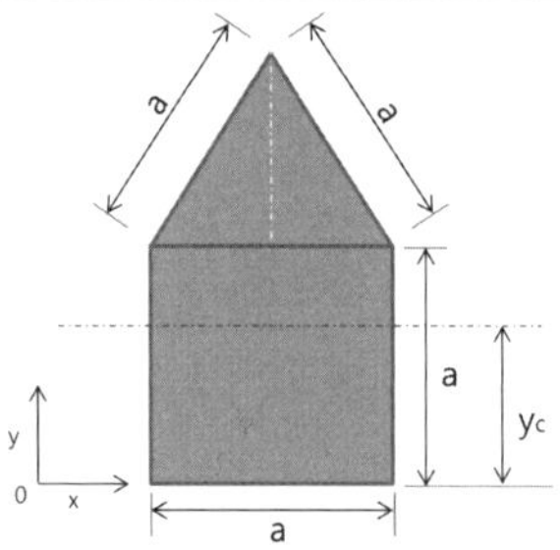

$$\bar{y} = \frac{1}{A}\int y\,da$$

$$y_c[a^2 + \frac{1}{2}(a \times \frac{\sqrt{3}}{2}a)] = (a^2 \times \frac{a}{2}) + [\frac{1}{2}(a \times \frac{\sqrt{3}}{2}a) \times (a + \frac{1}{3} \times \frac{\sqrt{3}}{2}a)]$$

$$= \frac{a^3}{2} + [\frac{\sqrt{3}}{4}a^2 \times (a + \frac{\sqrt{3}}{6}a)] = \frac{a^3}{2} + \frac{\sqrt{3}a^3}{4} + \frac{a^3}{8}$$

$$= \frac{(5+2\sqrt{3})a^3}{8}$$

$$y_c[\frac{(4+\sqrt{3})a^2}{4}] = \frac{(5+2\sqrt{3})a^3}{8} \Rightarrow y_c = \frac{\frac{(5+2\sqrt{3})a^3}{8}}{\frac{(4+\sqrt{3})a^2}{4}} = \frac{(5+2\sqrt{3})}{2(4+\sqrt{3})}a$$

2. 2차 모멘트(Moment of Inertia)

2차 모멘트는 대상 물체의 형상 기준값(혹은 대푯값)으로부터 얼마나 분산되어 있는지를 의미한다. 가장 많이 활용되는 것으로 재료역학에서 보가 굽힘을 받을 때, 단면에서 면적의 분산 정도에 따라 외력에 견디는 정도가 달라지기 때문에 보의 응력계산에 핵심 인자가 된다(실제로 보의 계산 시에 2차 모멘트를 1차 모멘트로 나눈 값을 단면계수로 정의하고 작용하는 굽힘력인 모멘트를 단면계수로 나누면 보의 단면에서 굽힘응력이 계산된다.).

주의할 점은 2차 모멘트는 임의의 기준선으로부터 분산을 의미하기 때문에 직교좌표계를 적용할 경우, x,y 방향 각각에 대한 2차 모멘트를 계산해야 한다. 그리고 두 값의 합을 극관성모멘트로 정의한다.

1차 모멘트와 동일한 개념으로 매번 2차 모멘트의 정의를 통해 값을 구하는 것은 비효율적이다. 기본도형에 대해 2차 모멘트 값 공식을 암기하여 활용하고, 형상이 복잡한 경우, 대상을 기본도형으로 분할하고 각각의 2차 모멘트 값을 활용하여 전체대상의 2차 모멘트를 구한다.

▸ 2차 모멘트 정의

$$I_{xx} = \int y^2 da \ [m^4]$$

▸ 2차 모멘트 공학적 의미

: 기준선으로부터 면적 또는 질량의 분산정도를 의미

▸ 2차 모멘트 수학적 의미

: 분산을 의미

$$I_{xx} = \int y^2 da \Leftrightarrow \text{분산} = \frac{\sum_{i=1}^{N} (\text{계급값}_i - \text{평균값}_i)^2}{\text{도수의 합}}$$

∴ (계급값-평균값)^2 = y^2(y값을 정할 때 평균값(혹은 기준값)으로 부터 미소용적의 중심까지의 거리를 사용

► 기본도형에 대한 2차 모멘트

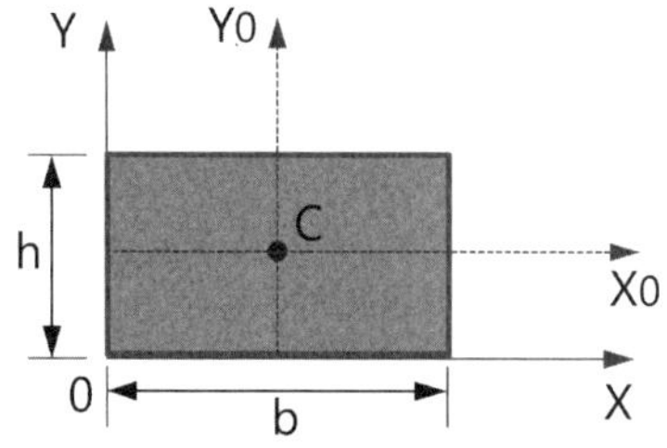	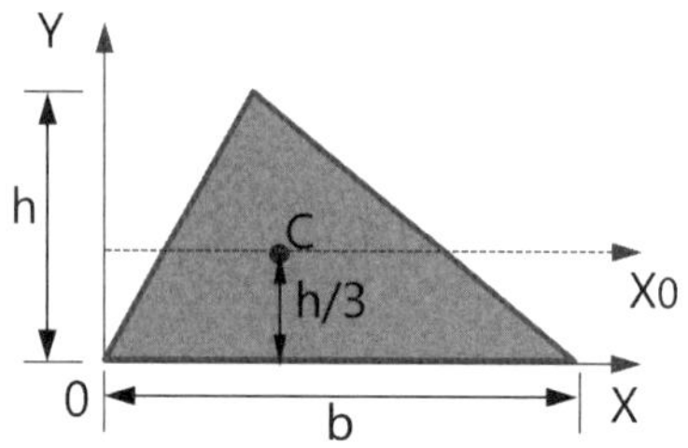
$I_{X_0} = \frac{bh^3}{12}$, $I_{Y_0} = \frac{hb^3}{12}$, $I_X = \frac{bh^3}{3}$, $I_Y = \frac{hb^3}{3}$	$I_{X_0} = \frac{bh^3}{36}$, $I_X = \frac{bh^3}{12}$

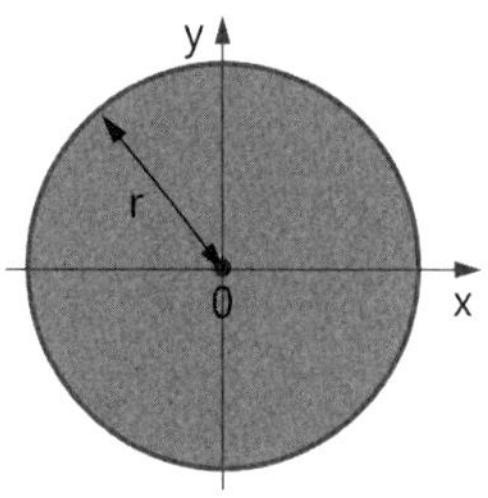	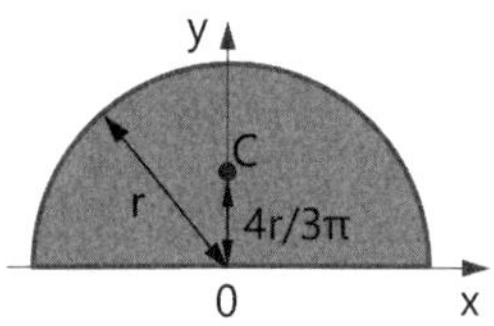	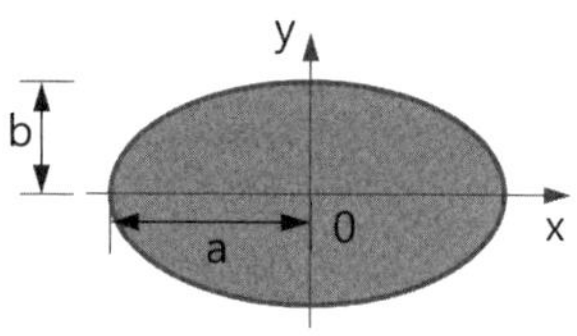
$I_x = I_y = \frac{\pi r^4}{4} = \frac{\pi D^4}{64}$	$I_x = I_y = \frac{\pi r^4}{8} = \frac{\pi D^4}{128}$	$I_x = \frac{\pi ab^3}{4}$, $I_y = \frac{\pi ba^3}{4}$

▸ 기본도형을 활용한 기타형상의 2차 모멘트 계산 (예시)

※ 기본도형을 활용한 기타형상의 2차 모멘트 계산을 이해하기 위해서는 바로 다음에 소개되는 평행축 이동정리를 알고 있어야 함

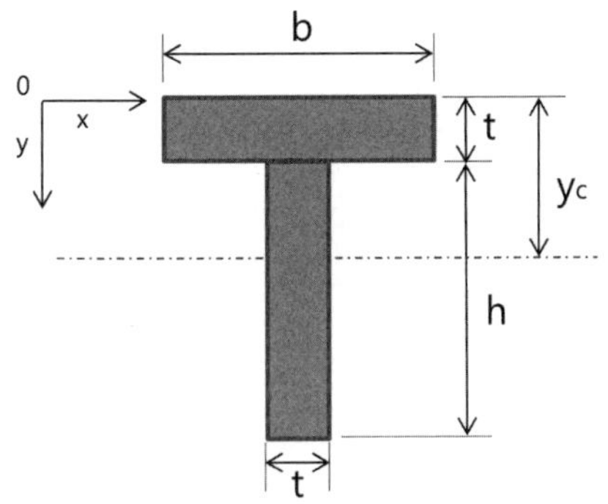

❶ 1차모멘트(Centroid)

$$\bar{y} = \frac{1}{A}\int y\,da$$

$$y_c[bt+ht] = bt\times(\frac{t}{2}) + ht(t+\frac{h}{2})$$

$$= \frac{bt^2}{2} + ht^2 + \frac{h^2t}{2}$$

$$y_c = \frac{\frac{bt^2}{2} + ht^2 + \frac{h^2t}{2}}{bt+ht}$$

❷ 2차모멘트(Inertia)

$$I_{xx} = \int y^2\,da$$

$$I_{xx} = [\frac{bt^3}{12} + bt(y_c - \frac{t}{2})^2] + [\frac{th^3}{12} + ht(t+\frac{h}{2} - y_c)^2]$$

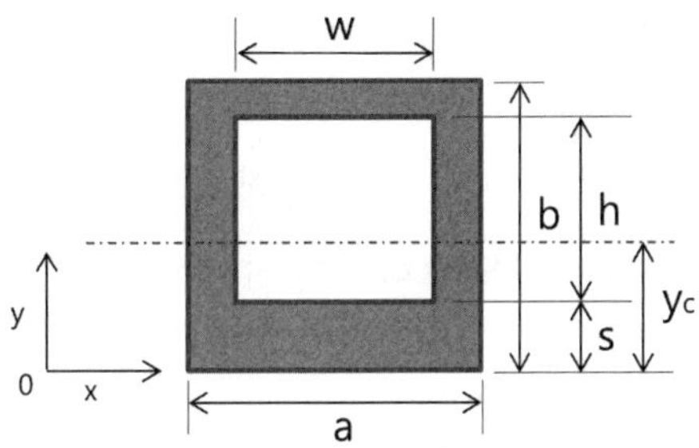

❶ 1차모멘트(Centroid)

$$\bar{y} = \frac{1}{A}\int y\,da$$

$$y_c[ab-wh] = ab\times(\frac{b}{2}) - wh(s+\frac{h}{2})$$

$$= \frac{ab^2}{2} - whs - \frac{wh^2}{2}$$

$$y_c = \frac{\frac{ab^2}{2} - whs - \frac{wh^2}{2}}{ab-wh}$$

❷ 2차모멘트(Inertia)

$$I_{xx} = \int y^2\,da$$

$$I_{xx} = [\frac{ab^3}{12} + ab(\frac{b}{2} - y_c)^2] - [\frac{wh^3}{12} + wh(s+\frac{h}{2} - y_c)^2]$$

3. 평행축 이동 정리

앞서 2차 모멘트를 설명할 때, 기준값으로 부터의 분산으로 설명했다. 그리고 복합한 형상의 경우, 기본적인 도형형태(△,□,○)로 분할하고 각각의 2차 모멘트를 조합하여 전체 2차 모멘트를 계산하는 방식의 유용성 또한 설명했다. 그렇다면 분할 된 각각의 2차 모멘트를 조합할 때 전체 대상의 도심을 기점으로 각각의 2차 모멘트를 구하려면 어떻게 해야 하는지의 문제가 남는다(2차 모멘트는 기준값으로 부터 분산이기 때문에 기준값이 바뀌면 그 값도 달라진다.). 이때, 사용되는 것이 평행축 이동정리 이다. 요약하면, 계산된 2차 모멘트에 대해 기준값이 달라졌을 때, 효율적으로 변경된 기준값으로 부터 2차 모멘트를 구하도록 하는 방법인 것이다.

► 평행축 이동정리

$$(I_{x_0}) = I_x + A \cdot d^2$$

I_X: 현재 알고 있는 2차M 값

I_{X_0}: 기준축 이동시 2차M 값

A: 대상의 면적

d: 현재의 축과 새로운 축 간 거리

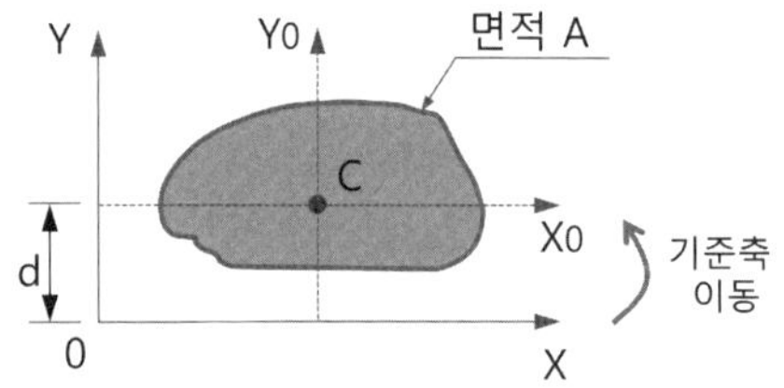

4. 관성반경(Radius of Gyration)

1차 모멘트 및 2차 모멘트가 같으면, 같은 형상이라 할 수 있는가? 라는 물음이 생길 수 있다. 평균값과 그로부터의 분산이 같다고 하더라도 그 형상은 다를 수 있고, 형상의 차이는 공학적 관점에서 차이를 유발한다. 활용에 대해서 설명하면, 재료역학에서 기둥의 좌굴응력 계산 등에 사용된다. 보의 굽힘응력을 계산할 때는 단면이 중립축으로부터 얼마나 떨어져 있는가에 따라 응력이 달라지기 때문에 단면계수(Moment of Inertia / centroid)가 주요한 인자이나, 기둥의 압축력을 계산할 때는 단면적의 크기를 고려하여야 함에 따라 2차 모멘트와 단면적을 활용하여 관성반경을 정의하여 사용한다. 좌굴응력의 계산은 재료역학에서 다루기로 하고, 정의와 개념을 학습한다.

► 관성반경

$r = \sqrt{\frac{I}{A}}\ [m]$ (I : 2차모멘트, A: 대상의 면적)

5. 힘 평형

공학에서는 문제해결을 위해서 과학적 지식을 끌어 쓰고, 수학적 지식으로 수치화 정량화 한다. 많은 공학문제는 해당 문제를 지배방정식의 형태로 가정하고, 지배방정식의 풀이를 통해 해를 구한다. 이때 방정식의 숫자와 미지수의 숫자가 해를 구할 수 있는지 여부에 중요한 판단 기준이다. 따라서 힘을 다루는 역학에서는 힘의 평형조건이 문제해결에 사용 가능한 식이 된다. 일정한 상태로 정지한 경우 대상물체는 힘의 평형을 이루고 있고, 힘에 관한 평형방정식($\sum F_{x,y,z}=0$)이 성립된다.

6. 모멘트 평형

힘 평형과 같은 맥락으로, 일정한 상태로 정지한 경우 대상물체는 모멘트(대상물체를 회전시키려는 짝힘, $M[\text{모멘트}]=F[\text{힘}]\times d[\text{거리}]$) 평형을 이루고 있고, 모멘트에 관한 평형방정식($\sum M_{x,y,z}=0$)이 성립된다.

7. 동적 평형

동적 평형은 힘 평형과 동일한 개념이나, 그 대상이 일정한 가속도로 움직이고 있는 경우, 동적 평형을 이루고 있고, 동적 평형에 관한 평형방정식($\sum F_{x,y,z}=ma$, $\sum M_{x,y,z}=ma$)이 성립된다.

8. 형상에 관한 조건(연속조건, 경계조건 등)

앞서 살펴 본 내용은 대상 물체에 힘이 작용할 때 평형조건을 알아보았다. 형상에 대한 조건 역시 공학문제를 해결하기 위한 식으로 활용될 수 있다. 예를 들면 구조물이 파괴되지 않는 이상 처짐량과 처짐각은 모든 점에서 연속성을 가져야 한다는 것과 유체의 경우 벽면에서는 점착되어 유속이 0이라는 것 등이 대표적인 예이다. 형상에 관한 조건은 구조물의 특성에 따라 가감될 수 있다.

9. 역학의 종류(정역학, 동역학, 재료역학, 구조역학, 유체역학, 열역학)

역학에 대해서 살펴보기에 앞서 역학의 체계에 대해서 살펴본다. 핵심적인 차이점을 살펴보면 정역학은 힘이 작용하지만 정지된 물체에 대해서 각 힘의 크기와 방향에 대해 구하는 것이 핵심이다.

동역학은 힘이 작용하고 가속하고 있는 상태에서 각 힘의 크기, 방향, 질량, 가속도의 크기 및 방향에 대해 다룬다.

재료역학은 정역학을 바탕으로 대상물체에 힘이 작용할 때 물체 내부에 발생하는 응력과 변형에 대해서 예측하며, 구조역학은 대상이 재료역학에서 다루는 봉, 기둥, 축 및 보가 구조물을 형성할 때 외력에 의한 응력과 변형에 관하여 예측한다.

유체역학은 유체에 의해서 발생하는 유체력을 구하는 것과 유체 흐름의 방향과 속력에 관한 유동을 예측하는 것이 핵심이다.

열역학은 유체와 매우 유사하며, 주요 관심사항은 열의 이동과 열에 의한 내부 상태 변화 예측 및 열에너지를 일에너지로 전환하기 위한 방법에 대해 학습한다.

제2장 구조역학

1. 재료의 성질

구조역학은 재료의 성질에 대한 이해를 기초로 한다. 통상 복합소재가 아닌 경우, 등질성 및 등방성을 가정한다. 즉, 재료는 균질하고 모든 방향으로 동일한 물성치를 가짐을 가정한다.

2. 응력-변형률 선도(Stress - Strain Curve)

구조역학에서 관심을 갖는 응력은 크게 단면에 수직한 인장·압축응력과 단면에 평행한 전단응력이 있다. 구조해석은 통상 외력에 따라 발생하는 내부응력이 해당 재료의 허용기준(항복응력 또는 최종응력을 기준으로 안전율 적용)보다 작은지 확인을 통해 안전성을 평가한다. 따라서 대상 재료의 항복응력 및 최종응력을 알아야 하며, 이를 파악하는 방법이 인장시험이다. 응력변형률선도는 시편에 인장력을 가하는 인장시험을 통해 응력에 대한 변형률을 그래프로 나타낸 것이다. 대상 재료의 허용전단응력은 실험이 아닌 허용인장응력을 기준으로 통상 1/3가량으로 한다. 탄성계수는 응력변형률선도의 기울기 값이며, 전단탄성계수는 탄성계수를 이용한 변환식을 통해 구한다.

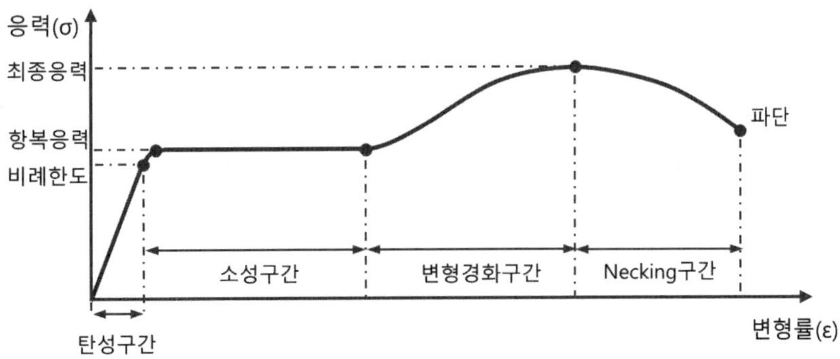

► 후크의 법칙: 응력과 변형률 사이는 선형관계가 존재

$$\sigma = E \bullet \epsilon$$

σ: 응력, E: 탄성계수, ϵ: 변형률

► 탄성계수(E)와 전단탄성계수(G)의 관계: $G = \dfrac{E}{2(1+\nu)}$ (ν: 푸아송비)

3. 구조역학, 구조해석, 구조설계 개념

구조해석은 구조물에 외력이 작용할 때, 구조물의 응력 및 변형을 알아내는 작업이며, 구조역학은 구조해석 수행에 필요한 이론 및 학문이다. 또한 구조설계는 구조해석을 바탕으로 구조물의 형상 및 부재치수 등을 결정하는 과정이라 할 수 있다.

4. 부재의 형상에 따른 분류

구조물을 구성하는 요소인 부재에 대해서 형상을 기준으로 분류하면 1차원, 2차원 및 3차원 부재로 분류할 수 있다. 1차원 부재는 길이가 긴 형강재에 해당하고, 2차원 부재는 판재를 그리고 3차원 부재는 직교좌표계 기준으로 모든 차원의 두께가 비슷한 부재를 의미한다.

5. 부재의 하중 형태에 따른 분류

동일한 형태의 부재라 할지라도 외력의 유형에 따라 거동(응력 및 변형)이 달라진다. 따라서 부재에 당김, 누름, 비틂 및 굽힘의 외력 형태에 따라 각각 부재를 봉, 기둥, 축 및 보로 구분할 수 있다. 하중은 조합되어 작용할 수 있고, 거동은 각각에 대해 해석 후 중첩하여 예측할 수 있다. 구조물은 이러한 부재가 연결된 것으로 기본 부재에 대해서 하중이 작용했을 때 거동을 계산할 수 있어야 한다.

6. 봉

2차원 부재에 인장력이 작용하는 부재

❶ 인장응력

$\sigma = \frac{P}{A}$ (σ: 인장응력, P: 인장력, A: 인장력에 저항하는 면적)

❷ 전단응력

$\tau = \frac{V}{A}$ (τ: 전단응력, V: 전단력, A: 전단력에 저항하는 면적)

❸ 변형량

$\delta = \frac{PL}{EA}$ (L: 봉 길이, E: 탄성계수, A: 인장력에 저항하는 면적)

7. 기둥

2차원 부재에 압축력이 작용하는 부재

► 단면에 비해 길이가 긴 기둥은 압축력에 수직한 방향으로 대변형을 일으키는 좌굴에 취약한 구조임. 기둥은 양단의 지지형식에 따라 좌굴강도가 달라짐

$$\sigma_{cr} = \frac{\pi^2 \cdot EI}{A(k \cdot l)^2}$$ (σ_{cr}: 임계좌굴응력, k: 유효길이계수, l: 기둥의 길이, A:단면적)

(a) Pinned-pinned column	(b) Fixed-free column	(c) Fixed-fixed column	(d) Fixed-pinned column
$P_{cr} = \frac{\pi^2 EI}{L^2}$	$P_{cr} = \frac{\pi^2 EI}{4L^2}$	$P_{cr} = \frac{4\pi^2 EI}{L^2}$	$P_{cr} = \frac{2.046\ \pi^2 EI}{L^2}$
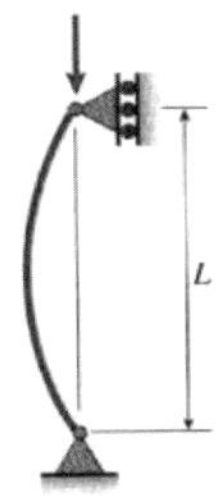	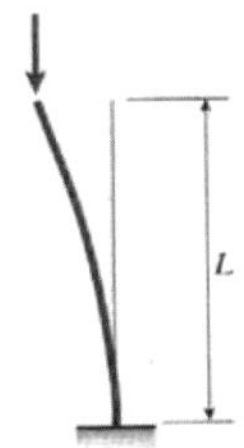	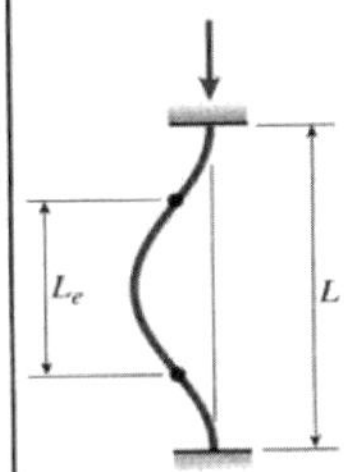	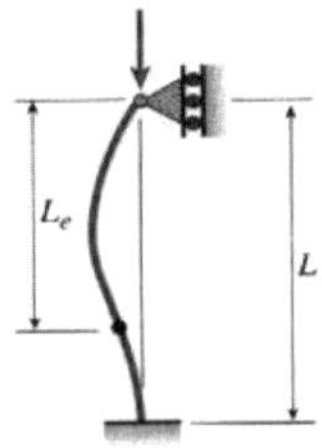
$L_e = L$	$L_e = 2L$	$L_e = 0.5L$	$L_e = 0.699L$
$K = 1$	$K = 2$	$K = 0.5$	$K = 0.699$

[그림출처: 이종원&김문생&조효남, 「재료역학(6th)」, 인터비전, 2006, 773쪽]

8. 축

2차원 부재에 비트는 힘이 작용하는 부재

❶ 비틀림 응력

$$\tau = \frac{Tr}{I_p}$$ (τ: 비틀림 전단응력, T: 토크, r : 반경, I_p: 극관성모멘트)

❷ 단면내 비틀림 각

$$\theta = \frac{T}{GI_p}$$ (θ: 단면내 비틀림 각)

❸ 축의 길이방향 비틀림 각

$$\Phi = \frac{TL}{GI_p}$$ (Φ: 축의 길이방향 비틀림 각, $\Phi = \theta \cdot L$)

9. 보

2차원 부재에 굽힘력이 작용하는 부재

❶ 굽힘응력

$\sigma = \frac{My}{I}$ (σ: 굽힘응력, M: 모멘트, I: 단면 2차모멘트, y: 중립축으로부터 단면의 끝단까지 거리, $\frac{I}{y} = Z_p$: 단면계수)

► y는 중립축으로 부터 양끝단까지 거리로 2개가 나올 수 있고, 중립축으로부터 거리가 멀수록 큰 응력이 발생

❷ 전단응력

$\tau = \frac{VQ}{Ib}$ (τ: 전단응력, V: 전단력, Q: 중립축으로부터 끝단까지의 단면 1차모멘트, b: 중립축에서의 단면폭)

❸ 처짐량

$EI\frac{d^2\nu}{dx^2} = M$, $EI\frac{d^3\nu}{dx^3} = V$, $EI\frac{d^4\nu}{dx^4} = -q$ (ν: 처짐량, M: 모멘트, V: 전단력, q: 하중)

10. 정정구조물 및 부정정구조물

정정구조물은 하중이 작용했을 때, 힘의 평형방정식만으로 지지점의 반력 또는 내부 응력을 구할 수 있는 구조물을 말한다. 2차원 평면을 가정하면, x 방향의 힘평형 방정식, y 방향의 힘평형 방정식 및 회전하려는 모멘트 평형방정식 3개가 있고, 미지력(반력 등)이 3개인 경우를 의미한다.

반면, 부정정구조물은 힘의 평형방정식보다 미지력의 개수가 많은 경우의 구조물이며, 쉽게 말하면 식의 개수보다 미지수가 많아 풀이가 어려운 대상이다. 부정정구조물을 풀기 위해서는 힘의 평형방정식 외에 추가적인 조건식을 찾아야 하며, 구조물이 파괴되지 않는 한 연속되어야 한다는 것과 변형될 경우 임의 지점에서 변형각이 같아야 한다는 것 등을 조건식으로 사용한다. 대표적인 방법으로 변형일치법, 처짐각법, 모멘트 분배법 등이 있다.

11. 에너지법

앞서 소개한 부정정구조물의 풀이를 위한 변형일치법 등의 Classic한 풀이법은 계산 과정이 매우 길고 복잡하다. 이에 반해 에너지법은 매우 강력한 계산방법이라 할 수 있다. 핵심개념은 부정정구조물을 '카스틸리아노의 제2정리'와 '최소일의 원리'를 이용하여 정정구조물화 하여 풀이하는 것이다.

< 카스틸리아노의 정리 및 최소일의 원리 >

❶ 카스틸리아노의 제1정리

: 탄성체에 외력 또는 모멘트가 작용할 때, 전체 변형에너지(U_i)를 하중 작용점에서 힘의 방향으로 변위(처짐), 변위각(처짐각, 회전각)으로 1차 편미분 한 것은 그 점의 힘 또는 모멘트와 같음

$$P_j = \frac{\partial U_i}{\partial \delta_j}\ (P\text{: 힘, } \delta\text{: 변위}),\quad M_j = \frac{\partial U_i}{\partial \theta_j}\ (M\text{: 모멘트, } \theta\text{: 변위각})$$

❷ 카스틸리아노의 제2정리

: 탄성체에 외력 또는 모멘트가 작용할 때, 전체 변형에너지(U_i)를 하중 작용점에서 힘의 방향으로 힘 또는 모멘트를 편미분 한 것은 변위 또는 변위각과 같음

$$\delta_j = \frac{\partial U_i}{\partial P_j}\ (P\text{: 힘, } \delta\text{: 변위}),\quad \theta_j = \frac{\partial U_i}{\partial M_j}\ (M\text{: 모멘트, } \theta\text{: 변위각})$$

❸ 최소일의 원리

: 카스틸리아노 제2정리의 특별한 경우로써 변위가 발생하지 않는 지점에서 $\delta_j = 0,\ \theta_j = 0$임

$$\frac{\partial U_i}{\partial P_j} = 0,\quad \frac{\partial U_i}{\partial M_j} = 0$$

< 에너지법 풀이법 >

❶ 부정정구조물의 정정구조물로 변환

: 부정정력을 임의의 미지수로 설정하고, 기지항과 같이 다룸

❷ 구조물의 구간별 부재력 계산

: 미지수로 설정한 부정정력을 포함하여, 부재력이 변화가 있는 구간을 분할하여 부재력을 계산

❸ 구조물의 변형에너지 계산

$$U = \frac{1}{2EA}\int P^2 dx + \frac{1}{2EI}\int M^2 dx + \frac{k}{2GA}\int V^2 dx + \frac{1}{2GJ}\int T^2 dx$$

U: 변형에너지, P: 힘, M: 모멘트, V: 전단력, T: 비틀림 힘, dx: 미소길이, E: 탄성계수, A: 단면적, I : 2차 모멘트, G: 전단탄성계수, J : 비틀림 상수, k: 단면형상계수(직사각형: 1.2, 원형 10/9 등)

❹ 처짐이 0인 지점에 대해 최소일의 원리를 적용하여 부정정력 계산

❺ 도출된 부정정력을 ❸번에서 계산된 변형에너지식에 대입하고 카스틸리아노의 제2정리를 이용하여 원하는 지점의 변형을 구함

< 에너지법 풀이법: 예시 >

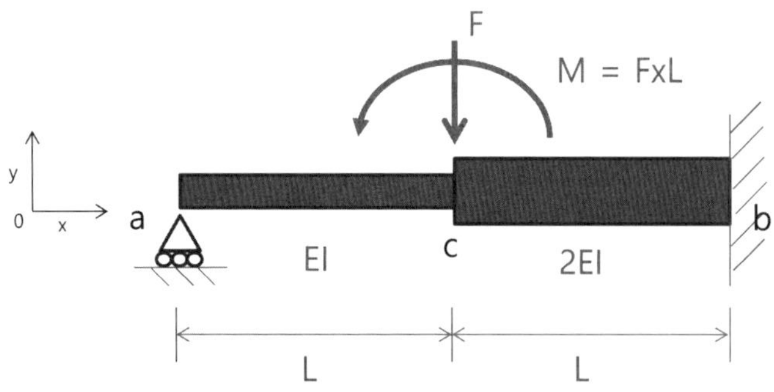

c점의 처짐은?

❶ 부정정구조물의 정정구조물로 변환

: 아래와 같이 자유물체도를 그리면, b점의 미지력 3개와 a점의 미지력 1개 총 4개의 미지력으로 인해 3개의 힘평형방정식($\sum F_x = 0$, $\sum F_y = 0$, $\sum M = 0$)보다 미지력이 많아 부정정보임(부정정차수: 1차 부정정). a점의 y방향 미지력을 R로 표기하고, 기지항으로 가정

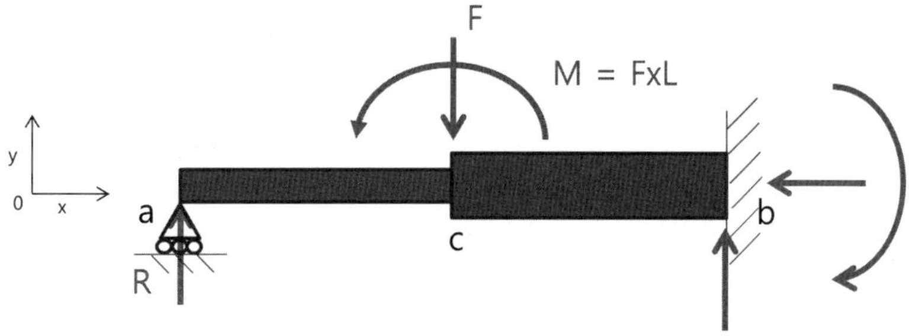

❷ 구조물의 구간별 부재력 계산

: (구간 a-c) $M_{a-c} = R \cdot x \ (0 \le x \le L)$

(구간 c-b) $M_{c-b} = R(x+l) - F \cdot x - M \ (0 \le x \le L)$

(구간 c-b) $M_{c-b} = R(x+l) - W \cdot x - M \ (0 \le x \le L)$ --- F를 W로 치환

(※ $M = F \times L$로 M에 F가 포함되어 있어 카스틸리아노의 제2정리를 이용하기 위해 F를 독립된 변수로 다시 정의함)

❸ 구조물의 변형에너지 계산

$$U = \frac{1}{2EI}\int M_{a-c}^2 dx + \frac{1}{2(2EI)}\int M_{c-b}^2 dx$$

❹ 처짐이 0인 지점에 대해 최소일의 원리를 적용하여 부정정력 계산

: $\frac{\partial U}{\partial R} = 0$에 대입하여 R계산, $R = \frac{7F}{9}$

❺ 도출된 부정정력을 ❸번에서 계산된 변형에너지식에 대입하고 카스틸리아노의 제2정리를 이용하여 원하는 지점의 변형을 구함

: $\frac{\partial U}{\partial W} = \delta_c$에 대입하여 δ_c계산, $\delta_c = \frac{5FL^3}{54EI}$

제3장 해양파역학

1. 기본개념

조선공학에서 해양파역학이 필요한 이유는 선박에 작용하는 외력을 추정하기 위함이다. 해양파역학의 핵심은 관심영역의 경계조건을 통해 속도포텐셜을 구하고, 속도포텐셜을 각 방향의 편미분을 통해 임의 점에서의 각 방향 속도를 계산한다. 속도가 계산되면 베르누이 방정식을 통해 압력을 계산하고 작용면적을 곱하여 최종적인 외력을 구하게 된다.

해양파역학은 대부분 수학적 표현(복소함수, 삼각함수 및 편미분 등)이 많아 상세 내용은 관련 서적을 참고토록 하고 본 부록에서는 핵심원리 및 공식을 위주로 살펴본다.

< 용어 정리 >

► ∇

: 'Del'이라 읽고, $\frac{\partial}{\partial x}i+\frac{\partial}{\partial y}j+\frac{\partial}{\partial z}k$을 의미

► ∇f

: 'Gradient of f'라 읽고 $(\frac{\partial}{\partial x}i+\frac{\partial}{\partial y}j+\frac{\partial}{\partial z}k)f$를 의미하며, 스칼라 f가 벡터로 전환

→ 각 벡터 성분의 크기를 f만큼 증대

► $\nabla \cdot \vec{V}$

: 'Divergence of $\vec{V}$'라 읽고 $(\frac{\partial}{\partial x}i+\frac{\partial}{\partial y}j+\frac{\partial}{\partial z}k) \cdot \vec{V}$를 의미하며, 벡터 $\vec{V}$가 스칼라로 전환

$\therefore$ ($\vec{V}=ui+vj+wk$) → 벡터 $\vec{V}$를 각 방향으로 분해 (Projection을 의미)

► $\nabla \times \vec{V}$

: 'Curl of $\vec{V}$'라 읽고 $(\frac{\partial}{\partial x}i+\frac{\partial}{\partial y}j+\frac{\partial}{\partial z}k) \times \vec{V}$를 의미하며, 벡터 $\vec{V}$가 벡터로 전환

→ 두 벡터를 평면으로 하는 법선 벡터를 의미

► 주파수와 주기의 관계

: 주파수(f)는 단위시간 동안 반복횟수를 의미하고, 주기(T)는 반복현상에 있어서 1번의 Cycle이 발생하는데 소요되는 시간을 의미

$f = \frac{1}{T}$: Frequency, [cycle/s, Hz]

$\omega = \frac{2\pi}{T}$: Angular frequency, [cycle/s, Hz]

→ $\omega = 2\pi f$

► 속도포텐셜(Velocity potential, $\varnothing$)

: 속도포텐셜은 각 방향의 속도를 도출할 수 있는 잠재력을 가지고 있는 스칼라 양임

► 유선함수(Stream function, ψ)

: 유선함수는 유동흐름의 방향인 Steam line(유선)을 도출할 수 있는 정보를 포함하고 있음 Steam line은 속도벡터의 접선성분을 모은 것으로 입자의 흐름을 나타내며, 다른 입자가 뚫지 못함을 의미하기 때문에 물체의 외형정보를 의미하기도 함

► 속도포텐셜(Velocity potential, $\varnothing$)과 유선함수(Stream function, ψ) 관계

: 속도포텐셜은 입자의 이동을 의미하고, 유선함수는 동일한 준위에 있는 입자의 연속성을 의미하기 때문에 둘은 직교관계에 있음

※ 코쉬-리만 방정식

$$u = \frac{\partial \varnothing}{\partial x} = \frac{\partial \psi}{\partial y},\ v = \frac{\partial \varnothing}{\partial y} = -\frac{\partial \psi}{\partial x}$$

$\therefore$ ($\nabla \varnothing \cdot \nabla \psi = 0$, 코쉬-리만방정식을 대입해보면 0임에 따라 직교함을 확인)

► 비압축(Incompressible)과 비회전(Irrotational) 판별

: $\vec{V} = \nabla \varnothing$라 하면,

비압축 조건: $\nabla \cdot \vec{V} = 0 \rightarrow \nabla \cdot (\nabla \varnothing) = 0 \rightarrow \nabla^2 \varnothing = 0$

비회전 조건: $\nabla \times \vec{V} = 0 \rightarrow \nabla \times (\nabla \varnothing) = 0 \therefore (\nabla \times \nabla = 0)$

► 포텐셜유동 - 라플라스방정식

: 포텐셜유동은 이상유체(비점성, 비압축)가 비회전 상태일 때의 유동을 말함. 앞서 설명한 바와 같이, 비압축, 비회전 조건이 라플라스방정식($\nabla^2 \varnothing = 0$)임으로 포텐셜 유동의 지배방정식은 $\nabla^2 \varnothing = 0$ 됨

2. 파의 생성

일반적으로 파(Wave)는 밀도가 다른 두 유체의 경계면, 즉 자유표면(Free surface)에서 발생하며, 바람(Wind)에 의해 생성되고 중력(Gravity)에 의해 복원되려는 현상을 말한다. 주요분류와 용어는 다음과 같다.

► Tidal Waves: 조석간만의 차에 의해 발생하는 Wave

► Wind Waves: 바람에 의해 발생하는 Wave. 수역별 분류 및 특징은 다음과 같음

❶ Sea: 바람이 부는 영역에서 바람의 영향을 받고 있어 표면이 거칠고 Crest(파도의 정점, 파정)간 거리가 짧음

❷ Swell: 바람이 부는 영역 밖에 있어서 표면이 매끈하며, Crest간 거리가 김

❸ Surf: Breaking 상태에 있는 Wave로 바람이 얕아지며 파도가 깨지는 상태

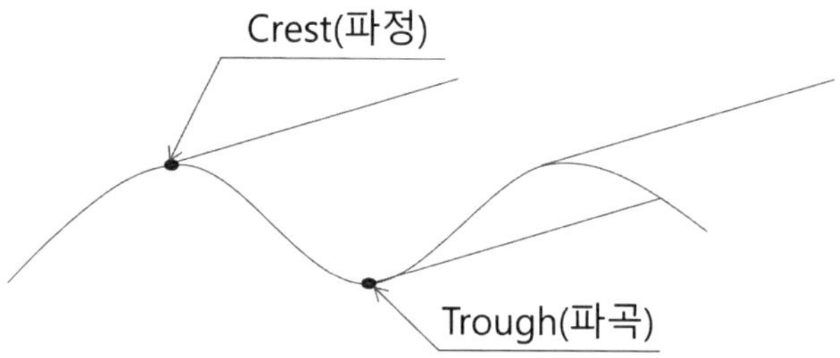

3. 파의 수학적 모델링 및 경계조건(Boundary Condition)

최종적으로 필요한 Wave의 유체력을 계산하기 위해서는 Wave 및 관련 유동을 수학적으로 표현할 수 있어야 한다. 그리고 유동은 미분방정식으로 표현될 수 있으며, 해당 미분방정식을 풀기 위해서는 경계조건(방정식의 수)을 활용하여 속도포텐셜(∅)를 구해야 한다. 따라서 파의 수학적 모델 및 경계조건을 학습한다.

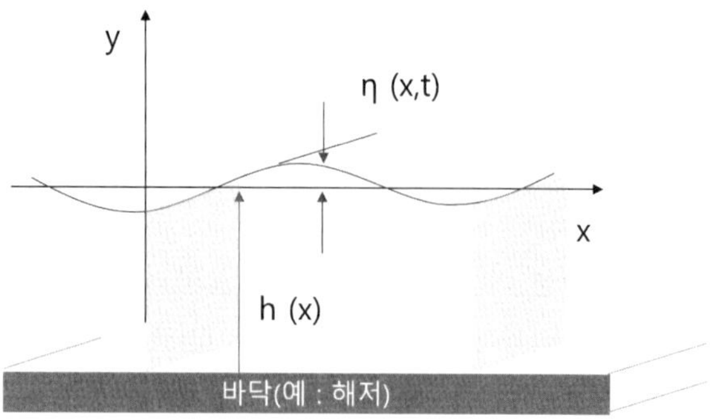

▸ 파의 수학적 모델

: $y = \eta(x,t) \rightarrow F = y - \eta$

▸ 경계조건

❶ 운동학적 자유표면 조건(Kinematic Free surface Boundary condition)

: 자유표면에서 F는 시간에 변화없이 일정함

고체 표면으로부터 충분히 떨어졌다고 가정하며, 오일러 방정식을 적용 가능

F를 오일러 방정식에 대입 $F = y - \eta$, $\dfrac{DF}{Dt} = \dfrac{\partial F}{\partial t} + (\vec{V} \cdot \nabla)F$ 대입

$\rightarrow -\dfrac{\partial \eta}{\partial t} - \dfrac{\partial \varnothing}{\partial x}\dfrac{\partial \eta}{\partial x} + \dfrac{\partial \varnothing}{\partial y} = 0$ on $y = \eta(x,t)$

$\rightarrow \dfrac{\partial \eta}{\partial t} - \dfrac{\partial \varnothing}{\partial y} = 0$ on $y = 0$ ∴($\dfrac{\partial \varnothing}{\partial x}$ 및 $\dfrac{\partial \eta}{\partial x}$은 매우 작은값으로 무시)

❷ 동역학적 자유표면 조건(Dynamic Free surface B.C)

: 자유표면에서 모든 에너지의 합은 일정함

$\rightarrow \dfrac{\partial \varnothing}{\partial t} + \dfrac{V^2}{2} + gy = 0$ on $y = \eta(x,t)$ ∴(대기압은 무시)

$\rightarrow \dfrac{\partial \varnothing}{\partial t} + gy = 0$ on $y = 0$ ∴(V는 작은값이며, V^2는 매우 작은 값임)

$\rightarrow \eta = -\dfrac{1}{g}\dfrac{\partial \varnothing}{\partial t}$ on $y = 0$ ∴(y를 η로 치환)

❸ 바닥조건(Bottom B.C)

: 바닥에 붙어 있는 유체입자의 Normal 방향($\vec{n}$) 속도는 0임

(점착조건에 의해 바닥에 붙어 있는 유체입자의 속도는 0임)

$\rightarrow \dfrac{\partial \varnothing}{\partial y} = 0$ on $y = -h$

❹ 측면조건(Periodic lateral B.C)

: 무한히 떨어진 거리에서도 발산파가 존재해야 함

(시간이 변해도 $\varnothing$가 존재해야 함)

→ 초기조건을 알아야 함

▸ 주요정의

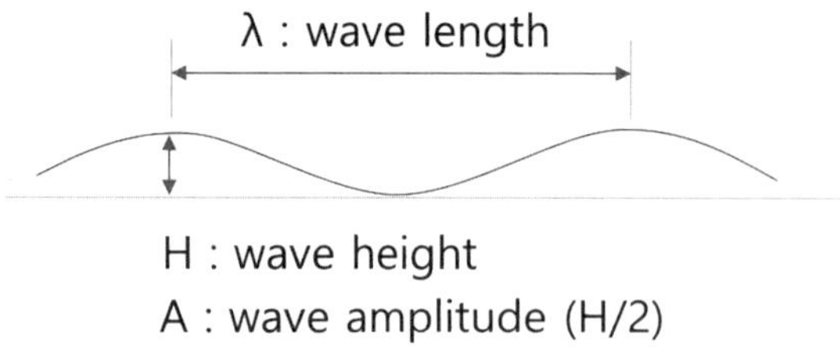

❶ 각주파수(Angular frequency, ω)

: 단위시간당 파의 개수

$$\omega = \frac{2\pi}{T} \rightarrow \omega t = \frac{2\pi}{T}t = 2\pi\frac{t}{T}$$

❷ 파수(Wave Number, k)

: 단위길이 당 파의 개수

$$k = \frac{2\pi}{\lambda} \rightarrow kx = \frac{2\pi}{\lambda}x = 2\pi\frac{x}{\lambda}$$

4. 속도포텐셜(Velocity potential, Φ)

앞서 포텐셜유동의 지배방정식이 라플라스 방정식인 점과 경계조건을 학습했다. 경계조건을 활용하여 라플라스 방정식을 만족하는 속도포텐셜의 형태를 도출한다. 상세한 유도과정은 해양파역학 관련 서적을 참고하고 라플라스 방정식에 경계조건을 활용한 결과값만 설명한다.

$$\Phi = X(x)\,Y(y)e^{iwt}$$

$$= \frac{igA}{\omega}\frac{\cosh k(y+h)}{\cosh kh}e^{i(wt-kx)}$$ → 실수부분만 표현하면,

$$= \frac{gA}{\omega}\frac{\cosh k(y+h)}{\cosh kh}\sin(wt-kx)$$

→ Φ를 A(wave amplitude), ω(angular frequency), k(wave number), h(바닥으로 부터의 높이)만 알면 구할 수 있음을 의미

5. 위상속도(Phase velocity)

파면의 진행속도인 위상속도는 다음과 같다.

$$V_p = \frac{\lambda}{T} = \frac{\lambda}{\frac{2\pi}{\omega}} = \frac{\omega}{\frac{2\pi}{\lambda}} = \frac{\omega}{k}$$

$$\Phi = X(x)\,Y(y)e^{iwt}$$

$$= \frac{igA}{\omega}\frac{\cosh k(y+h)}{\cosh kh}e^{i(wt-kx)}$$ → 실수부분만 표현하면,

$$= \frac{gA}{\omega}\frac{\cosh k(y+h)}{\cosh kh}\sin(wt-kx)$$

→ Φ를 A(wave amplitude), ω(angular frequency), k(wave number), h(바닥으로 부터의 높이)만 알면 구할 수 있음을 의미

6. 분산관계(Dispersion Relation)

파수(k)와 각가속도(ω)의 관계식이며, 유체입자의 에너지와 운동량과의 관계식이기도 하다. 따라서 자유표면의 운동학적 경계조건과, 동역학적 경계조건을 속도 포텐셜에 적용하여 구한다. 또한, 파의 분산관계는 유체의 깊이에 따라 달라진다. 이에 관한 상세 내용을 알아본다.

► 파의 분산관계(Dispersion Relation)

: 운동학적 경계조건($\frac{\partial\eta}{\partial t} - \frac{\partial\varnothing}{\partial y} = 0$)과 동역학정 경계조건($\eta = -\frac{1}{g}\frac{\partial\varnothing}{\partial t}$)을 조합하고 ($\frac{\partial^2\varnothing}{\partial t^2} + g\frac{\partial\varnothing}{\partial y} = 0$ at $y=0$) 속도포텐셜을 대입

$$\Phi = \frac{gA}{\omega}\frac{\cosh k(y+h)}{\cosh kh}\sin(wt-kx)$$ --- $y=0$임으로 $\frac{\cosh k(y+h)}{\cosh kh} = 1$

$$= \frac{gA}{\omega}\sin(wt-kx)$$

→ $\frac{\partial^2\varnothing}{\partial t^2} + g\frac{\partial\varnothing}{\partial y} = 0$에 대입

$$-\omega^2\frac{gA}{\omega}\sin(kx-wt) + gk\frac{gA}{\omega}\tanh kh\sin(kx-wt) = 0$$ --- $\frac{gA}{\omega}\sin(kx-wt)$ 소거

$-\omega^2 + gk\tanh kh = 0$ --- $\omega - k$의 관계인 Dispersion Relation

► 파의 분산관계(Dispersion Relation)에 따른 Deep, Shallow 및 Finite water

<$\tanh x = \dfrac{e^{x} - e^{-x}}{e^{x} + e^{-x}}$ 의 그래프>

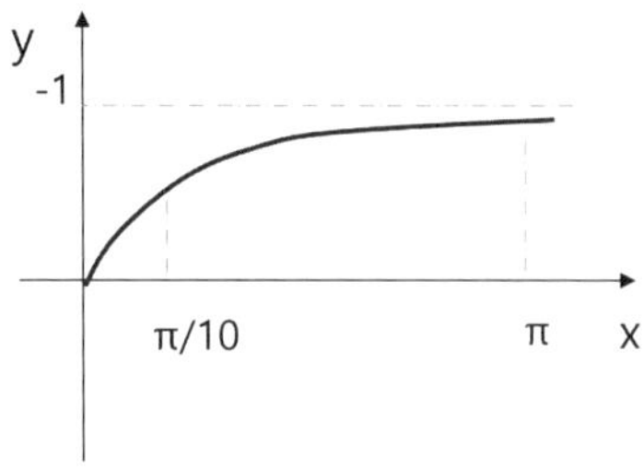

❶ Deep water

: $kh > \pi$ ∴ (kh가 π보다 큰 영역, $\tanh\pi = 0.996$)

$$\frac{2\pi h}{\lambda} > \pi$$

$\dfrac{h}{\lambda} > \dfrac{1}{2}$ 일 때, Deep water 임

→ 분산관계: $\omega^2 = gk\tanh kh = gk$

→ 위상속도: $V_P = \dfrac{\omega}{k} = \dfrac{\omega^2}{\omega k} = \dfrac{g}{\omega} = \dfrac{g}{\sqrt{kg}} = \sqrt{\dfrac{g}{k}} = \sqrt{\dfrac{g\lambda}{2\pi}}$

∴ (Deep water에서는 파장(λ)이 긴 파가 파장이 짧은 파보다 위상속도가 빠름)

❷ Shallow water

: $kh < \dfrac{\pi}{10}$ ∴ (kh가 $\dfrac{\pi}{10}$보다 큰 영역, $\tanh\dfrac{\pi}{10} = 0.304$)

$$\frac{2\pi h}{\lambda} < \frac{\pi}{10}$$

$\dfrac{h}{\lambda} < \dfrac{1}{20}$ 일 때, Shallow water 임

→ 분산관계: $\omega^2 = gk\tanh kh = gk^2h$

∴ ($kh < \dfrac{\pi}{10}$ 일 때, $\tanh x \approx x$로 $\tanh kh \approx kh$임,

$\tanh x \approx x$을 할 수 있기 때문에 Shallow water의 기준으로 사용)

→ 위상속도: $V_P = \dfrac{\omega}{k} = \sqrt{gh}$

∴ (Shallow water에서는 파장(λ)은 위상속도에 영향을 주지 않고, 파고(h)만 알면 위상속도를 알 수 있음)

❸ Finite depth

: $\frac{1}{20} < \frac{h}{\lambda} < \frac{1}{2}$ 일 때, Finite depth 임

→ 분산관계: $\omega^2 = gk\tanh kh$

$\therefore (k = \frac{2\pi}{\lambda}$, 파장 성분이 있어 파장에 영향을 받음)

→ 위상속도: $V_P = \frac{\omega}{k}$

► 파의 분산성

: 파의 진행에 따라 각 유체입자의 각가속도(ω)가 변화하면, 분산관계에 따라 파수(k)가 변화 될 수 있음. 즉, 하나의 파가 진행되는 과정에서 여러 개의 파로 분산 될 수 있음을 의미하며, 앞서 살펴본 내용을 정리하면 다음과 같음

구분	기준	위상속도(V_p)	분산관계	분산성
Deep	$\frac{h}{\lambda} > \frac{1}{2}$	$V_P = \sqrt{\frac{g\lambda}{2\pi}}$	$\omega^2 = kg$	$\omega - k$ 관계 분산성 존재
Shallow	$\frac{h}{\lambda} < \frac{1}{20}$	$V_P = \sqrt{gh}$	$\omega^2 = k^2 gh$	$\omega - k$ 무관 분산성 없음
Finite	$\frac{1}{20} < \frac{h}{\lambda} < \frac{1}{2}$	$V_P = \frac{\omega}{k}$	$\omega^2 = kg\tanh kh$	$\omega - k$ 관계 분산성 존재

► 깊이 변화에 따른 파장의 변화

: Wave는 얕은 수역으로 이동할 때 파장이 짧아짐

<Deep>	<Finite>
$\omega^2 = kg$ $(\frac{2\pi}{T})^2 = \frac{2\pi}{\lambda} g$ $\lambda_\infty = \frac{gT_\infty^2}{2\pi}$ $\therefore$ (λ_∞: Deep water에서의 파장을 의미)	$\omega^2 = kg\tanh kh$ $\lambda = \lambda_\infty \tanh kh \therefore (\tanh kh < 1)$ $\lambda < \lambda_\infty$
$\Rightarrow \lambda < \lambda_\infty$ 임으로 얕은 수역으로 이동시 파장은 짧아짐	

► 깊이 변화에 따른 위상속도(V_p)의 변화

: Wave는 얕은 수역으로 이동할 때 위상속도가 줄어듦

<Deep>	<Finite>
$V_P = \sqrt{\dfrac{g\lambda_\infty}{2\pi}}$ ∴ (λ_∞ : Deep water에서의 파장을 의미)	$V_P = \dfrac{\omega}{k} = \dfrac{\omega}{\dfrac{2\pi}{\lambda}} = \dfrac{\omega\lambda}{2\pi}$
$\Rightarrow \lambda < \lambda_\infty$ 임으로 얕은 수역으로 이동시 위상속도는 줄어듦	

7. 진행파 중의 압력장

파의 진행에 따른 압력을 계산할 수 있어야 한다. 속도포텐셜을 이용하여 베르누이 방정식에 대입으로 압력을 계산한다. 앞서 설명한 바와 같이 관심대상이 바닥의 점착조건에 따른 점성유동과 충분히 떨어진 점을 고려하여 포텐셜유동(이상유체+비회전)으로 가정함에 따라 같은 Stream line이 아니어도 베르누이 방정식을 적용할 수 있다. 경계조건 활용을 위해 자유표면에서부터 압력을 구한다.

► 파 중의 압력계산

$$: [P_{대기압} + \frac{\rho V^2}{2} + \rho g y_A + \rho\frac{\partial \varnothing}{\partial t}]_{A지점}$$

$$= [P + \frac{\rho V^2}{2} + \rho g y_B + \rho\frac{\partial \varnothing}{\partial t}]_{B지점}$$

∴ (파는 입자의 이동이 아닌 변형의 전달임으로 V는 작고, V^2은 더욱 작아 무시, 계기압력으로 기준으로 판단하면 $P_{대기압}$ 삭제)

만약, A지점이 자유수면이면 동역학적 경계조건 적용 가능

$$\eta = -\frac{1}{g}\frac{\partial \varnothing}{\partial t} \rightarrow \rho g\left(-\frac{1}{g}\frac{\partial \varnothing}{\partial t}\right) + \rho\frac{\partial \varnothing}{\partial t} = 0$$

$$\rightarrow 0 = [P + \rho g y_B + \rho\frac{\partial \varnothing}{\partial t}]_{B지점}$$

$$\rightarrow P = -\rho g y_B - \rho\frac{\partial \varnothing}{\partial t}$$ ∴ (속도포텐셜을 알면 파 중의 압력을 계산 가능)

8. 진행파의 에너지

진행하는 파의 에너지는 위치에너지와 운동에너지의 합으로 나타낼 수 있으며, 파고의 크기만 알면 그 값을 구할 수 있다.

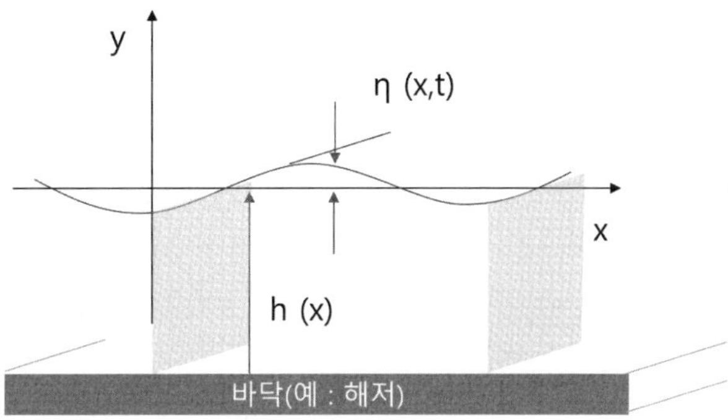

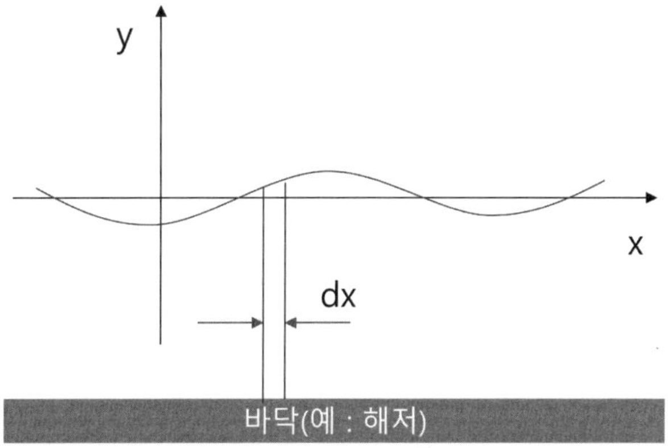

► 위치에너지(Potential Energy. P.E)

$$d_{(PE)} = dm\, g\, \bar{y} \therefore (dm = \rho dx\, (h+\eta),\ \bar{y} = \frac{h+\eta}{2})$$

$$(\overline{PE})_{total} = \frac{1}{\lambda}\int_{x}^{x+\lambda} \rho g\, dx\,(h+\eta)\,\frac{(h+\eta)}{2}$$

$$= \frac{\rho g}{2\lambda}\int_{x}^{x+\lambda}(h+\eta)^2 dx$$

$$= \frac{\rho g}{2\lambda}\int_{x}^{x+\lambda}(h^2+2h\eta+\eta^2)dx$$

$$= \frac{\rho g}{2\lambda}h^2\lambda + \frac{h\rho g}{2\lambda}\int_{x}^{x+\lambda}A\cos(kx-wt)dx + \frac{\rho g}{2\lambda}\int_{x}^{x+\lambda}A^2\cos^2(kx-wt)dx$$

∴ 동역학적 경계조건 $\eta = -\frac{1}{g}\frac{\partial \varnothing}{\partial t}$ 적용, $\varnothing = \frac{gA}{\omega}\frac{\cosh k(y+h)}{\cosh kh}\sin(wt-kx)$

→ $\eta = A\cos(wt-kt)$

$$= \frac{\rho g}{2\lambda}h^2\lambda + \frac{\rho g}{2\lambda}\int_x^{x+\lambda} A^2\cos^2(kx-wt)dx$$

∴ $\frac{h\rho g}{2\lambda}\int_x^{x+\lambda} A\cos(kx-wt)dx$ 중 $\cos(kx-\omega t)$가 1주기 적분시 “0”이 되어 삭제

$$= \frac{\rho g}{2\lambda}h^2\lambda + \frac{\rho g}{2\lambda}\int_x^{x+\lambda} A^2\left(\frac{1}{2}+\frac{\cos 2(kx-\omega t)}{2}\right)dx$$

∴ $\int_x^{x+\lambda}\cos^2(kx-\omega t)dx = \int_x^{x+\lambda}\left(\frac{1}{2}+\frac{\cos 2(kx-\omega t)}{2}\right)dx$

$\cos 2\theta = \cos^2\theta - \sin^2\theta = 2\cos^2\theta - 1$ → $\cos^2\theta = \frac{1+\cos 2\theta}{2}$

$$= \frac{\rho g h^2}{2} + \frac{\rho g h^2}{4}$$

$$(\overline{PE})_{wave} = (\overline{PE})_{total} - (\overline{PE})_{with\,out\,wave}$$

$$= \left(\frac{\rho g h^2}{2} + \frac{\rho g h^2}{4}\right) - \left(\frac{\rho g h^2}{2}\right)$$

$= \frac{\rho g h^2}{4}$ ∴ (진행파의 위치에너지)

∴ $(\overline{PE})_{with\ out\ wave} = \frac{1}{\lambda}mgy = \frac{1}{\lambda}(\rho h\lambda)g\frac{h}{2} = \frac{\rho g h^2}{2}$

$\frac{1}{\lambda}mgy$: 파장 당 위치에너지를 의미(기하학적으로 위의 개념도에서 wave 영역을 제외한 것으로 바닥에서 h까지의 파장 당 위치에너지를 의미)

► 운동에너지(Kinematic Energy. K.E)

$$\overline{KE} = \frac{1}{\lambda}\int_{-h}^{0}\int_x^{x+\lambda}\frac{dm}{2}(u^2+v^2) \quad \therefore (dm = \rho\, dx\, dy)$$

$$= \frac{1}{\lambda}\int_{-h}^{0}\int_x^{x+\lambda}\frac{\rho(u^2+v^2)}{2}dx\, dy$$

$\therefore u = \frac{\partial \varnothing}{\partial x}$, $v = \frac{\partial \varnothing}{\partial y}$에 $\varnothing = \frac{gA}{\omega}\frac{\cosh k(y+h)}{\cosh kh}\sin(wt-kx)$ 대입

$$u = \frac{\partial \varnothing}{\partial x} = \frac{kgA}{\omega}\frac{\cosh k(y+h)}{\cosh kh}\cos(kx-\omega t)$$

$$v = \frac{\partial \varnothing}{\partial y} = \frac{kgA}{\omega}\frac{\sinh k(y+h)}{\cosh kh}\sin(kx-\omega t)$$

→ $\omega^2 = kg\tanh kh$을 이용해 식 변형

$$u = \frac{\partial \varnothing}{\partial x} = \frac{\omega A}{\sinh kh}\cosh k(y+h)\cos(kx-\omega t)$$

$$v = \frac{\partial \varnothing}{\partial y} = \frac{\omega A}{\sinh kh}\sinh k(y+h)\sin(kx-\omega t)$$

$$= \frac{1}{\lambda}\frac{\rho}{2}\frac{\omega^2 A^2}{\sinh^2 kh}\left[\int_{-h}^{0}\int_{x}^{x+\lambda}[\cosh^2 k(y+h)\cos^2(kx-\omega t) + \sinh^2 k(y+h)\sin^2(kx-\omega t)]dx\,dy\right]$$

$\therefore \cosh^2 A\cos^2 B + \sinh^2 A\sin^2 B$

$= \cosh^2 A(1-\sin^2 B) + \sinh^2 A\sin^2 B$

$= \cosh^2 A + (\sinh^2 A - \cosh^2 A)\sin^2 B$

$\therefore \sinh^2 A - \cosh^2 A = \left(\frac{e^A - e^{-A}}{2}\right)^2 - \left(\frac{e^A + e^{-A}}{2}\right)^2 = -1$

$\therefore \cosh^2 A = \frac{1+\cosh 2A}{2}$, $\sin^2 B = \frac{1-\cos 2B}{2}$

$$= \frac{1}{\lambda}\frac{\rho}{2}\frac{\omega^2 A^2}{\sinh^2 kh}\left[\int_{-h}^{0}\int_{x}^{x+\lambda}[\cosh^2 k(y+h) + [\sinh^2 k(y+h) - \cosh^2 k(y+h)]\sin^2(kx-\omega t)\right]dx\,dy$$

$$= \frac{1}{\lambda}\frac{\rho}{2}\frac{\omega^2 A^2}{\sinh^2 kh}\left[\int_{-h}^{0}\int_{x}^{x+\lambda}[\cosh^2 k(y+h) - \sin^2(kx-\omega t)]\right]dx\,dy$$

$$= \frac{1}{\lambda}\frac{\rho}{2}\frac{\omega^2 A^2}{\sinh^2 kh}\left[\int_{-h}^{0}\int_{x}^{x+\lambda}\left[\frac{1+\cosh 2k(y+h)}{2} - \frac{1-\cos 2(kx-\omega t)}{2}\right]dx\,dy\right.$$

$\therefore \cos\theta$ 한주기 적분은 "0"임으로 cos 항 삭제

$$= \frac{1}{\lambda}\frac{\rho}{2}\frac{\omega^2 A^2}{\sinh^2 kh}\left[\int_{-h}^{0}\int_{x}^{x+\lambda}\left[\frac{\cosh h\, 2k(y+h)}{2}\right]dx\, dy\right.$$

$$= \frac{1}{\lambda}\frac{\rho}{2}\frac{\omega^2 A^2}{\sinh^2 kh}\left[\lambda\int_{-h}^{0}\frac{\cosh h\, 2k(y+h)}{2}dy\right]$$

$$= \frac{1}{\lambda}\frac{\rho}{2}\frac{\omega^2 A^2}{\sinh^2 kh}\left[\lambda\frac{\sinh 2k(y+h)}{4}\right]_{-h}^{0}$$

$$= \frac{1}{\lambda}\frac{\rho}{2}\frac{\omega^2 A^2}{\sinh^2 kh}\left[\lambda\frac{\sinh 2kh}{4k}\right] \quad \therefore (\omega^2 = kg\tanh kh \text{을 이용해 식 변형})$$

$$= \frac{1}{\lambda}\frac{\rho}{2}\frac{kg\tanh kh A^2}{\sinh^2 kh}\frac{\lambda\sin 2kh}{4k}$$

$$= \frac{\rho g}{2}\frac{A^2}{\cosh kh\sinh kh}\frac{\sinh 2kh}{4}$$

$$\therefore \cosh kh\sinh kh = \left(\frac{e^x+e^{-x}}{2}\right)\left(\frac{e^x-e^{-x}}{2}\right) = \frac{e^{2x}-e^{-2x}}{4} = \frac{1}{2}\sinh 2x$$

$$= \frac{\rho g A^2}{4} \quad \therefore (\text{진행파의 운동에너지})$$

⇒ 진행파의 에너지 = 위치에너지 + 운동에너지

$$= \frac{\rho g A^2}{4} + \frac{\rho g A^2}{4}$$

$$= \frac{\rho g A^2}{2} \quad \therefore (\text{진행파의 에너지})$$

9. Energy Flux 및 군속도

진행파의 시간당 에너지를 플럭스(Energy Flux, F)라하고, 에너지가 전파되는 속도인 군속도(Group Velocity, C_g)를 학습한다. 그리고 군속도와 변형의 전파속도인 위상속도와의 차이를 확인한다.

► 에너지 플럭스 및 군속도 계산

$: F = \int_{-h}^{0} P_D u \, dy$

$$\therefore P + \frac{\rho V^2}{2} + \rho g y_B + \rho \frac{\partial \varnothing}{\partial t} = constant$$ → 정수압 무시할 때, $P = -\rho \frac{\partial \varnothing}{\partial t}$

$\varnothing = \frac{gA}{\omega} \frac{\cosh k(y+h)}{\cosh kh} \sin(wt - kx)$ 대입

$$P_D = -\rho \frac{\partial \varnothing}{\partial t} = -\rho[-gA \frac{\cosh k(y+h)}{\cosh h kh} \cos(kx - \omega t)]$$

$$u = \frac{\partial \varnothing}{\partial x} = \frac{kgA}{\omega} \frac{\cosh k(y+h)}{\cosh kh} \cos(kx - \omega t)$$

$\overline{F} = \frac{1}{T} \int_{t}^{t+T} \int_{-h}^{0} -\rho \frac{\partial \varnothing}{\partial t} u \, dy dt \therefore$ ($\overline{F}$: 1주기 평균값으로, 적분과 함께 T나눔)

$$= \frac{1}{T} \int_{t}^{t+T} \int_{-h}^{0} \frac{\rho k g^2 A^2}{\omega} \frac{\cosh^2 k(y+h)}{\cosh^2 kh} \cos(kx - \omega t) \, dy dt$$

$$= \frac{1}{2} \frac{\rho k g^2 A^2}{\omega \cosh^2 kh} \int_{-h}^{0} \cosh^2 k(y+h) \, dy$$

$$= \frac{1}{2} \frac{\rho \omega g A^2}{(\sinh kh)(\cosh kh)} \int_{-h}^{0} \frac{1 + \cosh 2k(y+h)}{2} \, dy$$

$$= \frac{1}{2} \frac{\rho \omega g A^2}{\frac{1}{2} \sinh 2kh} \left| \frac{y}{2} + \frac{\sinh 2k(y+h)}{4k} \right|_{-h}^{0}$$

$$= \frac{\rho \omega g A^2}{\sinh 2kh} \left(\frac{\sinh 2kh}{4k} + \frac{h}{2} \right)$$

$= \frac{\rho g A^2}{2} \frac{\omega}{k} [\frac{1}{2}(1 + \frac{2kh}{\sinh 2kh})] \therefore$ 한 주기 평균 에너지 플럭스

⇒ 1주기 평균 에너지 플럭스 = 에너지 × 군속도

군속도(C_g) = = $\frac{\omega}{k} [\frac{1}{2}(1 + \frac{2kh}{\sinh 2kh})]$

► 군속도(C_g)와 위상속도(V_p)의 비교

: $C_g = \frac{\omega}{k}[\frac{1}{2}(1+\frac{2kh}{\sinh 2kh})]$

<Deep>	<Shallow>
$\sinh 2kh \approx 0$ $C_g = \frac{\omega}{2k}$ $C_g = \frac{V_p}{2}$	$\sinh 2kh \approx 2kh$ $C_g = \frac{\omega}{k}$ $C_g = V_P = \frac{\omega}{\frac{2\pi}{\lambda}} = \frac{\omega\lambda}{2\pi}$

⇒ Deep water에서는 위상속도가 군속도보다 2배 빠르지만 Shallow water에서는 위상속도와 군속도가 동일

즉, Deep water에서는 Wave의 변형의 전파속도가 실제 에너지 전파속도보다 2배 빠르고 Shallow water에서는 동일함을 의미

부록 4. 조선소 업무의 구성

1. 조선소 기능별 구성

조선소의 기능별 구성은 크게 설계, 연구, 조달, 생산, 품질, 시운전, 공무·자재, 보증 및 인사총무로 구분된다. 이해의 편의를 위해 선박건조의 흐름과 건조의 연관성을 고려하여 각 기능을 살펴본다.

설계는 선주와 계약을 담당하는 영업설계를 시작으로 기본설계, 기본계획(조선소의 물량관리 및 전반적인 건조 일정관리 업무수행) 상세설계 및 생산설계로 구분되며, 각각은 설계의 영역(구조, 종합, 철의, 배관 및 전장 등)에 따라 다시 세분화 된다. 주된 업무는 관련 계산서 작성, 도면작성, 물량 발주(선각, 의장), FAT 등이 있다.

연구는 설계 및 건조시 발생하는 문제에 대해서 해결하기 힘든 경우 해결을 위한 기술지원과 미래 성장동력을 발굴하기 위한 기술개발이 주요한 업무이다. 통상 대형조선소에만 있는 기능으로 설계와 생산의 역할을 고려하여 적절히 조직을 구성한다. 예를 들면 구조, 유체, 용접, 프로세스, 전계장 등으로 구분하기도 한다.

조달은 구매, 계약으로 분류되기도 하며, 설계에서 선박건조를 위해 발주된 선각(강판, 형강재) 및 의장품(순수의장품, 기기장비재) 등에 대해 실제 계약업무를 수행한다. 계약시 설계의 기술검토를 지원받아 계약가격 등을 종합적으로 검토하여 진행하고, 계약 이후에는 적기에 설치를 위한 입고관리 업무를 수행한다. 설치 이후 계약서에 따라 AS 조치도 담당한다.

생산은 조달을 통해서 입고된 자재(선각 및 의장품 등)를 이용하여 설계로부터 접수된 생산도면에 따라 실제 건조를 수행한다. 기능상으로 크게 생산일정을 수립하는 역할과 실제 생산 및 생산관리를 하는 역할로 구성된다. 생산 및 생산관리 조직은 선각조립과 의장(철의장, 배관 및 전장)으로 다시 세분화 되며, 옥내외 조건(기후 영향을 비교적 적게 받는 옥내는 선박 건조시 중요한 의미를 갖는다)을 기반으로 선행과 후행으로 나뉜다.

품질은 선박 건조시 조선소 자체적으로 품질을 관리(선주와 선급의 요구 품질을 만족하기 위해 자체적으로 관리)를 수행한다. 크게 기능상으로 구조QM(Quality-Management)과 의장QM(철의장, 배관 및 전장)으로 구분되며, 용접부 검사, 기기장비에 대한 FAT 검사, 설치검사 및 On board test 등을 수행한다.

시운전은 실제 해상시운전 업무를 수행하는 역할을 하며, 일부는 On board test시부터 참여한다. 사실상 선박의 건조가 완료된 상황으로 건조 보다는 운항에 초점을 맞추어 조직이 구성된다. 크게 기능상으로 선상시운전, 기장시운전 및 전장시운전 등으로 구분한다.

공무 및 자재는 건조를 위해 필요한 설비(크레인, 지게차 등에서 용접기, 스페너 등에 이르기까지의 설비)와 Stock 자재(각종 Lifting lug 등의 치구류 관리)을 운영관리 하는 조직이다. 특히 공무에서는 생산 일정에 맞추어 한정된 중장비를 지원하고, 고장 발생시 유지관리를 수행한다.

보증업무는 선박인도 후 제품하자에 대해 AS 처리를 위한 기능을 수행한다. 부품을 교환하거나, 처리가 어려운 경우 Spare part를 제공하는 방식 등으로 선주와 협의를 통해 제품하자에 대해 대응한다.

인사총무는 회사운영을 위한 공통적인 기능을 수행한다. 회사 경영을 위한 재무회계, 신규인력 채용 및 육성 그리고 관리를 위한 감사업무 등을 수행한다.

2. 설계의 기능별 구성

설계는 건조단계에 따른 구분, 선박의 기능별 구분 및 대상 구역별 구분으로 나뉘고, 설계 조직은 기준별 조합을 통해 구성된다.

건조단계에 따른 구분은 영업설계, 기본설계, 상세설계 및 생산설계로 구성된다. 영업설계는 선주와 계약을 위해 선주의 요구사항을 분석하여 계약조건 달성 가능성을 검토하여 선가에 대한 견적산출(물량 추산 포함)과 계약서 작성업무 등을 수행한다. 기본설계는 기본성능의 추정을 위한 계산서 작성과 선형 및 일반배치도 등 기본 외형결정, 구획분할 및 기본배치 등을 수행한다. 상세설계는 기본설계를 바탕으로 주요 구역별로 도면을 분할하고 보다 상세한 설계(구조부재의 배치 및 치수결정, 기기장비 및 의장품 배치 등)를 수행한다. 실제 현대의 조선소는 3D 모델링을 통해 가상의 공간에서 선박을 건조하는 과정이라 할 수 있다. 또한 상세설계의 주요한 임무는 물량을 발주하는 것이다. 생산설계는 상세설계에서 확정한 설계정보를 바탕으로 제작도면과 설치도면을 작성 한다. 통상 제작도면은 3D 모델링을 활용하여 다양한 View를 만들어 치수를 기입하는 방식으로 작성되며, 설치도면은 선체모델을 불러 Back drawing 형태로 설치구역을 나타내고 설치대상을 Frame 또는 Longi로부터 거리와 Deck로 부터 높이를 표기하는 방식으로 작성된다.

선박의 기능별 분류는 구조설계, 종합설계(구획구분, 복원성 및 시운전 시 기본성능 관련업무 수행), 철의장설계, 배관설계, 전장설계 및 선실설계(선실설계 관련 배관, 공조 및 목의장 일체를 담당)로 구성된다. 기능별 구조는 종합설계와 선실설계을 제외하고는 이름에서 그 역할을 분명히 구분할 수 있음에 따라 자세한 설명은 생략한다.

대상 구역별 분류는 선장구역, 기장구역 및 선실구역으로 나뉜다. 기장구역은 기관실 구역을 의미하고, 선장구역은 기관실 및 선실을 제외한 모든 구역을 말한다.

실제 조직의 구성은 조선소 현황에 맞게 구성되며, 예를 들면 구조기본분야는 구조기본설계, 구조상세설계, 구조생산설계, 기본계획(기본종합설계), 종합설계와 같은 방식으로 구분되고, 의장분야은 선장철의설계, 기장철의설계, 선장배관설계, 기장배관설계, 선실설계 및 전장설계로 구분한다.

부록 5. 기술사 취득에 관한 안내

기술사에 관한 설명에 앞서 공대생에게 유용한 시험 또는 자격에 대해서 간략히 언급한다. 많은 유용한 것들이 있겠지만 크게 3가지를 예를 들어 설명하면, 변리사, 기술고시 및 기술사가 있다. 각각은 법령과 공학을 함께 공부해야 하는 공통점이 있고, 변리사가 법령의 비중이 크고, 기술사가 공학의 비중이 크다. 취득 방법과 유용성은 차이가 있고 자세한 내용은 간단한 검색을 통해 확인할 수 있다. 다만, 공학도에게 석박사의 학위를 받기 곤란(돈, 시간, 공간적 제약 등)한 경우, 개인의 노력을 통해 성취할 수 있는 가치 있는 것임에는 분명하다.

저자의 경험에 기반한 기술사 취득 방법을 안내한다. 그리고 지금 설명하는 내용은 단순한 기술사 자격증 취득을 위한 방법보다는 기술사 자격에 맞는 지식을 쌓는 방법이라 말하고 싶다. 먼저 기술사 응시자격에 대해 파악해야 하며, 이는 q-net을 통해 확인하면 된다. 공대나 기술분야에 있는 사람이라면 기능장, 기능사, 산업기사, 기사 및 기술사의 구조에 대해 알고 있을 것이라 생각된다. 따라서 기사를 기준으로 특징을 설명한다.

기사는 1차 시험에서 5개가량의 분야에 대해 100분 정도의 제한시간 내에 총 100문제 가량의 객관식 문제를 풀고, 2차 시험은 1~2시간가량의 제한시간에 계산을 동반한 주관식 시험을 치른다(시험에 따라, 도면작성 등의 실기시험이 추가되기도 한다). 이에 반해 기술사 시험은 1차 시험에서 4개 과목에 대해 각각 100분의 제한시간 동안 제시된 문제 중에서 제안된 수만큼 문제를 선택하여 자유형식으로 기술한다. 그리고 2차 시험은 30분 가량 3명 정도의 심사위원을 통해 구술면접으로 진행된다.

시험의 성격과 목적이 매우 다르다. 기사는 해당 분야의 필수 개념을 정확히 이해했는가를 확인하는 것이라면, 기술사는 해당 분야의 폭넓은 지식과 궁극적인 know why에 대해 이해를 바탕으로 종합적인 시각에서 제시된 문제에 대해 견해를 밝힐 수 있는가를 본다.

따라서, 기사는 한정된 범위에서 문제은행 방식으로 출제되기 때문에 일정한 시간과 노력을 투입하면 취득할 수 있지만, 기술사는 관련 분야에 대해 무엇이든 물어보는 시험으로 해당 분야에 대해 지식을 가지고 문제에 대한 주관을 논리적으로 풀어낼 수 있어야 한다.

이처럼 시험의 다른 성격 때문에 기사취득 없이 기술사 공부를 권하기도 하고 실제로 합격으로 이어지기도 한다. 다만 기술사는 학습범위가 방대하기 때문에 해당 분야의 뼈대(혹은 핵심내용)를 인지하기에는 어려움이 있을 수 있다. 그리고 뼈대 위에 살을 붙이듯 학습하지 않고 산발적인 학습을 한 경우, 기술사 합격을 하더라도 지식은 빠르게 휘발되며, 다시 학습할 때 많은 시간이 소요될 수 있다.

따라서, 기술사 시험은 기사시험을 통해 뼈대를 구축하고, 지식의 폭을 넓힌 후 여러 지식을 조합하여 풀어내는 연습을 반복하는 방식으로 학습해야 한다. 그렇게 되면 지엽적인 지식은 휘발되더라도 뼈대는 남아 조금의 노력으로 지식의 상태를 손쉽게 회복할 수 있다. 그렇다면 뼈대는 무엇인가라는 물음이 생긴다. 생각보다 손쉽게 확인할 수 있다. 기사시험의 출제범위를 살펴보면 목차와 같이 일목요연하게 나와 있다. 그리고 기사시험 대비 책자도 이와 동일하게 구성되어 있다.

따라서 첫 번째 단계는 핵심내용의 의미, 수식 및 관련 계산에 대해 익힌다. 기술사 시험에서 일부 기술사를 제외하고는 계산문제의 비중은 낮지만 출제시 정확하게 풀면 감점없이 해당 문제에 대해 높은 득점이 가능하다(정확히 알려진 것은 없으나, 필기시험 시 3명의 심사위원이 채점을 하고 평균을 내는 방식으로 진행됨에 따라 서술식은 주관에 따라 감점이 발생하지만 계산문제는 풀이와 정답이 맞는다면 감점의 여지는 낮다). 또한 기술사를 합격하더라도 수식과 계산에 기본이 탄탄하지 않다면 항상 마음 한 켠의 짐으로 남을 수 있다.

두 번째는 지식의 양을 늘리는 단계이다. 응시하고자 하는 분야에 기술사 책을 하나 고른다(응시생이 적은 과목은 이러한 책이 없는 것이 문제인데, 조선기술사도 이러한 책이 없다. 이 책을 통해 조선기술사를 준비하는 분들을 위해 조금이나마 도움이 되고자 했다. 집필의 이유 중 하나다). 책이 짜임새가 있으면 좋고 만약 짜임새가 본인의 생각과 다르거나 기술사 책이 없다면, 핵심내용을 바탕으로 기술사 책을 재정립하거나, 관련 분야의 책을 구해 핵심내용별로 지식의 양을 확장한다.

세 번째는 자신의 주관은 쌓는 단계이다. 기술사 시험에서 답변이 천편일률적인 경우 고득점을 받기도 어렵거니와 범위가 없는 시험에서 모든 경우에 대해 답을 하기란 쉽지 않다. 따라서 문제를 보고 자신의 지식을 끌어와 문제와 연결하여 설명하고 본인의 주관을 더하여 대안을 설명하는 방법을 채득해야 한다. 가령 예를 들면, Mooring fitting의 종류와 기능에 대해서 논하라는 문제가 출제되었고, Mooring fitting에 대한 지식의 깊이가 깊지 않다고 하자. 이러한 경우 핵심적인 내용의 흐름(뼈대)을 알고, 관련에 분야에 대한 약간의 지식과 자신의 주관을 녹이는 방식이 체득되어 있다고 하면 최상의 단계는 아니지만 기술사로서 공학적으로 유의미한 답변을 적을 수 있게 된다. 먼저 Mooring의 정의 또는 개념을 설명한다(선박을 항구 등에서 정박시키기 위한 기능). 그리고 설계 및 운용 시 주요제약 조건에 대해서 언급한다(풍압 및 조류에 의해 선박에 발생하는 외력을 견딜 수 있어야 함. 선적 및 하역시 흘수변화에 대해 수용할 수 있어야 함. 종횡방향에 대해 선수미 대칭으로 하중을 분담 할 수 있어야 함... 등등 많은 내용을 서술할 수 있음). 다음으로 Mooring fitting의 목적과 분류에 대해서 서술한다(계류를 위해서 본선과 안벽을 잇는 로프를 고정해야 하며, 이러한 로프를 손상 없이 원활하게 연결하기 위한 수단이 Mooring fitting이다. 그리고 Mooring fitting의 기능적 분류는 로프의 변곡점에 설치하여 손상을 저감하는 것과 로프를 묶어 고정 설치하도록 하는 것에 있음을 적는다). 그리고 풍부하지 않더라도 알고 있는 범위 내에서 Mooring fittig의 종류를 기입한다 (Bollard, Chock, Cross bit 등). 끝으로 가능하다면 현업에서의 문제점과 개선책을 짧게라도 언급한다(예를 들면 Mooring rope 절단시 사고를 줄이기 위해 Mooring fitting의 표면처리를 강화할 필요성 있다는 수준으로 문제와 대안을 제시한다).

다시 정리하면, 관련 분야에서 핵심내용에 대해서 뼈대를 가지고 있으면, 어떤 문제이든 해당 분야에서 어느 위치에 속하는 문제인지 알 수 있다. 그리고 그 핵심내용을 기반으로 확장된 지식을 활용하여 제시된 문제와의 연관된 정보를 떠올린다. 끝으로 문제에 대한 개인의 생각을 정리한다. 내용을 정리하는 패턴은 거시적 관점에서 해당 분야와 제시된 문제와의 연관성을 토대로 개념, 정의를 적는다. 그리고 다시 미시적 관점에서 해당 문제와 관련된 개념, 정의 및 종류를 적는다. 끝으로 실무적인 문제점과 대책 또는 향후 예상되는 기술 동향 등을 적는다. 내용을 적을 때는 개조식으로 작성하며, 관련 이론에 대한 수식과 도표 등을 함께 표현(평소에 도표나 선도 등을 간략화하여 그릴 수 있도록 연습한다)하면 더욱 좋다. 만약, 제2편을 읽었다면 위와 같은 논리 전개는 익숙할 것이다. 제2편은 위의 내용에 따라 작성되었기 때문이다. 제2편의 내용을 읽으면서 위와 같은 논리 전개에 대해 익숙해지는 것을 권한다.

조금 더 디테일한 내용을 살펴본다. 통상 1차 시험은 4개 교시로 이루어지고 각각 100분의 시간이 주어진다. 단색 볼펜으로만 작성하며, 틀렸을 경우 두 줄을 긋는 것으로 하고 별도의 수정은 불가하다. 1교시는 제시된 13문제 중 10문제를 골라 순서에 무관하게 문제와 답을 서술하면 된다. 따라서 5분 안으로 답변하고자 하는 문제를 고르고 자신 있는 순서대로 답변순서를 정한다. 문제 선정이 끝나면 각 문제당 30초 이내로 논리 전개를 머릿속에 떠올리고 9분 동안 작성한다. 주의할 사항은 처음에 자신 있는 문제를 서술하다 보면 9분을 넘기기 쉽고 그러면 다음 문제를 풀이할 여유가 사라진다. 문제당 배점은 동일하고 3명의 심사위원의 합산으로 이루어지기 때문에 전체 문제에 대해 답변의 밸런싱이 중요하다. 2교시부터 4교시는 6문제 중 4문제를 골라 서술한다. 5분 내외로 문제를 고르고 각 문제당 논리전개를 1분 가량 고민 후 23분 동안 답안을 작성한다.

1차 필기시험은 아침부터 저녁까지 이루어지고 계속 서술이 이루어지기 때문에 손에 무리 없이 잉크가 번지지 않는 팬을 선정하여 부드럽게 쓰는 연습을 해야한다. 각 교시 사이에 쉬는 시간에는 개인용무를 본 다음 해당 교시 주제 중 다시 확인이 필요한 사항에 대해 리마인드 한다. 2교시 이후에는 점심시간이며, 응시장 여건에 따라 점심식사를 위해 이동이 길어질 수 있기 때문에 소화가 잘되는 음식으로 평소의 70~80%의 양을 미리 준비하여 응시장에서 식사를 하도록 한다(응시장에서 식사가 가능하다). 그리고 커피나 카페인 등 이뇨작용에 민감한 사람이라면 해당 음식은 피한다. 3,4교시는 위의 요령과 동일하다.

1차 필기시험은 응시과목 별로 다르지만 작게는 2% 많게는 10% 초반대의 합격률을 보인다. 1차 합격 후 q-net 홈페이지를 통해 간단히 경력사항을 등록한다(예전에는 없었지만 근래 면접위원에게 참고 정보로 제공되도록 작성한다). 등록 시 글자 수가 제한되어 있기 때문에 근무기간, 수행업무를 중심으로 자신을 잘 어필할 수 있도록 적어야 한다. 물론 사실에 입각하여 폭 넓고 깊은 이해가 있음을 보여 줄 수 있도록 작성한다. 2차 면접시험은 한국산업인력공단 서울 본부에서 실시된다. 면접시간에 따라 전날 서울에서 숙박을 해야 할 수도 있기 때문에 미리 일정을 관리해야 한다. 응시장에 도착하면 수험표를 배부받고 대기하며, 만약 해당 조에서 면접 순위가 뒤에 있다면 30~60분 가량 대기 할 수 있기 때문에 그 시간을 활용하여 볼 수 있는 자료를 준비해도 좋다. 4명이 한 조를 이루어 면접 장소로 들어가게 되며, 응시생은 각 심사 부스로 떨어져서 3명의 심사위원과 1명의 응시생으로 면접이 진행된다. 3명의 심사위원은 사전에 작성한 경력사항 등의 자료를 가지고 있으며, 응시생은 각 응시 장소로 이동하여 간단히 인사 후 심사위원과 책상 앞에 놓인 의자에 앉아서 본인 소개를 시작한다. 1차 필기시험에 합격한 실력이라면 면접의 기본적인 자세에 대한 설명을 생략한다. 면접은 25분 가량 진행되며, 꼬리에 꼬리를 무는 방식으로 면접이 이어진다. 통상 면접위원은 교수 및 해당분야 기술사로 구성되며 이론과 실무에 관한 내용을 묻는다. 기본적인 답변은 1차 시험의 요령과 같다. 다만, 구술로써 풀어낼 뿐이다. 차이점은 한 번에 긴 답변을 하는 것보다 질문에 핵심적인 내용 위주로 답변하여 문답이 끊이지 않고 이어지게 하는 것이 중요하다. 정확히 아는 내용이면 역으로 짧게 답변하여 추가 질문을 유도한 후 명쾌한 답변으로 좋은 인상을 주는 것도 전략적인 방법이다. 만약, 모르는 내용이 있다면 솔직하게 모른다고 답변하는 것이 중요하다. 그리고 본인이 잘 알고 확신이 있는 분야인데 면접관의 생각과 다르면 적절히 넘어가야 한다. 면접임을 기억하고 면접관과 대치되는 상황은 피해야 한다. 처음부터 끝까지 나이 및 직급 고하를 떠나 응시생으로서 겸손함을 잃지 않도록 한다. 면접이 끝나면 자리에 일어나 인사를 끝으로 퇴장하면 2차 면접시험이 마무리 된다. 퇴장 후 면접에 관한 내용을 다른 응시생과 이야기하지 않고 바로 귀가 하도록 한다(진행요원이 안내하는 사항이나 불필요한 송사에 휘말리는 일이 없도록 안내한다). 끝으로, 마인드에 관한 내용을 덧붙인다. 기술사가 무엇이고 어떠한 자세를 갖추어야 하는지에 대해서 알아보고 개인의 영달보다는 보다 나은 사회가 되는데 기여하도록 하겠다는 자세가 중요할 것으로 생각된다. 말은 생각의 표현으로 작은 부분에서 묻어나기 때문이다.

부록 6. 어선관련 국내외 동향

1. 어선과 조선산업

흔히들 조선산업이라 하면 중후장대한 대형조선소에서 큰 규모의 상선을 건조하는 장면을 떠올린다. 그렇다면 처음부터 대형 상선이 규모화 된 조건에서 건조 된 것일까? 그리고 현재 그러한 환경만 존재하는 것일까?

이 책을 읽은 분들에게, 특히 조선공학도들에게 조선의 관점에서 다른 분야가 있음을 소개하고자 부록에 어선 관련 내용을 담는다. 어선은 「어선법」에 따르면 어업, 어획물 운반업 및 수산물가공업에 종사하는 선박과 이와 관련된 지도선, 조사선, 단속선 및 시험 교습에 관한 관공선까지 포괄한다. 하지만 국제법에서 어선이라 함은 실제 상업적 어업 행위를 하는 선박에 국한하기도 한다. 어업을 하는 선박(이하 어선)에 좁혀서 보면, 어선은 바다로부터 수산동식물을 포획 및 채취하는데 사용되는 도구로 오래전부터 사용되어 왔고, 조선업과 맥락을 함께해 왔다.

그렇다면, 지금은 어선과 관련된 조선업이 사라진 것일까? 그렇지 않다. 국내는 6만 5천여 척의 어선이 존재하고, 280여 개의 조선소와 70여 개의 설계사가 존재한다. 그리고 매년 2천 척 내외로 어선이 건조되고 있다. 국내에서 매년 2천여 척이 건조되는 것을 강조하여 말하고 싶다. 조선산업의 관점에서 보면 크게 해운국과 조선국으로 분류될 수 있다. 해운국은 해상운송을 통한 운임 또는 용선료를 이용하여 수익을 창출하고, 조선국은 선박건조를 통해 수익을 창출한다. 해운국은 세계 무역흐름에 따른 물동량과 선박운임에 따라 운용하는 선박의 수를 늘릴지 투자여부를 결정하게 되며, 조선국은 이에 따라 선박을 수주하게 된다. 한 국가에 해운과 조선의 기능이 이상적인 비율로 활성화 되어 있으면 좋지만, 조선국의 성격이 강하다면, 세계경기의 영향을 보다 강하게 받는 구조가 된다. 조선산업에 경기가 있고 10년 호황에 10년 불황의 주기가 있다는 산업계의 속설은 이와 연관이 있다. 조선산업의 호황기는 누구나 좋지만, 불황기에 접어들고 내수시장이 없다면

이에 대비한 충분한 경쟁력을 갖추고 있어야 한다. 이와 같은 맥락에서 어선의 관점으로 돌아가면, 연간 탄탄한 발주 물량을 바탕으로 내수시장이 형성되어 있다는 점은 조선산업 측면에서 강점이 된다. 어선은 어업에 관한 권한(허가, 면허 및 신고)이 있어야 하고, 수산자원 관리를 위해 감척이 진행되는 만큼 그 척수가 폭발적으로 증가하기는 힘들지만 6만 5천여 척의 많은 척수를 바탕으로 꾸준히 노후어선이 대체되는 신조선 시장이 형성되어 있는 구조라 할 수 있다. 그러나 3천여 척의 원양 및 근해어선을 제외하면 대부분 소형어선으로 산업의 규모에 한계가 있다.

이와 같은 국내상황에 비추어 보면, 어선건조 산업은 작지만 탄탄한 시장임을 알 수 있다. 해외로 시야를 넓혀보면, 상황은 변화한다. 동남아시아는 도서국가가 많으며 대표적인 예로 인도네시아는 7만 5천여척의 어선이 존재하며, 필리핀은 수산업 국가로 목선에서 선질 대체가 진행되고 있다. 그리고 조선강국의 이미지로 인해 우리나라의 조선산업에 많은 관심이 있는 상황이다. 우리나라의 어선 중 95% 가량이 FRP 선질로 이루어져 있고, 해외동향을 비추어 볼 때 시장의 확장성은 크다.

앞서 설명한 내용은 한 가지 조건을 전제로 하고 있는데, 바로 연근해 어선(연근해 어선은 「수산업법」에 따라 국내총톤수 140톤 이내로 제한됨)으로 비교적 규모가 작은 경우에 해당된다. 큰 규모의 원양어선은 대부분 대만과 일본으로부터 사용되던 어선을 수입하고 있는 상황이다. 최근 국내에서 건조되는 움직임이 생기고 있다. 국내에는 200여척의 원양어선이 등록되어 있고, 편의국적을 고려하면 더 많을 수 있다. 중소형 어선과 차별하여 대형어선에도 확장성이 있음을 시사한다.

국내 어선건조산업을 규모화 하고 동남아국가를 중심으로 외연을 확장하며, 원양어선 등 대형선에 대해서도 국내건조를 증가시킨다면, 탄탄한 기간산업으로 도약이 가능할 것으로 기대된다.

하지만, 이러한 모멘텀을 장기적으로 이어가기 위해서는 중장기적인 노력이 동반되어야 한다. 예를 들면 지금 동남아시아 국가에 FRP 어선을 수출한다고 다면, 그 다음은 무엇을 판매할 것인가라는 것에 고민이 필요하다. 소형 FRP어선을 건조하는 것은 고난이도의 기술력이나 설비가 요구되는 것이 아니기 때문에 장기적인 관점에서 엔지니어링을 판매할 수 있어야 한다. 소형어선에 특화된 설계 프로그램, 설계변수 변경에 대한 기본성능 평가 프로그램 등이 있을 수 있다.

중소형 선박, 특히 그 중에 어선에 대한 조선산업의 실태와 가능성에 대해서 간략히 소개했다. 현재의 산업규모가 작고 낙후된 것으로 인식될 수 있으나, 그 너머의 탄탄한 소비층과 확장에 대한 가능성을 보았기를 기대해 본다.

2. 어선에 관한 국제협약

IMO를 중심으로 어선과 관련한 국제사회의 동향에 대해 소개한다. 앞서 산업에 대한 동향을 살펴보았다면, 지금부터 소개하는 내용은 어선과 직간접적으로 연관된 국제협약에 대한 내용이다.

소개하고자 하는 협약은 '케이프타운 협정(토레몰리노스 협약, 토레몰리노스 의정서)', '어선원의 훈련, 자격증명 및 당직근무의 기준에 관한 협약(STCW-F)', '어선원노동협약 C 188' 및 '항만국 조치협정(PSMA)' 4개의 협약이다. 4개 협약이 갖는 의미를 요약하면, 어선을 어떻게 안전하게 건조해서, 운용하며, 그 운용자의 근로여건 등은 어떻게 관리하는지가 '케이프타운 협정'에서 '어선원노동협약 C 188'까지의 내용이다. 그리고 '항만국 조치협정(PSMA)'은 상선에는 없는 어선에만 있는 독특한 사항으로 상선의 '항만국 통제(PSC)'와 대비되는 개념이다. 다만, '항만국 통제(PSC)'가 선박의 안전을 항내에서 검사하는 것이라면, '항만국 조치협정(PSMA)'은 불법어업을 근절하기 위해 항내에서 검사를 실시하는 것이다. 각 협정의 목적과 개념을 간략히 설명하고, 어선의 건조와 관련된 '케이프타운 협정'을 중심으로 각각의 협약이 갖는 의미를 살펴본다.

'케이프타운 협정(토레몰리노스 협약, 토레몰리노스 의정서)'은 간단히 말하면 어선 안전에 관한 국제협약으로 어선에 대한 '해상인명안전협약(SOLAS)'와 같다. SOLAS협약은 적용대상에서 어선이 제외된다. 따라서 어선안전에 관한 국제협약은 지금까지 발효되지 않은 상황이라 할 수 있다('토레몰리노스 협약 1977'이 논의 된 것은 '해상인명안전협약(SOLAS 1974)'와 비교해보면 3년 밖에 차이가 나지 않지만, SOLAS협약은 발효되고 계속 보완 발전되어 온 것에 비하면 '토레몰리노스 협약 1977'은 '토레몰리노스 의정서 1993', '케이프타운 협정 2012'로 발효에 대한 노력이 있었으나, 미발효 된 상태로 머물러 있다). 그리고 동 협약에 대해서는 IMO에서 관리하고 있다.

'어선원의 훈련, 자격증명 및 당직근무의 기준에 관한 협약(STCW-F)'은 상선의

‘선원의 훈련, 자격증명 및 당직근무의 기준에 관한 협약(STCW)’과 대비되는 것으로 어선의 안전한 조업 및 운항을 위해 어선을 운용하는 어선원의 자격관리와 당직근무에 관한 내용을 다루고 있고, 2012년 발효되었다. 동 협약 역시 IMO 산하의 협약이다.

‘어선원노동협약 C 188’은 상선의 ‘해사노동협약(MLC)’에 대비 되는 협약이다. 어선원의 근로여건을 보장하기 위해 근무조건, 거주구역 및 식량, 산업안전보건, 의료관리 및 사회보장 등 승선시 최저 요구사항을 규정하고 있다. 2017년 발효되었으며, 국제노동기구(ILO: International Labour Organization)의 협약이다. 어선에 있어서 주목할 사항은 편의성 확보를 위한 거구주역에 대한 기준이 명시되어 있어, 건조시 영향이 발생된다.

‘항만국 조치협정(PSMA)’는 불법어업 의심 선박에 대해 입항, 항만 서비스 사용 등을 제한함으로써 불법수산물의 유통 차단하여 불법어업을 근절하는데 목적이 있다. 2009년 발효되었고, 국제연합식량농업기구(FAO: Food and Agriculture Organization of the United Nations)의 협약이다.

각 협약의 목적 및 핵심개념을 살펴보았고, 이와 연관된 2022년 현재의 국제적 동향을 살펴본다. 앞서 설명에서 유일하게 발효되지 못한 협약은 ‘케이프타운 협정’이다. 어선의 해양사고로부터 안전관리에 관한 국제적 요구는 높아지고 있다(예를 들면 북극 인근지역에서 SOLAS협약을 적용받지 않는 선박인 어선, 요트 등의 사고가 증가하자 인근국가를 중심으로 SOLAS협약 중 POLAR Code만이라도 확대적용 하자는 움직임 등이 있음). 그리고 PSMA와 C 188에도 불구하고, 어선을 이용한 불법어업과 어선에서의 노동인권에 관하여 지속적으로 문제가 제기되어 왔다. 이에 따라 어선안전을 강화하고자 하는 IMO와 불법어업을 근절하고자 하는 FAO는 ‘케이프타운 협정’을 발효하기 위해 각 국에 비준을 촉구하고 있다. 큰 흐름은 불법어업과 노동인권이 무시되는 환경에서 생산된 어획물은 유통을 제한하겠다는 것이다. 이와 같은 배경에서 ‘케이프타운 협약’을 발효하여 안전을 담보하고, 어선검사를 통한 어선의 등록정보를 활용하여 불법어업을 관리하겠다는 것이다.

그렇다면, ‘케이프타운 협정’이 발효되면 국제적 흐름이 어떻게 흘러갈 것인가에 대해 예측해 볼 필요가 있다. ‘케이프타운 협정’의 큰 축 2가지는 어선검사와 항만국 통제 기능의 신설에 있다. 어선검사를 통해 안전성을 담보하고 동 협약에 비준한 비준국의 항에 입항하는 모든 어선(비준하지 않은 국가의 어선이라 할지라도)에 대해 항만국 검사를 통해 협약에 따른 안전수준을 관리하도록 하는 것이다. 이를 통하여 앞서 말한 국제기구에서 요구하는 목적을 달성 할 수 있을 것이다. 하지만 책의 주제에 맞게 조선산업의 관점에서 영향을 예측해 본다.

엄밀히 말해, 'SOLAS협약'에 비교하면 '케이프타운 협정'은 Old fashion한 부분이 많다. 하지만 발효가 시급한 상황임에 따라 발효 전까지 개정은 요원해 보인다. 그럼에도 불구하고, '케이프타운 협정' 수준으로 어선의 안전을 관리하는 국가와 그렇지 못한 국가로 양분화될 것이다. IMO를 중심으로 발효 촉구를 위해서 각국의 법률과의 Gap analysis 등을 지원하지만 단기간에 조업산업 전반에 대한 개선과 검사기능을 수행 하기에는 어려움이 있을 것으로 보여지며, 이 관점에서 2가지 시장이 창출될 것으로 예상된다. 첫 번째는 대형선을 중심('케이프타운 협정'의 적용대상은 길이 24미터 혹은 국제총톤수 300톤 이상에 해당)으로 개조·수리 및 신조선 발주가 있을 것이다. '케이프타운 협정'은 발효를 위해 현존선에 대한 점진적 기준 적용을 제시하고 있으나, 장기적 관점에서 대체 수요는 증가할 것이다. 두 번째는 검사시스템이다. 비슷하게 보이지만, 건조와 검사는 다른 영역이다. 설령 협약조건에 맞추어 건조가 되었다고 하더라도 건조검사 및 정기적 검사 등 실제 검사능력에서 부터 증서발급 및 관리에 이르기까지 검사운영 체계가 없다면 협약을 이행하기 곤란하다. 따라서 국내검사 기관을 중심으로 검사시스템을 수출할 수 있는 시장이 열릴 것으로 생각된다.

매우 긴 호흡에서 보면 이와 관련된 비즈니스 모델은 지속적으로 확대될 것이다. 상선에서 어선으로 확대되듯 여러 가지 이유로 어선 내에서도 대형어선에서 소형어선으로 안전관리는 강화될 것이다. 쉽게 생각하면 대형선의 기준을 소형선에 적용하면 간단할 것으로 판단되지만 실상은 그렇지 않다. 소형선은 공간제약이 많아 대형선의 기준을 모두 만족할 수 없다. 그렇다면 어떻게 소형선의 적합한 안전기준을 제시하고, 이에 부합되는 어선을 건조하며 어떻게 검사할 것인가 하는 문제가 발생한다. 이것은 굉장히 어려운 문제이지만 흥미롭고 극복한다면 시장을 선도 할 수 있을 것이다. 소형어선(혹은 소형선박으로 확장하여 생각하자)의 안전기준과 이를 실현할 건조 및 검사기술에 대해서 지속적으로 개발하고, IMO를 통해 국제사회에 발의하게 된다면 그 결과는 조선관련 산업에 있어 매우 희망적인 일일 것이다.

참고 1 「케이프타운 협정」

□ 협약의 변천

○ 어선에 관한 국제적 안전기준을 마련하기 위해 1977년부터 3차례에 걸쳐 국제해사기구를 중심으로 발효를 논의

○ 그러나 각국은 협정기준에 대한 이견*과 부담 등을 이유로 가입을 유보함에 따라 발효 지연

* 동일한 길이일 때, 아시아 어선이 유럽보다 작아 적용기준(길이 vs 톤수)에 대해 이견 → 길이와 Tonnage간 환산기준(24m ↔ 300GT) 마련 및 '공해운항' 어선에 한정하여 적용('12년)

< 협정 추진경과 >

① 토레몰리노스 국제협약(1977년)

: 어선안전에 관한 국제기준을 마련하기 위해 추진하였으나, 협약에 따른 안전기준 적용에 대한 각국의 부담과 엄격한 발효조건으로 미발효

* (발효조건) 15개국 이상 가입 및 각국 24m↑ 어선의 총 척수가 전세계선복량의 50% 이상

② 토레몰리노스 의정서(1993년)

: 토레몰리노스 협약('77)의 일부 안전기준을 개정하는 등 발효를 위해 기술조건을 완화하였음에도 불구하고, 각국의 가입이 저조하여 발효되지 못함

* (발효조건) 15개국 이상 가입 및 각국 24m↑ 어선의 총 척수가 14,000척 이상

③ 케이프타운 협정(2012년)

: 토레몰리노스 의정서('93)의 조속한 이행을 위해 협약대상 기준인 길이를 톤수로 환산할 수 있는 규정 및 면제규정을 추가하고, 발효조건을 완화하였으나, 미발효

* (발효조건) 22개국 이상 가입 및 각국 24m↑ 어선의 총 척수가 3,600척 이상

□ 협약 개요

○ **(목적)** 어선의 건조 및 검사에 관한 기준을 규정하여, 어선의 안전을 확보하기 위한 국제기준 마련

ㅇ **(적용대상)** 길이 24m 이상의 공해운항 어선이 원칙이나, 길이 24m 기준을 총톤수 300톤 기준과 동일하게 적용 가능(→ 당사국 재량으로 선정)

ㅇ **(적용시기)** 길이 24m 이상의 신조선은 발효시 부터 적용하고, 현존선은 부분적용하되, 5~10년의 경과규정을 설정

ㅇ **(발효조건)** 22개국 이상의 국가에서 가입하고, 가입국의 24m 이상 국제항해 어선의 총 합계가 3,600척 이상인 경우(1년 뒤 발효)

ㅇ **(주요내용)** 적용대상, 발효 및 제재조건 등을 명시한 본칙과 구조, 기관, 복원성, 설비 및 선원훈련 등 세부기준에 관한 부속서*로 구성

* 부속서(10장): (1장)총칙, (2장)구조, (3장)복원성, (4장)기관 및 전기, (5장)방화 및 소방, (6장)선원보호, (7장)구명설비, (8장)선원훈련, (9장)무선설비, (10장)항해설비

케이프타운 협정(배 길이 24m↑ 어선 대상)				
장	내용	적용		적용 시기
		신조선	현존선	
1	총칙	-	-	◆ 발효요건을 충족하는 날로부터 1년 뒤 발효 • 신조선: 발효시 • 현존선: 경과조치 5년 (다만, 무선설비는 경과 조치 10년)
2	구조 및 설비	24m 이상	-	
3	복원성	24m 이상	-	
4	기관 및 전기설비	45m 이상	-	
5	소방설비	45m 이상	-	
6	선원보호	24m 이상	-	
7	구명설비	45m 이상	45m 이상	
8	비상조치·소집 및 훈련	24m 이상	24m 이상	
9	무선설비	45m 이상	45m 이상	
10	항해설비	24m 이상	24m 이상	

장	SOLAS* (500톤↑ 화물선 등 대상)
1	일반사항
2	구조, 복원성, 기관·전기·소화설비
3	구명설비
4	무선설비
5	항해안전
6	화물운송
7	위험물운송
8	원자력선
9	안전운항 관리
10	고속선 안전조치
11	해상안전 특별조치
12	산적화물선 추가조치
13	준수의 검증
14	극지운항 안전조치

* SOLAS 예외대상: 어선 / 군함 / 500톤↓ 화물선 / 무동력선 / 목선 / 요트

참고 2 STCW-F / PSMA / C-188

□ STCW-F 협약[1)]

○ **(목적)** 어선원의 훈련, 자격증명 및 당직근무의 국제적 기준을 마련하여 해상에서의 어선원 인명과 재산의 안전을 강화하기 위함

○ **(적용대상)** 무제한 수역(Unlimited Waters)에서 조업하는 길이 24m이상 어선

○ **(현황)** 2012년 발효

○ **(협약구성)** 적용범위와 항만국통제에 관한 본문(15개 조문)과 훈련 자격증명 및 당직근무에 관한 첨부(1개 부속서, 9개 결의서)로 구성

○ **(핵심내용)** 어선에 대한 항만국 통제가 가능함으로서, 비준국의 항구 내에 정박하는 어선은 본 협약 준수해야 하고 인명·재산 또는 환경오염과 관련하여 결함이 있을 경우 출항금지 등의 조치 가능

□ 항만국 조치협정 (PSMA)[2)]

○ **(목적)** 불법어업 의심 어선에 대해 입항, 항만 서비스 사용 등을 제한함으로써 불법 수산물의 유통 차단을 도모

○ **(적용대상)** 자국의 항구에 입항하려 하거나 旣 입항 중인 타국 선박*

* 어업[1)] 또는 어업관련 활동[2)]을 위해 사용되거나, 사용되기 위한 장비를 갖춘 선박

> 1) 어업: 어류의 탐색, 유인, 위치 파악, 어획, 채포, 수확
> 2) 어업관련 활동: 어업을 지원하거나 준비하는 활동(어류의 양륙, 포장, 가공, 전재, 운반, 인력·연료·장비 및 보급품 제공 포함)

---

1) STCW-F: International convention on Standards of Training, Certification and Watchkeeping for Fishing vessel personnel
2) PSMA: Agreement on Port State Measures to Prevent, Deter and Eliminate Illegal, Unreported and Unregulate (IUU) Fishing

○ **(현황)** 2009년 발효

○ **(발효조건)** 수락, 승인 또는 가입서가 수탁자(FAO 사무총장)에게 기탁된 지 30일 이후 발효

○ **(협약구성)** 항구지정*, 입항관리 및 항구사용 등의 내용을 다루고, 전문, 본문(10부 37조) 및 부속서(A, B, C, D, E)로 구성

* 항만국은 선박이 입항할 수 있는 항구를 지정하여 공개하고 그 목록을 FAO에 제출

□ 어선원노동협약 C 188 (어업노동협약,WFC[3])

○ **(목적)** 어선원의 근무조건, 거주구역 및 식량, 산업안전보건, 의료관리 및 사회보장 등 승선시 최저 요구사항을 고려하여, 어선에 승선하는 동안 양호한 근로 및 생활조건을 보장하기 위함

* ILO에서는 해사노동관련 협약(39개 협약, 29개 권고)에 대한 통합을 추진('01년)하였고, 이 과정에서 어선부분의 근로에 관한 통합기준으로 동 협약이 제안

○ **(적용대상)** 상업적 어로행위에 종사하는 길이 24m 이상 어선 및 어선원

* 비준과 이행 촉진을 위해 내수면 어선은 제외할 수 있고, 일부 강화규정은 점진적 도입이 가능(다만, 24m↑, 7일 이상 해상에 머무르는 경우, EEZ 밖을 조업하는 경우는 제외)

○ **(현황)** 2017년 발효

○ **(협약구성)** 의무사항인 「어선원노동협약」(제9편 제54조, 3개의 부속서) 및 권고사항이 「어선원노동권고」(제5편 제55항)로 구성

○ **(핵심내용)** 비준국의 항구 내에 있는 어선에 대한 항만국 통제가 가능

---

3) WFC: Work in Fishing Convention(No.188)

어선원노동협약	
구분	주요내용
제1편 정의 및 적용 (제1조~제5조)	정의, 적용범위 등
제2편 일반원칙 (제6조~제8조)	이행, 어선주등의 책임 등
제3편 선내근로 최저요건 (제9조~제12조)	최저연령, 건강진단
제4편 근무조건 (제12조~제24조)	승무정원, 휴식시간, 근로계약 등
제5편 거주구역 및 식량 (제25조~제28조)	거주구역 및 식량
제6편 의료관리 및 사회보장 (제29조~제39조)	의료관리, 사회보장 및 상해 등으로부터 보호
제7편 준수 및 집행 (제40조~제44조)	준수 및 집행
제8편 수속서 제1장, 제2장 및 제3장의 개정(제45조)	제1장~제3장 개정문
제9편 종결규정 (제46조~제54조)	종결규정
부속서 1장	측정의 동등규정
부속서 2장	근로계약
부속서 3장	거주구역

어선원노동권고	
구분	주요내용
제1편 근로조건	연소자 보호, 건강검진, 자격증명 및 훈련
제2편 승무조건	승무기록, 임금지급
제3편 거주구역	설계 및 구조, 소음 및 진동, 난방, 조명, 침실, 위생설비, 오락시설, 식량
제4편 의료관리 및 사회보장	선내 의료관리, 산업안전보건, 사회보장
제5편 기타규정	연안국의 배타적경제수역내 입어권 허가시 조치 등

* 동 협약의 길이는 건현길이(형 깊의 85%의 수선상 총 길이의 96%)를 의미하며, 전장과 총톤수 간 동등규정 존재(길이 24m ⇔ 전장 26.5m ⇔ 총톤수 300톤)

감사의 글 / 참고문헌

감사의 글

이 책을 쓰면서, 선박 관련 분야가 얼마나 방대한지 다시금 느낄 수 있었다. 이 책의 착상과 구성은 선박 관련 각 분야에서 앞서 출간된 많은 책들의 도움을 받았다. 각 권에 참고문헌으로 정리된 좋은 책들의 저자분들께 감사드린다. 그리고 아직 다듬어지지 못한 부분들은 더 매끄럽게 보완할 계획이다.

지난 일 년간 이 책을 집필할 수 있도록 함께 고민하고 배려해준 아내와 아이들에게 감사한 마음과 미안한 마음이 앞선다. 그리고 항상 올바른 방향으로 아낌없는 지지를 해주시는 양가 부모님과 가족들에게도 존경의 말씀을 올린다.

그리고 이 책을 집필하는 데 필요한 글쓰기와 제도에 관해 배움을 주신 현 직장 선후배 분들께 감사의 말씀을 드린다. 그리고 조선산업에 관한 실무적 지식과 공학적 이론을 쌓게 해주신 전 직장 선후배분들에게도 감사한 마음을 잊지 않고 함께 한다.

끝으로 늘 마음 한쪽에 있던 집필을 시작할 수 있도록 동기를 유발해 주시고, 책으로 출간하기까지 지도해주신 K 교수님께 더 없는 존경과 감사의 말씀을 올린다.

이 책이 선박 또는 조선에 관해 지적 갈증이 있는 분들에게 조금이나마 도움이 되기를 기대하며, 책을 마친다.

참고문헌

김수영. (2020). 문제. 부산대학교출판부

권영중. (2012). 선박설계학(제4판). 동명사

박명규&권영중. (2009). 선박기본설계학(제4판). 한국이공학사

대한조선학회. (2009). 조선해양공학개론. 동명사

전호환&이인원. (2008). 저항추진실험. 부산대학교 조선해양공학과 지식기반형 조선해양·기자재 설계 전문가 양성 사업단

이창섭&서정천&현범수&김문찬&서성부&문일성. (2008). 선박추진과 프로펠러설계(제2판). 문운당

오인호. (2014). 선박의 동력 전달과 추진(제2판). 다솜출판사

이승건. (2007). 선박계산 및 복원성입문. 부산대학교출판부

이승건. (2013). 선박운동조종입문. GS인터비전

대한조선학회. (2007). 선박계산(제4판). 동명사

엄기원. (2010). 최신용접공학. 동명사

오구리 후지호&오구리 타쯔오. (2013). 기계도표편람(개신증보 5판), 대광서림

대한조선학회. (2009). 선박건조공학(제2판). 동명사

대한조선학회. (2016). 선박의장. 동명사

OCIMF. Mooring Equipment Guidelines(제3판). OCIMF

OCIMF. (2010). Anchoring System and Procedure Purpose and Scope. OCIMF

서용권. (2001). 유압제어공학. 경문사

Anthony Esposito. (2009). FLUID POWER WITH APPLICATIONS(유공압공학 이론과 응용)(제7판). 사이텍미디어

이차수&김종민&한민수. (2018). LNG 연료추진선과 LNG 벙커링. GS인터비전

배병덕&김종성&윤귀호. (2007). 액화천연가스운반선 개관. 경안기획

이종원&김문생&조효남. (2006). 재료역학(6th), 인터비전

양창현. (2016). 구조역학(제5개정판), 청문각

미국조선학회(저). 임상전(역). (1971). Principles of Naval Architedcture. 기본조선학(중). 대한교과서 주식회사

기능구조분석에 기반한

선박의 부양성능

초판 인쇄	2022년 4월 25일
초판 발행	2022년 5월 9일
저자	문 상 원
표지·내지 디자인	배 영 미
내지 편집	박 지 현
펴낸이	차 정 인
펴낸곳	부산대학교 출판문화원
출판등록	제1983-000001호 1983. 11. 10.
주소	부산광역시 금정구 부산대학로63번길 2
전화	(051) 510 - 1932, 1933
전송	(051) 512 - 7812
메일	pnupress@pusan.ac.kr
홈페이지	http://press.pusan.ac.kr

* 잘못된 책은 구입처에서 교환해 드립니다.

정가 25,000원

ISBN 978-89-7316-744-9 93530